Insight

屋媽書局　選書

Transition

6

The Liberation of Life

Charles Birch

John B. Cobb, Jr

以此，警醒世人对现实世界的破坏！

生命的解放
The Liberation of Life

[澳] 查尔斯·伯奇（Charles Birch）
[美] 约翰·柯布（John B. Cobb, Jr）　著

邹诗鹏　麻晓晴　译

中国科学技术出版社
·北京·

生命的解放

[澳]查尔斯·伯奇

[美]约翰·柯布

目录 ➤

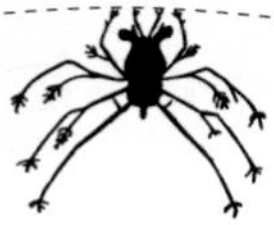

　　本书的中文版序言遗憾地只能由我一人来完成了。与我一起完成这部著作的查尔斯·伯奇（Charles Birch）先生已经过世。他是澳大利亚著名的生态学家和环保主义者，在警醒世人现代生活对世界的破坏性方面功绩卓著。

　　至于实际行动的不足，原因之一在于新口号依旧以人类为中心。是人类社会需要可持续性发展——意识到这一点至关重要，可是不能从根基上挑战现代世界观。只要世界观仍然在现实政策的控制之中，我们所紧迫需要的改变便不会发生。

　　伯奇属于服膺怀特海哲学的生物学家。这正是促成我们两人多年来紧密合作，共著此书的原因。

《生命的解放》一语双关。最直接的语义是我们试着将人们的理解从17世纪启蒙运动中产生的机械主义和还原论的思维习惯中解放出来。我们不否认，从存活的生命体中找寻诸多机械定律对我们理解有机生命体有巨大的帮助；同时，还原论涉及了身体的化学反应的研究，使现代医药治愈了许多人类疾病。我们当然不希望这些成就胎死腹中，但生命体由原子和分子构成的事实不等于生命体就应当被理解为这些实体的集合。有机体的生命是超越了构成自身的原子和分子的，这一事实的重要性需要我们的思想从还原论的桎梏中解放出来。

　　而且，启蒙运动认为世界由细微的惰性物质构成的观点已经被证明是错误的。随着分析抽丝剥茧地深入，发现根本就没有物质。确实，科学家没有恰切的语言来描述他们的发现，也许我们可以把夸克和量子描述为"能量事件"。我们仍然称之为"原子"的惰性物质其实显然是云集的能量事件。让人惊异的是机械主义最终被"还原"为类似有机体的东西。

　　不幸的是，生物学的大部分研究仍基于19世纪的科学成果，受到现代物理的影响甚微。生物学家大都认为，当他们展示生命体中的机械结构以及功能上的机械特性时，他们已然对生命体进行了足够的解释。解放对生命体的理解，把它们准确地理解为生命，现在，正是时机！

　　我们认为，把有机体看作机械的观点使许多生命受害匪浅。机械没有情感知觉，没有内在价值。也就是说，它们不要求我们周密思考或尊重他人。遵照这种理解，现代西方文化没有给予绝大多数与我们共享地球的其他动物任何关爱和尊重。它们的价值被理解为是为人所用的。食物生产的工业化为这种态度做了一个大规模的最好的注脚。我们大肆生产人类消费所需的肉类，完全不顾及家禽家畜的生命。

　　当然，每个人都知道教唆我们如此对待动物的观点是错误的。没有人真的认为那些生命体都是移动的物质。我们知道每种动物都能够感知，也就是说，它们有感觉，它们可以感到满足或痛苦。在一个更深的层次上，我们也深知我们不应该把痛苦强加于这些生命体之上。成千上万的工业化国家的人支持对与

我们共享地球的动物进行"人道对待"。这些行动已经有所成功。但官方理论、尤其是经济部门的理论并不认为这是不道德的，他们以为如此造成的只不过是体制内对残忍度的轻度节制而已。

我们承认有的生命体没有感知能力，但我们相信它们仍应当得到尊重。没有人类的打扰，植物和昆虫，还有其他动物常常达成一种错综复杂的生命多样性，这理应得到我们的关注和尊重。生态系统对这些动物自身的存在以及对我们而言意义非凡。我们不能避免干扰甚至摧毁它们中的某些东西，但如果对生命的理解得到了解放，我们至少会克制自己，不再沿着人类中心说的道路不可逆地毁灭整个自然世界。怀特海说过，人类生命需要"劫掠"。但当我们理解了生命，也因此理解了"劫掠"的创伤，我们就会与怀特海一道认同，我们这些自然的盗取，需要被"绳之以法"。

人类与世界其他事物的关系的改变，对世界而言至关重要；我们现在也意识到，对人类同样重要。对世界无情而又系统的榨取正快速导致这个世界丧失支撑人类的能力。但人类仍在疯狂前进，毫不顾及后果。看起来，要是我们不对其他生命体的创伤变得足够敏感，我们就不会做出足够的改变以避免即将到来的同归于尽的命运，而我们现在正在这条道路上扬鞭奋进。

我们这些呼吁克服现代性的毁灭性特性的西方学者遭遇了许多根深蒂固的反对之声。我们的巨大努力收效甚微。而在中国，现代性的轨迹尚未像西方那样根深蒂固。正如其他地方的人们一样，中国人知道生命体理应得到我们的关注和尊重。有意的自我遮蔽使得尊重自然生命的思想在西方不能大行其道，而在中国，这种掩盖还显得不那么明显。有迹象表明，中国或许可以引领世界走出这种体制化的残酷和毁灭。这个过程或者可以使得人类的幸存成为可能。我希望此书的中文版将会比英文版原著带来更实际有效的结果。在此特别致谢翻译此书的邹诗鹏教授和麻晓晴女士，我同时也特别感谢王治河博士，樊美筠和田松教授，是他们不懈的努力，使此书最终能与广大中国读者见面。

约翰·柯布

2013年12月25日于克莱蒙

致｜谢

　　我们非常感谢许多同事在阅读了本文的早期手稿之后所提出的建议和意见。克利福德·柯布、大卫·格里芬、大卫·傅瑾通读了整篇手稿，并提出了大量宝贵的建议。以下诸位对于特定的章节也贡献了有价值的观点和评论：第一章和第二章——克莱夫·克劳斯雷、达西·吉尔莫、戈弗雷·格雷格；第四章——沃恩·辛顿和格雷厄姆·派克；第五章——威廉·戈弗雷–斯密；第六章——盖瑞·沃特森；第八章——保罗·埃利希和安娜·埃利希；第九章和第十章——戈登·道格拉斯、简·道格拉斯、夏洛特·艾伦和迪安·弗鲁顿伯格。绝大部分的校对工作都是孙·帕克完成的，他同时大力协助我们核对了所有的参考书目。西尔维娅·沃伦凭着她的耐心和娴熟的技巧将由诸多份草稿组成的整部手稿打印整理出来。同时，在剑桥大学出版社的帮助下我们对一些概念做了进一步的澄清，在此也表示感谢。

英文版 | 序言

约翰·柯布

"解放"是个强有力的字眼，它激发了许多人的无限憧憬；是各种被压迫人群的呼声。甚至已经被动物保护主义者们扩展到动物身上。

解放之于人类有内在和外在两层意思。外在地讲，它号召将经济、政治及意识形态的枷锁完全摒弃；内在地讲，它号召把人性从内在化的压迫性意识形态（ideology）中解放出来。

这些行为我们都认定为解放。它们都反映着特定人群受压迫的特定经历及其境遇，譬如女性、孩童、老叟、被殖民者、犹太人、农民、同性恋、体力劳动者、黑人以及印第安人。但所有的解放运动都含有共同的主题。当它们触及到压迫的根本时，它们所发现的意象和范例却是社会生活中极其基本的，以至于平时很难被注意到。而危险正在于，如果这些范例不被清除的话，可能会得到被压迫人群的认可，从而扭曲他们所获得的解放。这些范例在人类对待动物的问题上同样有效，如果要获得真正意义上的解放，它们也需要被摒弃。

本书的主题就是对于生命的典范的探讨。人们对生命的看法影响着他们对待同类和其他生物有机体的方式。对生命的主流性态度是把生物有机体看作是可操纵的客体，而非有感知的主体。我们赞同帕斯莫尔（Passmore）的观点，即：将生命存在理解成一种手段而非目的的看法便表现为"一种形而上学，其中人类是唯一有限的的行动者，而自然则是一座庞大的供人任意使用和改进的机械系统。这也正是被生态主义者们所正确地激烈驳斥的形而上的观点。"

尽管这种占压倒性优势的对于生命理解，理论上将所有的人看作是有感知存在的主体，从而独立于客体化了的自然，但事实上，接受了这种生命典范的人，则倾向于将其他人群看作客体世界的一部分。那些无权的群体，无论是女性、黑人或是其他受压迫的人群，极易被有权者否定作为主体的权力，并被视为达成其目的的手段而非目的。正是出于这种客观化的结果，这种把人和其他生命有机体视为客体的结果，许多人都在寻求着解放。

对自然世界，包括对人类的客体化，已在现代的西方学术传统中呈统治之势。这与科学模式和科学的思维方法联系紧密。但是，我们赞同帕斯莫尔的观点，他认为："这种形而上学绝不足以构建出整个的西方学术传统……摒弃它并不需要摒弃常常与之相联的科学。"我们可以把自己从这种形而上学的独裁中解放出来，把自己从它鼓吹的个人或体制的桎梏中解放出来。

我们正是从这样的双重意义上号召生命的解放。自有生物学和相关科学以来，生命的概念本身就已被其阐释者戴上了某种绑定了的枷锁，因而，解放应首先是从其客体化特征角度，对生命概念的解放，从细胞到人类社会无不如此。其次，就是社会结构和人类行为的解放，比如从对生物，无论是人类还是非人类的操控和管理到对生命完整意义上的尊重的转化。

如同其他强有力的字眼一样，"解放"一词在过去10年中的广泛使用使它濒临泛滥的危险。由于它的涵义是其他任何词汇都无法涵盖的，这种滥用将是不幸的。以之为口号和纲领的各种重要且必要的运动，会因此受到限制，它们的一致性在相互的争议中变得晦暗不清。我们希望本书对这个词的使用不是使

语言僵化的那种滥用，而是对其超越口号意义之外的丰富性和强度的重大贡献。

这在某个方面尤其重要。"解放"一词的修辞意义很大程度上是负面的。也就是说，它意味着对压迫的解除。有一种潜在却不当的假设认为：当人们从压迫及其绑缚中获得自由，积极的事物便应运而生。但这个解放的积极成果往往未被批判性地看待。这种不足，使得解放看起来成为仅仅对个人主义、言行自由或利益集团为权利而进行竞争的号召。有时，抗议行为在未能提出任何重建的导向性设想的情况下，便摧枯拉朽；此外，对压迫性秩序的摧毁会导致更加邪恶的势力来填充新旧之间的权力真空。

解放的倡导者们之所以如此自信地认为，压迫的消除可以善终是因为他们对生命本身存有信念。当压迫的力量消除之后，不论内在外在，人都会更具活力。我们对此深有同感。但当我们所深信不疑的生命意义尚未澄清时，这种信念会因不能识别我们的向恶之心而显得过于浪漫。个体在欲望面前拥有的复杂、矛盾的心态，被不受掌控而且难以理解的冲动所驱使，有些冲动是恶劣的、野蛮的、毁灭性的。这些人们感知经验的核心内容，可能使这一信念感到厌恶。这样的信念对诸如怨恨、嫉妒、复仇等负面情感视而不见，更不用说傲慢、虚荣之类的人性顽疾。它拒绝承认文明是自由和权威之间的可贵平衡。

当生命被正确地理解时，相信生命就意味着对以负责任的开放和敏感的态度对待生命的召唤，而不仅仅是毫无洞察力和计划性的顺其自然。澄清生命的本质和信赖生命的意义将会增强解放者们向往已久的信心，这也向他们的批评者们昭示了这种自信心更深层次的理直气壮的原因，也为从压迫中谋求解放的自由化行为提供了导向。

本书遵循了从生物学角度剖析人类问题的传统。自达尔文对进化的基本原则的发现，解决了人们无法回避的问题之后，这便成为一个令人肃然起敬的传统。如果人类是这一自然进化进程中的一部分，这将无疑对我们认识自我的方式产生很大影响。有一种对进化论的影响的反应便是对现实世界的两分化，即试图创造一个独立于自然其他部分的、全而为人的、守护森严的领地。这将会

对人类的自我理解产生极大的影响，这种影响有着出人意料的危害。进化论在理解人类及其未来、与其他生物的关系、以及人类与内在的精神世界的关联等方面有着重要的贡献。

这种思维方式与伟大的、有着远见卓识的法国科学家德日进（Teilhard de Chardin）的方式不无关联。在他的恢宏巨著中，他将进化的历史作为理解人类及其命运以及人类与万物的关联的基石。他无可辩驳地重新发起了一场讨论，而主张把人类分离出自然的倡导者们试图对之弃如蔽履。为此，我们对他心存感激。我们分享了他大量的观点和视角，但无意进行深入的评述。然而，他对进化的观点是片面的。进化应当以生态学的眼光层层递进，而他却对生态学和进化论的紧密联系没有充分的敏感。这种片面性表现为对其他生命形式，甚至是其他文化或宗教的正面价值的忽视。他从进化的过程推论出一个单一目的和万物不可避免的宿命论的观点是缺乏说服力的。人类以及这个星球上其他许多物种的灭绝是完全可能的，但这一结果并非不可避免。因此，在现在这个充满问题和危险的迷宫中，找到正确方向显得尤其紧迫。

在某些原则问题上不苟同于德日进的同时，我们认为莫诺（Jacques Monod）的攻击也有偏激之嫌。他把德日进的立场描述为"泛灵论"，并认为这一理论把进化看作是"融于宇宙框架中的某种过程的庄严展现"。为反对这一理论，他坚持认为：

纯粹的偶然，绝对自由但又盲目的偶然是伟大的进化大厦的基石；这一现代生物学的核心理念已不从属于其他可能成立或能够想象的假说。它现在是唯一可思议的假说，唯一与已发现和验证过的事实兼容的假说，而且没有任何迹象说明这一理念应当或者可以被修改。

莫诺又在偶然性原则之上加入了必然性作为补充，并由此命名他最著名的著作为《偶然性与必然性》。他所说的必然性是指对能改进物种以繁衍生息的基因特征做出的选择。他似乎把整个进化过程都归因于这两条原则的作用。既然处于"进化大厦"之基的偶然变异本身是由自然的过程导致的，最终他似乎完全支持了一种关于生命的决定主义和机械主义论调。

尽管莫诺在偶然性和必然性的重要性上全然正确，他却夸大了这种排他性，并为他已明确肯定过的这种排他性提供了反对的证据。他的错误并不在于摒弃了进化过程所体现出来的无情的单一的宇宙目的，而在于他未能说明进化过程中智能问题的解决和目的性行为所扮演的角色。地球的未来不仅仅由偶然性和必然性的决定。人类的决定至关重要，而这些决定会被受教于决定论的和机械论模式的思想所影响。而且，莫诺本人，还有一些其他的人士提供证据证明，目的性行为并非人类始创，这种行为早在人类现身之前良久便已经开始在进化选择中发挥作用了。在这一点上，实际上我们与莫诺的观点没有任何相左之处，但莫诺关于目的性行为的评论与他的支配性模式不相吻合，与他的许多其他措辞也甚有出人。

　　彼得·梅达沃（Peter Medawar）先生对此的看法可能是正确的，他写道："莫诺相信，这所有一切的唯一目的便是，被学龄男童总结为'鸡就是蛋生蛋的过渡方式'的DNA的引申或扩充"。莫诺没有在任何情况下对这样的诠释进行过足够的辩护。如果莫诺将他的书命名为《偶然性、必然性与目的性》，并更缜密地来论述他是怎样把目的性植入偶然性与必然性之中的，那么我们对他的观点会更加满意。我们相信，那样的话，他就可以把他的论述转移到对现代社会政治和社会秩序的建议上，而不至出现与他书中确乎提及的生物学理论不连贯而且无关联的突兀观点。但那样的话，就会写成另外一本书了，我们曾尝试写过。不论怎样，我们与莫诺共有一个目标，那就是在现代生物学基础上建立起我们对生命的理解。他在1976年逝世前的遗言是："我寻求一种解释"——我正努力揣摩。

　　从非生命的角度理解生命，近年来这一扼住了科学思想咽喉的观点，正在全方位地失去其存在的依据。怀特海（Alfred North Whitehead）很久以前就指出：

　　彻底的进化哲学与唯物主义是不一致的。始于原始事物，或者说，始于物质的唯物哲学是无从进化的。物质本身即是终极的实质。在唯物主义的理论中，

进化已降格为描述事物的组成部分的外在关系的变化的别名。没什么可进化的，因为一组外在关系不逊于任何另外一组。只可能有转化，无目的性和进步性的等等之转化。这样的学说大声疾呼将有机体的概念作为自然的基础。

怀特海同样认识到，把有机体作为自然之基础这一观点对现代物理学和生物学也十分重要。这一点被后来的物理学家卡普拉（Capra）认可并发扬光大。

经典物理学的机械世界观对我们描述日常生活中常见的物理现象很有作用，因此用来应付日常环境也很适合。它已被证明作为技术的基础十分有效。然而，用它来描述亚显微世界里的物理现象则不恰当。在我们每天置身的环境范围之外，机械主义概念失去了效用，不得不被有机概念所取代，这些概念形似为神秘主义所使用的某些概念。20世纪的物理学已经显示：尽管有机世界观的概念在人类层面上对科技没多大价值，却在原子和亚原子世界里日显神通。因此，有机体论比机械论显得更为基础。从包含有机体论的量子理论中可以推论出以机械论为基础的经典物理学，但反之则不成立。

我们赞成卡普拉对生机论观点和现代物理学之间的关联性进行的评估。但如何恰当评估被他称作"人类层面上的科技"的问题也应运而生。

这一点另一位现代先知希尔多·拉斯札克（Theodore Roszak）也曾提及：

此时此地，在我们重整现实秩序之际，我们处在结束所有西方文化中传统的二元论的阶段，这种文化曾是旧的现实原则的防御堡垒。精神－肉体，理性－激情，疯狂－清醒，客观－主观，事实－价值，自然－超自然，智能－直觉，人－非人……所有这些熟悉的二元化我们意识范围的二元论在我们所达到的更高的精神境界时都消褪了。二元论就象旧伤口般慢慢愈合。甚至科学，也在其笨拙片面的方式中，被引向使传统假说一头雾水的关联性问题中。它再也无法在事物与能量，有机与无机，人类与低贱的动物，规则与不确定性，思想与身体之间划出严格的界限。这便是对幻想中的大同，道，以及救世主的终极冷酷的折射。

哲学家斯科利莫夫斯基（Skolimowski）说过：

我们置身于一种精神分裂的文明中，它自欺欺人地认为这是存在过的最伟大的文明，其中的人们是痛苦和焦虑的移动载体。我们的知识和哲学只是加宽了生命和思想间的鸿沟。"我们在生活中失落的生命去哪了？我们在知识中失落的智慧去哪了？我们在信息中失落的知识去哪了？"这些T.S.Eliot预知性的疾呼比任何时候都听来觉得真切。（他继续探讨，认为是我们的线性思维，机械思维和宿命论作祟）将一切都砍作小片段，继而强制生命的多样性成为事实性知识的抽象分离，关于这一点我认为是极不健全的，因为在最后的评估中它只会产生不健全的后果。因此，当我说在重塑生命策略时应该三思我们和世界的关系时，我显然是指我们需要抛弃对世界机械的认识，而以更宽泛更丰富的认识来取代它。

在我们这样一个细化分工的年代，单个个体很难能够形成全局观念。本书作者也不相信自己一个人可以做到。但我们聚在一起离这个目标会近一些。我们其中的一个是生物学家，另一个是拥有哲学思维的神学家。我们承认我们在本书中谈论了许多需要其他领域的专业知识辅助的话题。然而，我们相信我们的合作对我们两人来说都是获益匪浅，希望对读者亦然。

我们的共识使我们的合作化繁为简。首先，尽管我们来自不同的国家（澳大利亚和美国），在合作开始前也只有过零星的几日相处，而且工作的原则和领域也不同，但在我们思想成型期，都遭遇了怀特海的学说，而且都与哈佛大学曾做过怀特海助手的查尔斯·哈茨霍恩（Charles Hartshorne）有一段长久而愉快的友谊。正是基于他对我们对生命的理解的所做出的贡献，我们满怀感激地将此书献给他。尽管我们并没有过多的使用怀特海的术语，本书却很大程度地受益于他的哲学。其次，至少从1970年开始，我们两人就已经开始高度关注全球问题和生态问题。我们注意到这些问题与怀特海思想的潜在联系，并开始致力于将我们的原则与这些问题联系起来。

我们在本书的每一部分都通力合作。伯奇（Birch）提供了大量科学信息，

而柯布（Cobb）则提供具体的哲学的论据。但每个章节都从相当的程度上反映了我们共同的看法。尽管这里或那里的论述可能会更归属于这个人或那个人，但都自始至终地证明了我们的观点。

本书开始于今天对生命的认识的回顾。按照分子生态学、有机生态学和群落生态学这三个标题顺序排列。继而是类似于莫诺关于偶然性和必然性的进化论的论述，但同时也把目的作为我们建立生物进化和文化进化之间联系的重大因素作了介绍。在第三章中，我们批判了以压倒性眼光看待生物的模式，而且提出了我们自己称之为生态式的模式。这与怀特海和卡普拉称作有机的或有机体的模式相似，但我们认为"生态"的叫法更好地表达了我们的意思。

本书剩下的部分便是对这种模式的说明，以及对它广泛的暗指的讨论。第四章探讨了严肃地认识我们之间的联系的意义，不仅出于人类的对自身的理解，而且是也为了对其他动物的理解。第五章探寻了这种模式对伦理学的暗示。第六章将这种询问引申至神学。第七章阐述了生物学操纵生命自身的能力并试图对此进行评价。第八章探讨了这种模式对向往经济无限增长的人和断定增长有限度的人之间的辩论的启示。

在一篇题为《谁需要自然的解放》的文章中，伊斯利（Easlea）为显示出社会目的和社会活动的重要性而据理力争。这种社会目的和活动被自然中各异的形象所反映和强调，而这些形象的繁殖复制至少暗示了解放的可能性。我们这本书便是对此的尝试。但在前八章中，只有为自然的形象所反映和强调的社会目的和活动的初步描述。第九章和第十章是我们作出的推进该过程的尝试。

到最后，我们终于认识到人类所知是微乎其微的。就我们所获得的科学知识和我们所有的感悟而言，人类的境况与超越者所质询的约伯难道会大相迥异吗？

是谁用他那空洞的文字，

遮蔽了我的蓝图？

振作起你自己吧，像个斗士！

现在应是我向你发问，而你一一告知。

你在哪里？当我为地球塑出雏形？

告诉我，既然你消息灵通，无所不知。

是谁？决定了地球的维度？

你可曾畅游过海洋的源头，

或在最深的天渊信步？

你可曾见识过死亡之门，

或遇到阴曹地府的守护？

地球的延伸你可曾察觉？

如果是，请你但说不误。

是谁，为如注的大雨打通了沟渠，

还为滚滚雷声劈出了通路？

因此大雨才降落在无人居住的地方，

或是人迹罕至的大漠荒土，

灌溉孤独荒废的土壤，

让满目的干涸被萋萋芳草盖覆？

是谁赋予朱鹭智慧，

并让雄鸡有先知报时的天赋？

当老鹰展翅南徙，

那可是遵从了你的叮嘱？

雄鹰可是因为你的命令，

才翱翔在高处？

《约伯全书》第三十八章、第三十九章

耶路撒冷圣经

生物学家威尔逊（E.O.Wilson）在评论这段话时写道：

是的，我们确实知道而且已经分辨出了差别。生命的物质基础已经为人所知；我们最大程度地理解了地球上的生命起源于什么时候、以何种方式。实验室里创造了新物种，而进化则在分子层面上有迹可寻。基因可以从一种有机物嫁接到另一种。分子生物学家具备了绝大部分创造生命基本形态的知识。而我们放置在火星上的机器传送回了全景照片和化学土壤分析的结果。

另一方面，我们的感受正如达尔文所描述的那样，我们所有的知识和理解就是一只母鸡对40亩①之大的原野的认识一样，它只是碰巧在田野的一角刨地觅食罢了。然而仅仅这些就足够震撼我们的想象，让我们充满敬畏之心了。像沃尔特·惠特曼（Walt Whitman）说的那样：

我相信，

汁液欲滴的黑莓会装饰

天堂的厅房；

我手中最细的铰链，

足以蔑视机械的各种名堂；

低头吃草咀嚼着的奶牛，

胜过任何雕像；

哪怕是一只老鼠也是生命的奇迹，

足以让无数无神论者心神震荡！

——摘自沃尔特·惠特曼《我的歌》

我们也许掌握了世界上所有的事实，但如果没有感悟，没有认识到这些事实都只是沧海一粟的眼光，这些事实又算什么呢?女诗人埃德娜·文森特·默蕾（Edna St Vincent Millay）是这样阐释的：

在这天才时代的暗夜里，

从天空坠落的真相，

有如繁复的流星雨。

---

① 1亩=666.67平方米(㎡)

它们散落四方，

看去毫无关联而又毋庸置疑。

只有日复一日将它们编织串起，

才能聚积足够的智慧

将我们的邪恶摄去。

然而没有一部织机，

能将它织成布匹。

虽然只是刚刚开头，但我们所做的正是创造这样一部织机的尝试，用它来织出一匹布，我们相信从中可以窥出丝线迷宫里的端倪。最终，是我们的理念，而非科技决定将来。

每个生物学家都曾问过："生命是什么？"但没有一个人能够给出满意的答案。

——圣捷尔吉·阿尔伯特

第一章 | 分子、生物及人群生态

近些年，有关生命现象的知识和解释如爆炸般迅速增长。尽管人类在这个领域已经取得了长足的进步，但仍然存在着生物学无法解释的关于生命的广阔领域。虽然20年前甚至10年前，生物学课本的作者们对定义生命并未表现出多少的为难之色，但今天，他们却对于这个问题敬而远之。我们对生命了解得越多，越觉得无从对其进行定义。彼得·梅达沃就这个方面写了许多著作，他曾说："生命是一个在实验室里从未使用过的抽象名词。"

没有对生命的规范性定义，便很难对生物体和非生物体作出精准的划分。尽管如此，石头和水母之间依然有着巨大的差异。这种差异与原子和分子的结构及它们之间的

关系有关，同时这也关系到原子和分子的生态系统。原子和分子与它们所处的环境结构有着不同的关系。当一只水母死去时，它身上的原子还是之前的原子，但这些原子间的关系已经改变了，它们的生态系统也发生了变化。对这些分子生态关系的理解对于理解生命本身至关重要。这个层次上的生物学就是分子生态学，接下来的一个层次就是生物生态学——针对个体生物体的研究。个体生物需要喂食、生长、发育、排泄、协调自身功能并繁殖。在健康的生物体中，这些功能同生物的生长环境维持着良好的关系。这一层次上的生物学可以被很恰当地称为生物生态学。第三层，生物个体并不只是独自存活，而是与同种类或不同种类的其他个体共同存活。它是群落的一部分，它的繁荣与它同邻居的生态关系休戚相关。这个层面上的生物学就是群落生态学。

这一章里我们从这三个层面来看待生命，并思考这些研究会对"生命为何物"的理解能起到怎么样的帮助。但首先，我们要假设从外部来审视我们的地球，以便让我们获取对生命的特征的认识。

从外部看内部

想象处于太阳系之外的一颗遥远的星球上的一个类人的生物，他用某种功能强大的仪器观察宇宙已逾千万年。想象他的仪器功能强大到足以辨识宇宙中任何地方哪怕细微如原子、分子的一切事物。假设他的仪器转向了我们的太阳系，首先转向了太阳，太阳在他看来只是一颗有着行星系统的普通的星球，无异于任何其他星球，甚至它的化学构成也与宇宙中的其他星球大同小异。然后，大概45亿年前，他把注意力转向了地球，在那里，有着迥异的特征。地球这颗行星的表面温度，较之他所观测到的所有其他天体都要温和。他预见到会有更多的发现，因此继续将他的仪器对准地球。地球成形后大约5亿年，他发现热带浅海的水发生了变化。他在别处从未见过的大分子大量繁殖，看上去就像浅海里的汤汁（soup）。

由此便开始了所谓有机分子的历史。它们是基于碳原子连接形成的框架上

的分子。它们的出现与剧烈的雷电风暴紧密相关。逐渐地，这些大分子聚集成团聚体，这便是那些看上去形成海里的大分子汤汁的东西。这种大分子汤汁在电气风暴后显然没有再次补充能量，这是一个对由此形成的分子聚集体而言不能持续的能量源。这些分子被称为有机分子是因为它们具有构成生命有机体的分子特性。最大的有机分子聚合体与病毒相似，当病毒存在于活的细胞内时，我们认为它们是有生命的。然而，如果它们最终没有组织成更大、更复杂的被称之为细胞的分子集合体的话，它们的存在很可能只是短暂的。细胞有一层表膜，可以选择进出的分子，这使得它们从某种程度上有能力控制它们的内在环境。从大分子到细胞的演进过程，还仍然只是基于今天对存活细胞内的分子集合体的所知而进行的推测。至于演化的步骤我们会有后续的探讨。

然后，细胞再集聚成为更复杂的有机体。首先，生命有机体显然依赖于大分子团。但这些有机体繁殖的时候一定减低了它们所依赖的分子资源。它们似乎在用"今朝有酒今朝醉，明日愁来明日愁"的信条，奔向一个短暂的昌盛时期。然而事实并非如此。

某些正在繁殖的细胞聚合体偶然发生了一个有两步骤组成的光合作用分解了水，这很有可能最先发生于细菌，然后是青绿藻类，再然后是植物。这些能进行光合作用的有机体，利用了它们周遭有限的水资源，通过太阳的能源，把水分解为氢和氧。氧气被释放到空气中。由此，地球的大气层第一次包含了氧气。氢和二氧化碳结合形成了被称为碳水化合物和脂肪的分子。接下来它们被用作燃料产生能量而形成蛋白质之类的分子。重点在于，所有这些大分子都是由植物从它们的环境中获取的小分子（二氧化碳和水）而生成的。有机物再也不需要大分子的供应。因此，生命已经从一个依赖于不可更新资源的不可持续性结构，发展为由持续性太阳能源供给的可持续性的氢结构——与初始的大分子间联系的生命线就此断开。

借助于丰富的能源供给，植物繁殖开始扩张。对于外部的那位类人的观测者来说，地球的整个表面都在变化——变绿了。而且现在，大气里包含着氧，

大量的水蒸气还给地球蒙上了一层厚厚的云层。

下一步重要的事件便是，以植物为食的生命有机体的出现?——这便是动物。它们并非从日光，而是从植物所储存的燃料中获取能量。利用在大气中储量丰富的氧气，它们将大分子分解成小分子，并在这个过程中释放能量。这些释放的能量，使小分子得以再次组合成构成它们肉体和存在的大分子。"所有的肉身都源于草"表达的正是这个意思。

这位外层空间的观测者，接下来将会观察到动物数量和种类在地球表面的大量增长。从起源地海洋开始，动物侵占了河流，然后是陆地。同时，植物的种类也在增长。从第一个大分子到第一个细胞可能花费了10亿年时间，而从第一个细胞到人类则花费了大约30亿年。

生命有机体的繁殖和多样化进程取决于两个相互区别的事物：忠实地复制自我的能力和间或在复制过程中改变的能力。一个过程保存已存在的生命河流，另一个过程则改变这条生命河流的方向。

这被我们称之为生命的、覆盖地球的薄薄表层，是地球最显著的特征。见证了这一表层的产生过程，这位外太空的观测者将会如何描述呢？

生命有机体是高度有序的大分子结构。这种秩序是通过一系列复杂的化学反应获得的，这一化学反应被称之为新陈代谢。它们不断复制并在一个较为无序的空间内构建一个不断扩张的秩序的中心。这一来自格罗布斯坦（Grobstein）的界定，同麦克法兰·伯内特爵士的论述有着共同的重点。后者认为："很可能对于生命最基本的定义是：生命是复制一套复杂的有机分子的能力。"

热力学的第二个定律认定，所有自足的系统都会逐渐从高等级的状态转化为低等级。在这个过程中会丧失热能，而且随着时间的推移事物的复杂结构趋于简单。有说法认为熵量会有所增长。熵，原本是指能量的转换。宇宙中的所有能量都最终被转化成热能而均匀地散布于宇宙各处。这意味着，如果简单的事物结构无法变得复杂。熵的最大值是在当所有事物都处于同一温度因而所有

的热传递都停止的假设类似状态下达到的。那么，生命的进化是与热力学的第二条定律相悖的吗？它怎么会在局部熵量减少的时候实现了？恰恰相反——地球不是一个封闭的系统，能量从太阳到达地球，地球上的生命物体的等级增长是以太阳能为代价的，而太阳的等级到今天为止下降得微乎其微。从整个宇宙来看，还是有熵量的增长；但在所有存活的生命有机体中，仍然会有局部熵量的减少。

熵量的减少是生命有机体的特性，但不是仅属于它们的特性。尽管有机大分子从未达到生命有机体中分子的复杂程度，它们却在生命有机体之外存活。如果我们用适当的仪器望向宇宙，其中的几乎任何位置都可能发现"有机分子"的存在——也就是说，几个碳原子的分子与氢或者有时候与其他原子结合了。它们的形成势必会造成熵量的局部减少。我们并不知道它们在哪里形成以及如何形成的。结晶也会出现熵量减少的状况，用金属片做瓶盖的机器也一样。

尽管那些已知的有机分子同生命有机体里的大分子相比结构非常简单，这些存在于宇宙深处的有机分子，已经引出了生命体起源的另一个可能的脚本。在地球上，这些简单的有机分子正是生命有机体高分子特性的前身。每天，在每一株绿色植物里，都在进行着从简单的有机分子到高分子的合成。外层空间的有机分子代表了向高分子发展的初始步骤。它们可能在除了地球以外的任何地方都没得以进一步的发展；另一方面，却又可以想象它们在宇宙的某处进行了进一步的合成。生物体可能是从地球以外产生，以侵略者的身份从外太空进驻地球的。目前我们没有办法推翻或肯定这种假说。对另一种生命起源于地球的说法也是一样无法认定。我们只知道，生命有机体的大分子能在没有生命有机体帮助的情况下，在实验室里合成，尽管还没有聚合到一块成为活细胞。

在人类出现以后，外部空间的类人动物在观测地球时会发现，地球独一无二的特性不仅在于生命有机体的存在，还在于他们所使用的机器。确实，他要分辨一匹马和一台在田野中移动的拖拉机是有难度的。它们都很大且具有复杂

的结构。对生命有机体和机器，我们都可以就具体的某个部分来切合实际地询问："这是做什么用的？"我们不能询问自然界非生命物体这样的问题，不能这样询问太阳系或它的某个部分，也不能这样询问星云或一个复杂分子的一部分。以这样的形式去发文是不恰当的，而并非是因为它们没有这样的结构。正如索普指出的那样，哪怕一次雷雨都有自身的结构。它会有上升气流，下降气流，还有电量释放中心，这些简直可以用一张关于雷雨结构的复杂的图表来描述。但对于这其中的任何一部分，询问其用途都是不明智的。莫诺在谈及生命有机体和机器，及其具有目的和局部的功能时，也作出了近乎一致的论述。马的腿是为了让马运动；拖拉机的轮子也是为了让拖拉机运动。索普和莫诺想要说明的是：生命有机体和机器以及它们的局部，都为一个确定的目的服务。它们以何种方式来进行是另一回事。生物学家认为是通过自然法则的筛选，这些生物有机体才具备了今天的形态。那些不具备适当器官来完成生存和繁衍之目的的生物体，会在生存的竞争中被淘汰。一个世纪以前的神学家也许会认为，生物体和它们的器官为某个目的服务是出于超越者的设计，就像机器和它们的零件为某个目的服务是出于人们的构思一样。

假设外太空的这个类人动物，已经成功地区分了生命有机体及其人工制品和宇宙中的其他物质，他是如何做到的的呢？他如何区别一匹马和一辆拖拉机？

首先，马是大分子——碳水化合物、脂肪、蛋白质和核酸及其他元素构成的，拖拉机则不然，它是由包含铁、镍、铝等成分的小分子以半晶体结构排列构成的，其中的某些部分，甚至可能整个拖拉机都是由聚乙烯塑料制成，而聚乙烯塑料无疑是大分子。将拖拉机和马匹区分开来的，并非是大分子，而是大分子的种类。没有一台机器是由碳水化合物、脂肪、核酸和蛋白质构成的。

其次，马所具有的复杂的新陈代谢，使其从一枚受精卵变为马的形态，而且这种新陈代谢保持着自己稳定的结构。除了有利于生长的环境、适当的温度、保质保量的食物之外，这一过程并非依赖于外力。从受精卵到马匹，而不是一棵橡树，这一过程中没有任何外力操纵发展的方向。对有机体来说，这个

设计的运行是内在的。而拖拉机的结构完全是由外力决定的，即设计者和制造者。当零件老化需要更换时，它的结构由这些外力来维持。

第三，马可以实现自我繁殖，而拖拉机不行。拖拉机数量的增加依赖于制造者。也许某个拖拉机制造者能够造出，一台当母机老化时能按程序造出新机器的拖拉机，即使这是可能的，那也是机器之外的制造者让此成为可能，是他们在关注着母机零件和另一台机器的材料是否兼容。

总而言之，生命有机体是由特种的大分子构成的，而机器不是；有机体的结构是由内在的力量设计形成的，机器的设计则是依赖外力；有机体自我繁殖，而机器不行。

亚里士多德在公元前4世纪就曾提出过与上述理论极其相近的理论，他说："生命就是一种自我培养及独立地成长和衰败的能量。"这种说法无疑正是指，独立于外界影响的生命有机体的形成和保持。

分子生态

物理学家薛定谔（Erwin Schrodinger）在1943年都柏林三一学院（Trinity College）发表了一系列演讲，并在1944年结集出版为一本名为《生命是什么》的书。薛定谔选择了有别于宇宙普遍正熵量秩序趋势的负熵量，作为生命最显著的特点。尽管作为整体而言的宇宙变得略显混乱，但存活的实体构成的异类种群却产生了秩序。生命就是一个有秩序的过程。我们已经看到，负熵量不是生命有机体的唯一特点，因此对生命来讲也不像薛定谔所假设的那般独一无二。然而，薛定谔被引向了这样一个关于有机体的问题："我们如何逆转了宇宙的普遍趋势呢？"他的答案是——通过接收信息，或者，如他所说，"生命靠信息存活。"这种认为信息的接收是生物基本机制存在的必要的看法，已被广泛接受。在所有生物体中，不论是细菌还是人类，这种信息已事先在DNA或植物病毒的RNA中被编码储存。每个人类受精卵都是信息的储存室，在发展的过程中，它分裂而成长为一个人而非一棵橡树，而且在人群中成为

独特的一个。薛定谔写道："有机体生命循环的展开，表现出令人叹为观止的协调性和秩序性，这是任何非生命体无法匹敌的。我们发现它是由一个高度有序的原子群掌控的，而这原子群只是每个细胞中的总额的一小部分。" 除了暗示着发展阶段完成的"展开" 这一措辞之外，现今的发展中的生物学家很难对这种说法提出异议。

但这些有机体内部的信息是从何而来到呢？在DNA被发现之前，是没有DNA的。问题比找出DNA分子如何由它的原子构成要复杂得多。编码除非被转换，否则毫无意义。DNA 编码被转换为特定的蛋白质，但这个过程不是直接的。它首先涉及对补充性的RNA的产生过程的解读。然后，RNA指导特定蛋白质的合成。蛋白质再成为新的有机体的构建者和构建材料。

想要破解DNA和蛋白质在分子生态的历史中是如何联接的，是一件尤其困难的事。今天，DNA聚合为生命有机体内的编码，需要蛋白质催化剂和允许DNA分子打开及修复的合成系列的蛋白质。尽管不太可能，但还是可以想象第一次的DNA合成是在没有蛋白质的情况下发生的。编码的起源及其破译机制如此使人困惑，以致一些分子生物学家认为DNA不是在原始的地球上形成的，生命是由别的物质起源的，DNA后来卷入其中而已。

无论以上哪种情形，DNA现在都是编码决定有机体规格性状的关键。因此它是遗传的基础。我们所说的基因就由DNA构成。尽管基因编码起源晦涩难解，以下的说法却是真实的："关于基因密码的分子理论构建了一个生命系统的概论。在分子生物学之前科学领域尚无这样的理论。直到那时'生命的奥秘'才似有破解之望。"生命的奥秘也许还未解开，但我们离谜底更近了。就像莫诺所说："正是在这一化学结构的层面上生命的奥秘（如果确实有这样的奥秘的话）将被解开。而且如果我们不但能够描述发生的顺序，还能断言它们聚合的定律的话，秘密便会被公诸天下。"

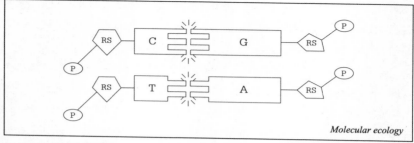

图1.01 DNA分子中的核苷酸的图示

RS表示脱氧核糖核酸；P，磷酸分子；C，胞核嘧啶；G，鸟嘌呤；T，胸腺嘧啶；A，腺嘌呤。每一个核苷酸都是由
P+RS+C(或者G,T,A)组成的。

    DNA分子是如何具体指定从细菌到人类等所有生命有机体的特性的？它是一串连续阶梯状的双螺旋结构，就像梯子。每个阶梯包含两个核苷酸。每个核苷酸含有一个与核糖核磷酸分子连接的嘌呤基（腺嘌呤或鸟嘌呤）或嘧啶基（胞核嘧啶或胸腺嘧啶）。

    核苷酸有4个种类。它们会优先选择地组成两对，胸腺嘧啶和腺嘌呤以及鸟嘌呤和胞核嘧啶，因此一个核苷酸在一条链中的位置确定另一条链上会是哪个核苷酸。这样的性质赋予了分子复制的特性，而沿着分子分布的核苷酸的次序，便解读出了这样的信息编码。

    4种核苷酸就像4个字母构成的字母表，它们的排列次序产生"单词"。因此在10个阶梯上便有4的10次方（即超过100万）种排列核苷酸的可能性。这意味着，仅仅DNA螺旋当中的10个阶梯就能提供大量信息。而一个人类细胞里典型的DNA分子就可能由数以百万计的核苷酸构成。

    DNA包含着决定蛋白质的结构的编码信息，而蛋白质的结构又在有机体的发育中和维护中起着举足轻重的作用。蛋白质由氨基酸构成，共有20种不同的氨基酸。因此DNA的4种含氮碱需被翻译为有20种不同的氨基酸组成的蛋白质。这种DNA语言和蛋白质语言之间的关系便被称为基因密码。一个核苷酸的三联

体解读出一个氨基酸。4种可能的核苷酸提供了4的3次方即64种不同的三联体，以解读20种氨基酸。现在我们知道不止一个三联体编码对应一个氨基酸。有的是作为终结编码信息的休止符，有的则是用于信息的起始。

在20世纪50年代，科学家实现了确定蛋白质分子里氨基酸的排列次序这一课题。而在20年后，确定DNA分子里核苷酸排列次序的问题也迎刃而解。使这一切成为可能的是一个重要的技术发现：某些特定的酶可以把DNA分子切片，而每个切片的长度取决于DNA上的特定序列。而这个技术表明，基因包含着解读特定氨基酸的片段，这些片段的一端常附带着作为终止信息的很短的核苷酸，而另一端则附带着序列的起始信息。在这一基因的片段里，还常会出现"沉默DNA"的片段，其长度与基因本身一致。它们的功用目前还不得而知。

虽然仅有20种不同的氨基酸，却有大量可能的蛋白质种类。氨基酸以不同的数量进行的各种不同的结合形成不同的蛋白质。比如，一个胰岛素分子包含着16种氨基酸，它们是由51种氨基酸以两条长链的形态存在的。蛋白质之所以重要在于它们在生命发育生长过程中的关键作用。蛋白质这一单词源于希腊语中的"proteios"，意为"首要的"或"最初的"。它们中的一部分，酶素蛋白质，是细胞中所有化学反应的催化剂。还有一部分有组织建构功能，是身体物质的一部分。

合成哪种特定的蛋白质以及何时合成，不仅是每个细胞核的DNA里包含的编码信息决定的，尤其在卵细胞中，它也以尚不为人知的方式取决于核酸或核苷酸在非核心部分的嵌合信息。DNA的反应取决于它所存在的环境，换言之，取决于生态状况。

认为生命有机体的结构取决于受精卵中的信息，这一说法是正确的，但对于这些结构在受精卵中就已然形成的假设是不可取的。成长不是一个将压缩在受精卵中的结构逐渐显露的过程（预先生成的指令），而是一个将化学分子中的信息解读为"单词"、"句子"以至最终的"结构"的过程。这个生长的过程被称为"渐成说"，与"预成型说"两相对立。莫诺认为渐成说是一种发现

而非创造，它是对一些潜在事物的揭露，尽管它们隐匿多时。

DNA-RNA蛋白质系统还牵涉到信息的可靠存储和有效执行信息命令这两项功能的区别。在同一种分子中联合这两种功能也许会有较大的障碍。

这两组分子，核苷酸和蛋白质是生命有机体较之无生命物质最为突出的成分，因为它们可以对信息进行储存和表达。还有一些表现生命特性的大分子，比如与细胞内能源转换有关的ATP。当美国航天部向太空调查找寻地球以外的生命时，他们选择寻找ATP分子作为生命存在的证据，因为它们比核苷酸和蛋白质要易于探知。

尽管，以小分子合成大分子并将大分子组织成生命结构的秘密，仍被自然控制着，生物学家们已经在研究合成大分子的生命特征的道路上取得了长足的进步。DNA分子天生与这个复杂分子里的原子有着特殊的关联。而且，DNA的反应还取决于它所在的环境，也就是细胞中非细胞核部分分子的独特形态。分子生态就是在分子层面上的系统研究。

从出生便被遗留在DNA分子里的编码信息，可以决定我们生命中的许多事情，就像对其他所有的生命一样。它决定一只蚂蚁和一只青蛙以及一只青蛙和一个人的差别。DNA不仅计划了受精卵会长成什么以及如何长成那样，而且已计划好了成熟的生命组织的功能。举个例子，我们的DNA决定我们的大脑类型与一只猫的差别。J.Z.杨曾说："人的生命和其他动物的生命都被写在它们的基因和大脑的程序所操控着。"我们的基因为大脑的功能设计了程序，许多大脑的功能与其他的器官一样，都是自动的。如同醒来和睡去的节奏会决定日常生活的一些活动；长远来讲，分泌激素的程序会让懵懂无知的孩子长成性成熟的成人。激素自身又会反作用于神经系统，从而从某种程度上决定它自己的状态。甚至有内置的衰老程序：那些基因在生命晚期才会发挥作用以减少生存机会。

另一方面，基因程序并不完全操控生命有机体的行为。这点对文化差异巨大的人类而言尤其明显。尽管肯定存在着性成熟的程序，人的性行为还是受个

人的学习和思维的影响。尽管大脑中有程序设计的攻击性中枢，但它们未必会被刺激到。没有必需的程序，人类不可能使用语言，但我们所使用的特定的语言，以及我们使用得多熟练，跟文化和个人习得密切相关。关于在多大程度上的人类行为是基因的遗传，多大程度上是后天的习得，我们将在第四章中进行探讨。

生物生态

生物有机体由生到死的生命历程可以被描述成，秩序的生成、秩序的保持和秩序的消失。秩序的生成过程便是发育过程；秩序的保持表现出来便是生理现象。对这两种秩序的科学理解，很大程度上来自对单个生物有机体的研究。而对于个体的研究很大程度上又取决于对发育和生理有重大影响的环境，因此，发育以及生理都是在个体有机体这一层面上进行的生态研究。

从分子开始的生命发育，遵从从分子到细胞，再从细胞到器官的顺序。这个合成过程中的某些步骤，还依赖于自动发生在适合的分子间的化学联接。另一些步骤是由正在生长发育的细胞中的DNA或RNA操控的，或是由来自有机体和生态环境的其他部分的生理化学信息来操控的。

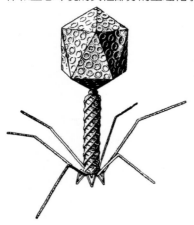

图 1.02. 噬菌体病毒展示的分子的精致的自生结构
头、颈、圈、鞘、尾的纤维由许多不同的蛋白质分子
组成。头包含了DNA的核心部分。

自发合成的一个例子便是，一种被称为胶原质的纤维蛋白质的形成。它形成螺旋状像三股绳索般互相缠绕的原纤维，从而形成具有强大力量的结构，如腱、筋。胶原质分子会在试管里聚合为螺旋结构。它们形成的独特形态可随溶液的成分的调整而改变。T4病毒抗菌素为我们呈现了一个自发合成的更复杂的例子。它包含有头、颈、颈部环状结构和有尾丝的突触接点（图1.02）。它仅仅由两种大分子、蛋白质和（头部）DNA构建而成。在突触接点的合成中就需要17种不同的蛋白质。突触接点是由每种蛋白质按特定的顺序一点一点叠加而成的。很显然，一种蛋白质与发育中的突触接点的接合会改变它的结构，从而使之能按次序连接下一个蛋白质。这种病毒蛋白质的自发合成在分子层面上产生了高度严密的秩序。而DNA是对特定蛋白质的合成负责的。它们的组织结构很大程度上是自发合成的结果，尽管产生病毒的主细胞也对此有所贡献。

　　细胞里的细胞器官如叶绿素比病毒要复杂得多。它包含了一叠叠的内部精巧复杂且精确排列的细胞膜。它由蛋白质、一种特殊的DNA、脂肪和碳水化合物构成。分子和细胞膜的自发合成也许对叶绿素的生成发育很重要，但这不是全部。这些结构的合成需要信息和能量的输入才能完成。这种合成无法在试管里完成，正是因为合成所需的信息包含在细胞核的DNA里。

　　尽管分子和细胞器官的聚合在某种程度上已为人所知，但发育成完整细胞的基础过程，尤其是发育成为肌肉细胞、神经细胞或其他某种细胞的差异，仍然是个未解之谜。只说明这个程序是DNA编码决定的还远远不够，因为这不能解释为何同一胚胎里含有相同的DNA，而两个相邻细胞可能会有完全不同的两种发育模式，可能其中一个形成了神经细胞，而另一个则是肌肉细胞。显然，细胞的环境，包括围绕它的其他细胞，是决定细胞命运的主要因素。细胞的差异因此也是分子层面上的一种生态过程。

　　也许，从生态学角度来看待，从胚胎到成熟个体的整个生物有机体发育过程的，最伟大的先行者是沃丁顿（C.H.Waddington）。他察觉到个体在其发育过程中就像一只球滚过地势复杂的山谷（图1.03）。山谷的深度很大程度上

是由基因决定的，因此它的移动路线已经被确定了。但在其他地区地形可能更平坦，所以球可以从一个山谷滚到另一个山谷。本质上，这就是环境压力的作用，就如同高温或低温对胚胎的发育产生影响一样。球的运动经常受到基因和环境的影响，这两者的相互影响形成了最终的成品或显型。因此，同一种属中的不同显型是基因差异和环境差异在发育过程中合力的结果。

在胚胎发育的每个阶段，某些特定的基因会表现活跃并导致它们的特定蛋白质的合成。这会产生两种后果：新的结构开始发育生成，且新蛋白质的出现使另一组存在于胚胎中的基因开始活动，因此而改进了细胞；细胞对这些蛋白质作出反应时又有了改变，并刺激更多的基因。生长发育于是成为一种生态连续性——一个阶段为下一个阶段做准备并激发下一个阶段。这种不断进步的基因活动在几种可能的发育途径中，也就是可以生成完整生物有机体的途径中相互作用，这一过程是如何可能的，这就是进化的问题了。

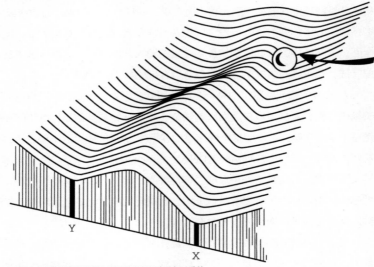

图 1.03. 小球朝着观察者所滚动的路径与胚胎的发展历史是相一致的。
主要的路径是指向X的。另有一条侧路指向Y，但是除非有外力将小球推过路坎，否则发展是不会沿着Y的方向进行的。

这个过程的复杂程度远不是寥寥数语能描述的。比方说，果蝇变得有翅膀的过程，可不仅仅是在合适的时机连接翅膀基因就完事的。果蝇翅膀的生长发育受制于大约40种不同基因的活动。连接这些基因的过程是有特定的顺序的。每个阶段，正在发育的翅膀都能对新的基因组作出反应。而在之前或之后的阶段，它是没有这种能力的。整个过程远非一系列自动发生的事件，而更像是许多演奏者演奏管弦交响乐时的融合。演奏者们不仅要依照面前的乐谱，而且要遵循指挥从外界输入的给他们的信息，而指挥是决定演奏速度和其他许多演出特性的。乐谱便是基因，指挥则是基因活动的环境。发展中的生物学的种种事实，自然而然地引出了随后的章节里出现的生态模式。

成熟的有机体内秩序的维持，还牵涉一个复杂的相互作用的生理体系，这一体系同时还与所处的环境相互作用。水栖的单细胞有机体，浸泡在可以给它提供所有需要的外界环境中。而多细胞的复杂生物有机体中，大多数细胞是可与潮湿环境隔绝的，尤其是陆生动物体内的细胞。然而，每一个细胞都必须浸泡在水的介质中，以带来细胞所需及带走细胞所弃。这是由循环系统完成的，在脊椎动物体内是以毛细血管和液态空间的方式来进行的。循环系统从消化系统中吸取细胞所需的消化产品，然后将细胞中必须清除的物质送入排泄系统。不仅如此，细胞里有两套对等的系统，即神经系统和激素系统，它们紧密联接以应付环境的变化。我们举出两个与激素系统相关的例子，来说明整个有机体和环境的紧密关系。

对季节性的育种动物而言，后代会在一个适宜新生命的时段内出生和成长。食物和温度是两大相关因素。外界的季节变换会对生态周期产生影响，这就要求交配和怀孕都必须随环境的变化而调整。许多鸟类和哺乳动物的兴奋刺激来自日长的变化。当春天临近，日照时段增长，对眼睛的刺激传送到大脑，大脑再顺次导致脑下垂体分泌催熟卵巢和睾丸的激素。动物便会在一个有着食物和适度的温度的时间里，做好哺乳后代的准备。在气候变幻无常的地区，比如澳大利亚中部，当终年都没有雨水的时候，具有随日长变化而变化的生殖规

律是毫无意义的。相反，雨季决定许多内陆鸟类的卵巢和睾丸的成熟期。

另一个例子是在压力下肾上腺的作用。人体内的肾上腺是依附于肾脏的豌豆状器官。腺体的中心部位，即肾上腺髓质，能够分泌肾上腺素及降肾上腺素。腺体的外层，即肾皮层，分泌其他几种激素。当遇到危险或任何紧张状况，例如敌意的威胁，涉险逃脱或天寒地冻，大脑会接收到神经器官发送的信息，然后大脑把信息发送至肾上腺，这个器官便从肾上腺髓质中分泌出肾上腺素和降肾上腺素。前者让身体做好"迎战还是逃脱"的准备。心跳和血压升高，瞳孔扩大，血糖浓度升高，白血球数量增加。通过肌肉、大脑和肝脏的血流增多差不多1倍。消化功能和繁殖功能受到抑制而且人感到紧张不安。而几乎同时分泌出的降肾上腺素也有类似效果，有的细胞对肾上腺素作出反应，有的则对降肾上腺素有所反应，有的则对两者均可。这让整个系统的和谐安定成为可能。

另外，肾上腺素还能够刺激位于大脑底层的脑下垂体分泌出一种激素，这种激素会引发肾上腺皮层分泌出肾上腺素。这样的结果便是身体对刺激的反应有一个更长的调整期。如果有炎症的话，它们当中还包括一种能减轻毁坏组织炎症的激素。正是在延长的刺激中分泌的肾上腺皮层激素维持了身体的应急机制。持续的、重复的刺激对身体的作用是逐渐减弱的。导致这一现象的原因还不明确。一种假说是认为我们被自己的激素"灌醉"了。而后果便是我们有了溃疡和其他一些麻烦。如果该有机体最终没能从那危险中脱身的话，在特定危险中表现优良的系统，会反过来作用于生物有机体本身。

除去刺激性的环境之外，有机体有一个分泌肾上腺素的日常节奏。对人类而言，肾上腺素常在黎明时分泌，调整我们的身体为日常活动做好准备。当某人在黎明时经历了突然的变化，比如做了跨时区飞行，他的老节奏会持续一阵，直到调整到适应新的黎明时间。这就是时差的来历。对于昼伏夜出的动物来说，比如蝙蝠，肾上腺皮质分泌的旺盛期则是黄昏。

这些例子都是生理必须对个体生物和环境的关系做出调整的典型例证。它

们证明了没有绝对隔离的个体。生物有机体是指环绕它的外部世界和它的关系而言的。它的外部世界包括物理的、化学的，还有心理的，有机体想要生存并发展，必须对此做出适合的调整。

群落生态

　　每个有机生命体的所处环境便是它同一种群的其他成员，或是不同种群的其他个体。这些情况将影响个体生存繁衍的机会。它们也构成了每个生物个体都不能置身事外的"生存竞争"的一部分。达尔文用隐喻的方式使用了这一词组：

　　这包括一个生物对另一生物的依赖，更重要的是，包括的不仅仅是个体的生命，而且是留下后裔的连续性。两只犬科动物在食物缺乏的时候甚至必须相互争夺食物以存活下去；但沙漠边缘的一株植物却要与干旱抗争。一株植物每年生出千百粒种子，它们当中平均只有一个能活到成熟形态，这似乎应被说成是与同伴或其他已经覆盖土地的植物竞争。因此，既然繁衍的个体比可能幸存的要多得多，为存活而进行的斗争就在所难免，不管是一个个体与同种群的另一个体，还是与生命存活的物质条件。这就是马尔萨斯学说以各种力量在动物界和植物界的实践。

　　在这段话里，达尔文明确地指出了生存竞争因素的构成。任何个体生物环境的构成部分都能对其生存造成影响，不论是同种的其他生物个体，还是不同种的比如食肉动物或病菌等其他生物，抑或是一些资源比如食物或栖息地的缺乏，或者是气候的问题，通通如此。在这段文字里达尔文铺垫了群落生态的基础。这就是对导致生物有机体的分布和繁荣的因素的研究：什么时候什么地方生存竞争太过激烈，物种会变得稀有甚至灭绝；什么地方环境更良性，物种更易于昌盛繁荣。但不论哪种状况，都有适者生存的自然选择经常发生。进化和生态融为了一个单一的概念——生存竞争。

　　现代对生存竞争的考察是从多个层次进行的。有设想使用数学等式来描述环境与生存繁衍的概率的关系的理论模式，也有人想用试验来重现生存竞争的

简单形式。第一种尝试在卡尔·弗里德里希·高斯（G. F. Gause）名为《生存竞争》的名著里曾有提及。然后，最困难的便是尝试着在自然群落中研究生存竞争。这是有办法做到的，有时候要研究生存竞争导致的进化也有可能（这些例子可以在Andrewartha & Birch, 1954; Krebs, 1978 和其他关于群落生态学的著作中找见）。

"生存竞争"被严重地误解了。丁纳生（Tennyson）把自然描述为"血腥的牙和爪"。赫胥黎（T.H. Huxley），达尔文理论的主要支持者，把自然称为"一场盛大的角斗表演"。自然界中确实饱含残酷。捕食者的存在就免不了被捕食者的痛楚，至少像鸟类或哺乳动物这样的高等动物会有痛苦。捕食也是竞争的所包含的内容。但正如刚刚引用的达尔文的文字里所指的那样，生存竞争远不止这个。它指的是一切影响生命，死亡和出生的因素。因此，正确的理解达尔文的观点是很重要的："除非已对此铭记在心，否则只可能对包含着诸如生物分布、稀有生物、生物繁荣、物种灭绝和生物变异等诸多具体事实在内的整个自然体系形成模糊或错误的认识。"

达尔文称作自然体系和生存竞争的内容，被恩斯特·海克尔（Ernst Haeckel）命名为生态学。他写道："说生态学，我们是指与自然体系相关的知识主体——对生物与其无机环境和有机环境的关系的考察；总之，包括所有与其有直接或间接关联的动植物之间友好或敌意的关系。"——简言之，生态学就是针对被达尔文指为"生存竞争"的各种条件的所有复杂关系的研究。

生态学不仅是研究什么使物种存活，而且还研究什么导致物种灭绝。尽管今天地球表面有大约两百万种动植物的种类，但它们仅仅只是自有生命以来曾经存在的物种的百分之一。大部分物种，即使不是全部，注定是要消亡的。在遥远的过去，物种灭绝的比率一定比新物种产生的比率要小。但现在，由于人类活动的介入，物种灭绝比率高于新物种产生比率是毋庸置疑的事实。许多物种，尤其是哺乳动物和鸟类，很早就已经在人类殖民的每一片土地上被灭绝了。

据国际自然保护组织估计，平均每年会损失一个动物物种。大约有1000种

鸟类和哺乳动物被认为濒临灭绝。大约世界上1/10的开花植物被认为"极其稀少或倍受威胁"。大部分的这种物种灭绝都归咎于人类活动导致的其栖息地的变化。200年前把绵羊、牛群和兔子引入澳大利亚的举措是许多主要当地哺乳动物灭绝的原因。现在来讲，这些外来动物对栖息地的改变，包括对食物和植被造成的破坏，无疑对灭绝惨剧的发生难辞其咎。19世纪中期，新南威尔士的里弗赖纳（Riverina）地区有着丰富的有袋类动物群资源。一支考察队的记录是29个种属。而现在这个地区其中的21种都已灭绝，除了少数小号有袋鼠类，能存活下来的要么是树栖的，要么水栖的，要么就是象针鼹鼠和大型袋鼠一样有很强适应能力的物种。生态研究能帮助我们更好地了解物种生存的条件，从而保护物种免于灭绝。其他的灭绝是由人类狩猎造成的，比如北美的候鸽，这也是蓝鲸即将面临的命运。

生存和繁殖的斗争常由两个策略来辅助：个体适应及分担风险。现代人对适应的理解是：外部世界出现某些问题，这些问题是想要存活的生物必须解决的。但适应还不仅仅是一个存活的问题。在适应过程中，生物体给问题提供了越来越好的解决之道，最终结果便是适应的状态。因此，适应是一个动态的过程而不是静止的状态。这同以前的科学观点对照明显，那种观点使人们误认为，适应就是依照一个无上的创世者的蓝图而进行的创造。

以下两个关于适应的例证将说明这一策略所起到的作用。两者都呈现了某一生命体和另一个之间的相互适应的特殊案例。隐柱兰（Cryptostylis leptochilla）是澳大利亚东南部的一种兰花，它的花朵在全世界看来都像在同一地区生活的一种名为半密点姬蜂（Lisopimpla semipunctata）的黄蜂。当这种兰花在一月盛开的时候，雄黄蜂正好从土壤里的蛹巢出来寻找雌黄蜂。但这时是不可能找到雌蜂的，因为它们迟些才会出来。它们能找到的，只是看上去很像雌黄蜂的兰花。确实，兰花是雌黄蜂如此完美的替代品，以至于让雄蜂与兰花交配并让这一过程达到圆满，它甚至在花上还留下了精液。这种兰花不仅有着与雌蜂出奇相似的外形，有证据显示它还能发出能吸引雄蜂的气味。通

过对兰花一次又一次的拜访，雄蜂成功地实现了授粉。很难证明雄蜂能从这样的表现中得到什么，但这对兰花的授粉来说必不可少。

北美西北部的丝兰蛾在咀部有着独特的采集花粉的结构，以此从丝兰花中收集到黏性花粉并合成球状。随后蛾便开始产卵。它用产卵器刺破丝兰花的子房壁膜然后在其中产卵。等每个卵都放置好之后，蛾便爬上花朵的雌蕊，把一部分黏性花粉塞进花朵柱头开放的尾部。它大约会产6个卵。每个卵的成长都需要发育的受精胚珠。然而，为保证植物丰富的种子，会有大量多余的未受精的胚珠。丝兰花的结构决定了它不能自花结实，而蛾是这个物种繁衍生息的必要条件。

为生存和繁衍而进行的斗争中的第二个策略就是分担风险。如果我存了一笔钱作为对将来保障的投资，我可以决定"孤注一掷"，把所有积蓄都投入到看似最有回报的一个行业中。这样做产生了很大的风险。换种方式，我可以投资到多个行业以减少风险。这是一种逻辑性很强的策略，因为所有行业都倒闭的机会比一个行业倒闭的机会要小很多。

这两种策略都被自然采用了。只靠某一种特定种类的植物为生的草食动物显然对这种植物有生存依赖。然而这种植物，如果是一年生周期的，可能只在春天有或可能只在沼泽存活。这种假设的草食动物是这方面的"专家"。如果总是有沼泽而且沼泽中总有这种植物，这个策略就没问题；如果这些条件都无法达成，那么这个策略就大错特错了。另一种动物以多个地区生长的多种植物为食，这就分担了风险。如果某种植物或某个地区会时不时地消失，对该动物也无大碍。

许多生物有机体在它们的生命里分担风险。它们有着能应付食物和生存环境的多样性以及季节变换的适应能力。它们的种群有着多样的基因，它们的栖息地也呈现多样化。它们便是所谓的"多面手"。在一个不断变化的环境中，做"多面手"比做"专家"更为稳妥。

基因的差异性说明，种群中的个体从基因角度来讲呈现多元化状态，每一

个种群都在适应性上与其他表现出差异，比如某一个对寒冷的适应性更强，另一个对炎热的适应性更强等等。有的栽培的植物是"专家"，它们在基因上保持着高度的一致性。它们在适应的环境里有着很高的产量，但天气的变化和有害物的侵袭，如菌类或某些它们没有抵御能力的昆虫，会使它们不堪一击。如果它们想要进化出能应付类似变化的新形态的话，生物体需要种群中的基因多样性。这也正是农学家们要保留栽培植物中的野性品种的一部分原因所在。这为栽培植物在不断变化的环境中提供了某种情况下可能相当宝贵的基因储存。因此，地球表面原始植被的消失绝不仅仅只是一个审美上的损失。除非我们可以对这些基因做特殊的保存，否则它们的消失将是对农业的重大威胁。想生存下来的生物体不能仅仅只对当下周围的环境作出适应，它们必须预见环境的变化。它们正是通过储存多样的基因来做到这一点的。每个物种都有内置的基因差异性。

　　另一个分担风险的因素是环境的差异性。东非著名的塞罗内拉野生动物（Serengeti）国家公园的一端在旱季有水资源，而另一端只在雨季有水。栖居在那里的狩猎动物充分利用了整个地区，它们在旱季时呆在湿润的一端，而雨季时则分散到整个公园。虽然事实比这样的描述复杂很多，但从本质来讲，动物对环境差异的有效利用大大增加了它们的生存机会。如果它们全年都呆在湿润的那头，它们所占领的地盘就缩小了很多，而且只会得到少量的食物。

　　要为大型哺乳动物成立一个国家公园，这个公园就必须足够大到能让动物随着公园内条件的变化而从不适宜生存的地区迁徙到它们适宜的地区。这一原则也同样适用于小范围内的小型生物，比如1公顷之内。局部的差异说明不同的地区冒险的程度也不尽相同，因此同一时间内所有地区都变得不宜居住是不太可能发生的。通过维护环境中的自然差异，我们保留了许多本要灭绝的物种。一个被单一栽培的农作物覆盖的世界将会萎缩和衰败，尽管这个世界可能目前仍然是可持续的。

生命之网及生态平衡

地球上成功存活下来的是那些为了适应而进化（而且还在继续进化），因此，能够克服困难而生存且繁殖的物种。这样的适应性包括与环境间适合的关系，对它们赖以生存的其他物种的适应也包含其中。达尔文曾指植物和动物"被一张复杂的关系网绑在一起"。以下是达尔文的描述，部分基于纽曼（Newman）先生1850年的一篇论文，部分是他自己的观察和感受：

从我所做的试验中，我发现蜂类的采蜜对苜蓿的受精来说如果不是必不可少，那也是十分有益的；但只有大黄蜂才能拜访普通的红苜蓿，因为其他蜂类采不到花蜜。因此我几乎可以断定：如果大黄蜂在英格兰灭绝或变得十分罕见，那么三色堇和红苜蓿也会变得少见甚至消失。而每个地区大黄蜂的数量都在很大程度上有赖于田鼠的数目决定，因为田鼠捣毁它们的蜂巢；长期关注大黄蜂生存习俗的纽曼先生相信："全英格兰2/3强的蜂巢被这样捣毁了"。那么现在，人人都知道，田鼠的数量很大程度上由猫的数量决定；纽曼先生说："我发现在村庄和小镇附近有着比其他地方多得多的大黄蜂蜂巢，我要将其归功于毁灭鼠类的猫。"因此，某一地区大量猫科动物的出现，会通过最初对老鼠然后对蜜蜂的干涉，而决定该地区某种花朵的开花频率！

达尔文已勾勒出了大黄蜂和其生存环境中的其他物种和因素的关系网，对其中任何一个因素的改变都会产生深远的影响。

达尔文关于大黄蜂的清晰论述注定要被大书特书。一般养猫的都是未婚妇女，因此未婚女性的数量同该地区红苜蓿的数量也是相关的。女性未婚是因为英国海军招募了太多官兵。水兵们吃的是牛肉干，来自由大黄蜂受精的苜蓿喂养的牛群。简而言之，如果未婚女性们决定把猫都关在家里，大英帝国可能早就崩溃了。老鼠数量增多，那么蜜蜂、苜蓿、牛群和水兵数量可能都会减少。现在我们知道达尔文假定的大黄蜂、苜蓿和田鼠之间不是一对一的简单关系。达尔文真正想要说明的是各个物种的生物个体在复杂的关系网络中的求生斗争。这是一个生存竞争的例子，是物种起源过程的一部分，即竞争中实现的机

变的自然选择。那些偶然被赋予了某种或多种使其在竞争中能保持优势的特性的生命个体，将会绵延生存下去，而且会把最有利的特性传给后代。

我们看待生命网络的角度被生态学家称为食物链，这通常由图表里复杂的网线来描述在一个群落里某一种生物以哪一种生物为食物。在食物链的底部通常是植物，因为绿色植物是进入这个生命世界（除去少量的细菌）的唯一的能源入口。绿色植物储存阳光的能量并将其转化成诸如淀粉的高能量分子。这就变成了草食动物的食物来源，而草食动物又依次成为肉食动物的食物。然后又有肉食动物喂养肉食动物。食物链可以被典型地划分为这4个食物等级。5个以上的食物等级是十分鲜见的，但我们还暂时不清楚原因。食物链有时表现出让人吃惊的依赖性。比如，佐治亚盐沼中看上去很不起眼的蚌类却事关该群落中磷的有无。诸如DDT之类的污染物会在食物链较高的级别中集聚。比如，在组约长岛的河口，终极的肉食动物如燕鸥、鱼鹰的身体里有着这个河口生态群落中最高的DDT含量。

问题出现了：为什么食物链中的草食动物不吃完所有的植物？或为什么肉食动物不吃光所有的草食动物呢？为什么这么多动物靠绿色植物生存而这个世界还能青草萋萋？这些问题回答起来可不简单。我们在本章里用自然环境的差异性作了一些解释。很可能，如果大面积地种植或畜养同一物种，随着环境的单一化，世界的大片土地将不会再绿意盈盈。

相互依赖的原则不仅与食物链有关，还同个体生物与环境中的其他因素有关。自然中元素的循环便是一例。前面提过的佐治亚沼泽中的磷的循环就是小规模的营养循环的例子。所谓的碳、氧、氮、硫和磷的全球生化循环构成了我们这个星球赖以生存的体系。这些循环决定了大气的构成，海水和淡水资源的构成，陆地的肥沃程度和水的营养程度。例如，氮是生命有机体的必要成分，但极少有机体可以从大气中固氮。能做到这一点的只有少类的细菌和藻类。尽管大气中有着巨大的氮的储量，地球上生命的延续却几乎完全依赖这些微小有机物的生命活动。假设DDT对这些有机物是有毒物质，谁能想象它的扩散对生

命的影响有多大？如果大气中的氮被用完的话，还有另一组能解氮并把氮回输给大气的微生物群。这些生物有机体是脱氮细菌。现代农业的一大突破便是发明了从大气中固氮的生产过程。尽管产量受到可用能源的限制，但氮肥从这个丰富的储备中被生产出来。由肥料中的固氮现在占陆地生物固氮量的26%。化肥工业的年增长率现在维持在7%~9%的水平。如果这样的高增长率一直保持下去的话，到1989年工业固氮量会和生物固氮量持平，这样的改变最终将带来的什么样的后果目前尚不明确。

氮气被工业固氮的方式从大气中夺走的同时，又以氮氧化物的形式从汽车尾气中释放出来。这当中的一部分会进入土壤，然后通过土壤进入水源，而水源可能由于氮氧化物的过量变得有毒从而超过饮用水的标准。大气中的氮氧化物似乎与最上层的臭氧层破坏有关。有人担心，它的增长会影响保护地球不受紫外线侵害的臭氧层。没有臭氧层，地球上所有的绿色植物都会被阳光杀死。

在某些群落里，矿物质的循环利用十分完整，以至于流掉的水就同蒸馏水一样不含矿物质。亚马逊盆地的某些成熟的热带雨林便是如此。矿质营养素被植物从土壤里吸取然后转化为植物组织。其中的一部分被动物吃掉而转化为动物组织。所有这些有机体都最终死亡并倒在森林的土地上，在此它们又被微生物转化为矿质营养素。整个循环过程十分完整。植物构造决定了，它们吸取这些营养素十分有效，没有一滴会随雨水滤去。因此矿质营养素便被重复利用，一代接着一代，少有损失。从外部来的所有成分只包括水、二氧化碳、氧气和太阳能。

与此形成鲜明对照的是，人类社会却浪费至极。我们只重复使用工业社会中很少的一部分产品。我们的有些活动阻塞了循环进程，而将其转化成产生大量产品集聚的线性反应。内陆水资源被来自下水道、农场和工业的过量营养素阻塞便是一例。无氧条件下不可分解元素的积累使这一循环无法进行下去。一个自给自足的体系变得没有自给能力。确实，即便我们还没有达到那个极点的话，在目前的人口增速下，世界很快就会无法自足了，如果我们还没达到那个

极点的话。人类社会无法自给会以三种形式发生：当诸如石油之类的不可再生资源耗尽的时候；当对可再生资源的需求量大于环境所能承受时；当环境对污染的吸收超过其能力的时候。对人类社会的一个至关重要的要求便是：它需要良好的组织来保持无限的可持续性以进入未来（第八章）。

然而，这种可持续的生命之网能构成自然的平衡吗？现代动物生态学的创始人查尔斯·艾尔顿（Charles Elton）写道："自然的平衡并不存在，甚至可能从未存在过。"但我们刚刚不是还在列举人类如何颠覆"自然的平衡"吗？一般来说，这种说法是正确的，但对环境保护主义者来说，用更准确的措辞会显得更诚恳也更有益。假设以某种的方式去行事，如此这般的农垦是不可持续性的，这样的说法才更准确。当有机体同环境的必要关系被毁坏的时候，我们应该说得具体翔实，而不仅仅说自然的平衡被颠覆了。这些问题从达尔文生命网络的观点来理解会更为彻底和完善。

有时候"自然的平衡"这种表达未被用于反映自然界的真实状况，这也正是艾尔顿所不满的。这种情况便是：当人们认为在自然的状态下，一个群落内的动植物的丰富资源是不会改变的，任何的改变便是颠覆"自然的平衡"。这是神话，不是科学。然而不幸的是，这正是一些本该更了解情况的科学家们所宣传的神话。自然的一部分的法则是：一个物种的数量会有改变，而且常是很大的改变，但这个物种仍会存活上百万年。

尽管对一个物种来说，自身数量增加的倾向依然存在，但很明显，没有哪一个物种的数目可以无限增长。因此便有了适者生存的"生存竞争"。在任意一个成熟的生态群落里，比如热带雨林，我们可以很清晰地看到成长的限制。每个雨林都是从种子成长为秧苗再成长为灌木和大树的。这发生在初级阶段。首先是单位面积内生物数量的增长，但最终热带雨林达到了成熟阶段。然后能量不再主要用于成长，而是用于维持成熟的生态群落。当然，许许多多的种子仍然在成熟的群落里产生，但它们当中的大部分在生存竞争的过程中根本连日光都见不到。一个成熟的森林已经到达了生长的极限。

对于是什么因素限制了动物数量的增长，生态学家中有着各种争论。一般而言，有两种方式可以解决这个问题，那就是被我们称为"家猫"和"流浪猫"的两种方式。任何地方的家猫数量都是由该地区爱养猫的人的数量决定的，找不到家的猫便不会成为一只家猫。欧洲的大山雀和澳大利亚的钟鹊也是这样的情况。它们的数量由地域性的行为来控制。流浪猫则不同：很大程度上，它们是无地域性的。它们的数量增长受制于许多因素：食物短缺，疾病瘟疫，还有严酷的天气。这是更为偶然的限制数量增长的方式，而且看上去也意味着更多的磨难。但这正是许多物种所采用的方式。从人口增长的历史来看，这也确乎是人类采用的方式。从全球人口来看，人类还暂未从人口的青春期转到成熟期。在青春期阶段，增长的势头会持续，直到达到了由食物匮乏、住所短缺和疾病肆虐所强制的人口极限。迟早，过多的人口就会像蝗虫一样，遭遇崩溃的命运，除非有意识地控制人口平稳地转向零增长。我们可以确信的是，没有什么可以永远增长，因为环境有着承载生命有机体数量的极限。

自然的法则是存在的，但绝非强制性的，只是自然界内生存竞争的结果而已。这种秩序在自然之网和生物有机体奇妙的适应性中有所体现。在自然的种群数量中，有稳定性的力量也有变革性的力量，这两种力量我们都可以在达尔文和华莱士（A.R. Wallace）在他们各自对进化论阐述中有所发现，这一阐释的着眼点正是在生存竞争中的对于机变的自然选择。

长期以来，我们凭着直觉就能够感觉到自然规律的存在，而对处于这种规律中的自然的科学地理解才是新鲜的知识。然而"自然界的平衡"这一短语是作为科学产生前对秩序这一问题作出的回答——它源自于希腊思想。埃杰顿（Egerton）写道：

如果没有与自然的平衡相辅相成的一些基本概念的支撑，希腊哲学和科学的崛起是很难想象的。希腊科学思想是建立在自然是持续且和谐这一信念基础之上的。毕达哥拉斯在宇宙间听到了音乐中的和谐；希腊医学教授创建了关于体液的平衡和自然复原能力的理论；照此而言，生态和谐与平衡也将成为一件

值得期待的事情。

希罗多德曾问道：为何鸟类、野兽和人没有吃光所有的野兔呢？为何这世界没有爬满了毒蛇？他的答案是：一种超然的神的眷顾创造了有着不同繁殖能力的不同物种。食肉动物的后代少于它们的捕食对象。为了说明这一点，他收集了蛇、野兔和狮子的繁殖报告。他是迄今为止为"自然的平衡"寻找生物依据的人。他认为的生物天生具有一定的繁殖能力从而维持自然平衡的观点直到达尔文这一观点才受到了质疑。

柏拉图对话录中包含两个对"自然界的平衡"概念影响深远的创世神话，其中一个是关于提马亚斯（Timaeus）的。在回答"造物主是依照什么动物的样子来创造世界"这一问题时，提马亚斯给出的答案是：神不是按照哪个物种创造世界的，而是"一个可见的动物，它的身体里包含着所有其他同宗同族的动物"。埃杰顿认为这是自然超有机生物体概念的来源，到现在还有人对此趋之若鹜。柏拉图的第二个神话是普罗塔哥拉篇。这篇神话里一个叫艾比米修斯（Epimetheus）的神给每个物种安置了某种特性，以保证其从捕食者口中逃脱，在恶劣的天气中受保护，而且能找到合适的食物。这两个神话都包含了这样的思想，即：神的眷顾使每个物种具备了与其他物种的永恒联系，使之能战胜环境中的危险，这也就是埃杰顿所指的"神助生态学"。这一观点与恩培多克勒、德谟克利特和卢克莱修的准自然选择学说是互相冲突的。"神助生态学"在罗马时代又一次在西塞罗的对话录《论神性》（*De Natura Deorum*）中出现，在其中"自然界的平衡"成为斯多葛学派哲学证明造物主的智慧和仁慈的依据。"自然界的平衡"是由不同物种在自然界中的地位（捕食者或被捕食者）所决定的繁殖能力和物种间的相互关系来维持的。两个世纪以后，柏罗丁试图调和掠食行为的存在与造物主的仁爱之间的关系。他解释道：掠食行为是为了达到生命的多样和数量而产生的罪恶。

直到17世纪，我们才发现了关于"神助生态学"概念的详细论述。汤姆斯布朗（Thomas Browne）爵士指出了繁殖的比例和寿命的反比关系。比如人类

或大象等繁殖缓慢的物种却活得更长。更长的寿命补偿了较低的繁殖率以维持"自然界的平衡"。所以，按照他的想法，冬眠在某种程度上减轻了"有害动物或毒蛇"的破坏性，因为冬眠使它们全年大部分时间都无法出来为害。1662年，人口统计学的鼻祖格龙特（John Graunt）在维持"自然平衡"的因素列表里又加进了新的内容。他发现了人类两性比率统计学上的规律性和人口死亡率的主要诱因（除去瘟疫）。1667年，马修·赫尔（Matthew Hale）先生又在"自然平衡"概念中加入了新的想法，即他称为"热量波动"的季节冷热变化。在17世纪最值得一提的是约翰·雷（John Ray），这位牧师和植物学家在1691和1693年发表了两部广为传阅的著作，内容便是渐为人知的自然神学。他认为每个物种都在自然中有着特殊的地位。每个物种都被精心设计以在特定的空间里生存繁衍：小鸟在经历了较为脆弱的孵化阶段后迅速成长；李子正好在以之为食的大黄蜂从蛹中破壳而出的时候成熟。证明植物和动物有灭绝现象的化石让雷很担心，因为这是对"自然界的平衡"概念的威胁。他评论说灭绝现象与"岁月的智慧"是相抵触的。然而，他也争辩说既然世界还没有被彻底探索过，化石里才有的动植物可能仍然存在于未被探索过的地区。

一位雷的信徒，威廉·德汉（William Derham）在1713年将系列讲座以"物理技术"为题整理发表。在这部出版物中，他引用了一长串的例子来捍卫"自然界的平衡"的学说。他写道："动物世界的平衡一直以来就被一种令人好奇的和谐以及动物数量和寿命长度之间适合的比例所保持着，这个世界也一直以来没有出现过度拥挤。"瘟疫的存在使得这种观点很难被解释的通。他将其总结为对人类的惩罚及对人类智慧和勤劳的激励。在同一世纪，亚历山大·蒲柏（Alexander Pope）在他的著作《人论》中提出，所有的物种都如此紧密地相互依赖着，以至于任一个物种的灭绝都会对整个生物界造成破坏。

1749年，著名瑞典植物学家林奈（Linnaeus）写了一篇以《自然经济》为题的杂文。他在其中写道："神圣的智慧早已考虑周全，所有生物都应当时常地繁衍新个体，所有自然元素都应当尽其本分，对保存每一个物种提供援手，

最终，一个生物的死亡或毁灭应当对另一个生物的诞生有所裨益。"这里我们再一次看到"自然平衡"学说的复活。繁殖、保存和毁灭维持着自然系统。如若不然，林奈认为，由于昆虫的选择性进食，有的植物种类会大肆生长以致淘汰其他品种。

物种确有灭绝，这一自1800年以来被广为接受的事实与"自然平衡"这一传统观点之间的冲突，仅引起了为数不多的自然学家的重视。阿尔弗雷德·华莱士（Alfred Russel Wallace）便是其中之一，他在1855年左右在"物种笔记"中写下以下内容：

有的物种在广阔的土地范围内排斥其他物种。平衡何在？当蝗虫造成大面积毁坏并致人畜死亡时，说保持了平衡有何意义？西印度群岛的糖蚁所造成的毁坏和据芒特里埃尔(Mr.Lyell)所言毁灭了80万人口的蝗灾是物种平衡的例证吗？按人的理解，并没有所谓平衡，而是你死我活的斗争。

这是对由来已久的"自然平衡"概念的第一次尖锐的置疑，这一置疑在达尔文的《物种起源》得到了延续。在华莱士和达尔文分别提出的进化论中，他们都对物种灭绝事实持接受的态度。确实，灭绝似乎是一切物种的宿命。他们提出的生存竞争的理论给出了一个新的观点，即自然的不稳定性。

达尔文革命性的观点给"自然平衡"流派的生态理论学家带来的影响，要远小于应当造成的震撼。今天，生态学与其他任何一门生物科学一样需要解放思想。它倍受攻击的罪过在于局限于宿命论，这种论调把动植物作为数学等式中的符号——尽管复杂，但却与复杂的自然网络和生存竞争的各种力量少有共同之处，而这两者才能体现个体的存在。数学模式也有其发挥作用之处，但它们不能取代观察的事实和深邃的思考，这两者对达尔文的研究方法尤其关键。

健全的生态学会减少对比如"自然界的平衡"之类讨巧言论的依赖，转而更依赖于领域内的真实观测和实验操作。在我们释放DDT到环境里去之前，需要具体了解多少剂量DDT会对非目标有机物造成何种后果。这要通过有控制的实验来完成。只说DDT是异质剂因而会颠覆"自然平衡"，这不是科学的态度。

在科学家们能睿智地设计这样一个关于DDT或其他什么物质的实验之前，他们需要更多地了解达尔文所描述的有机体与其环境中的所有元素，无论是其他生物还是食物或气候之间的"复杂的关系网"。健全的生态学是建立在对环境及其构成元素，如何影响生存繁殖机会的分析之基础上的。对每个物种来说，在其所处环境的每个角落，都会有需要我们通过观察和实验来理解的各种复杂关系，通过观察和实验我们才能知晓什么因素是真正影响其分布和繁荣的，以及人类的活动如何才能地改变这些关系。

小结

看待整个生物学的现代方法是可以分层次的：细胞，生物体和群落。在每个层面上，生态都是考虑这些现象的最佳范畴。从分子间的生态关系来理解细胞的生命是最适宜的了。考察生命有机体的最佳角度是从环境与之的生态关系的角度来看待。每个生命体之间及其与环境的所有构成元素之间的相互依赖正是群落生态的原则。在这三个层面上，生态对于生命的理解的重要性指向了第三章中提出的生物的生态学模式。但这一章已经开始澄清何为生命的问题了。

将复杂分子、细胞、组织、器官和有机体组建成成活的机体的过程，实际就是熵量减少或秩序增强的过程。生命有机体是宇宙中为数不多的发生这种情况的地方。热力学的第二定律是整个宇宙中熵量增长的定律。生命是一种特殊的原子和分子组合物，它使熵量减少。生命的特殊组织结构要归功于DNA分子内部的设计的力量。生命是以自我繁殖的能力为特征的，因此它在秩序相对混乱的宇宙中构建了一个不断扩展的秩序中心。顺着这个线索，从第一个大分子到细胞到有机体，生命的性质要从每个部分及其与环境之间的相互生态关系来理解。

生命的起源与大分子有关：DNA和蛋白质。这两种分子都存在于无限排列的形式中。哪一个先出现，以及它们如何结合成为生命的基本分子仍然不为人知。已然清楚的是，生命建立在DNA分子所提供的信息的基础上，而这种信息

最终被翻译为特殊的蛋白质语言。蛋白质既是肌肉的构成成分，又是酶中催生各种细胞化学反应的催化剂。

　　整个生物体的生命过程可以被总结为秩序的产生、秩序的维持和秩序的消失。生长发育是秩序发展的体现，最好在生态环境中来考察。发育的个体正是基因的内部力量和环境施加的外部力量共同作用的结果。正是这两种影响的交互作用决定了成熟个体的形态和显型，生理便是个体生物对秩序的保持。但这种秩序是与白天黑夜，一年四季，甚至更长时期的不断变化的环境相适合的。因此，生理也应从生态框架的角度才能获得最好的理解。

　　地表生物有机体群落中的生命有着自然的秩序。尽管这种秩序不及细胞和生物个体中的秩序稳定，却可以从生态的角度来理解。最关键是生存竞争，它包含了个体变异和风险分担的策略。在这个动态的过程当中，便产生了生物有机体及其环境之间的依赖关系。这在生命网络和生态地缘化学圈的元素中都有所体现。它们都是地球生命支持体系中的一部分。如果这个体系中的必经之路被摧毁的话，地球上生命的脉络也就被割断了。自人类不再是狩猎者和收集者以来，地球上生命的持续就越来越被人类所掌握，而现在更是如此。

所有这些精心的变异，组织的一部分对另一部分作出的变异，对生命生存条件作出的变异，一个特殊的有机体对另一有机体作出的变异，是怎样达到完美至极的？

——达尔文

第二章　进化

在本章上述引文之后，达尔文写到了依附在某种鸟类羽毛上迁移的寄生虫，潜入水中觅食的甲虫的特殊结构和在风中飘浮的杏的种子。在第一章中，我们讨论了几个动植物变异的例子，这样的例子无穷无尽。

关于变异的起源的现代观点是达尔文提出的，但现在用基因来进行解释。通过自然选择而实现的进化便是变异的机制。达尔文知道"终极完美的复杂器官"是对他学说的关键考验，他在"学说的难点"这一章写道：

假设眼睛，这一具有调节不同焦距，接受不同光线，更正球形线条和色彩失常等不可模仿功能的器官，是通过自然选择形成的，我不能不说，这样的论调听上去几近荒谬。然而，理智告诉我，如果把所有物种的眼睛——从完美复杂的眼睛到功能简单的眼睛都一一呈现；进而言之，眼睛万分细微的变化被遗传（很可能正是这样）的话；如果这样的变化或改进对该生命体在变化万千的环境中生存十分有益的话，那么要相信完美而复杂的眼睛是由自然选择形成的，尽管超越了我们的想象，倒也不是十分困难的事。

本章将对达尔文理论中新兴形式的要素进行一个概述。

第一部分，解释偶然性是进化的基础。事实是，DNA并不总是严格复制自己，而这给新的生命形式的出现带来了可能。

第二部分，描述自然选择如何保存和复制这些偶然突变的。它们的发生方式使我们有可能把偶然性和必然性作为进化中起作用的两大原则。

然而，事实上，对于动物的选择部分地在于它们的智力和对环境的拥有的目的性的反应。第三部分指出，目的性的确是进化过程的解释的一部分，尽管这个过程本身没有提前设立目标。

尤其当动物进化的目的性成为这一过程的一种说明性因素的时候，人类的进化便可被视为与整个生物进化相一致的过程。第四部分展示了人类进化的连续性和独特性。

机会与变异

从有机分子到成活细胞的进化在地球上可能不止一次地进行过。但事实很可能是只有一个原始细胞繁衍了地球上的其他生命。这看上去似乎是对所有生物体中细胞的基本近似的事实能做出的唯一可能的解释。所有细胞都有相同的DNA编码和类似的氨基酸。进化学说认为，地球上生命的多样性——它的20亿个物种（今天仍存活着2000万个已知物种）以及物种内的种种变化，是由一个源头开始的。生命就像一株主干粗壮又枝叶繁茂的大树。第一个细胞的规格包含

在它的DNA里。如果这个细胞精确地按照原始的DNA来复制产生其后的细胞（这正是通常细胞复制时发生的状况），便不会有进化了。第一个细胞里的原始信息被忠实地传送给后代，每一代都永远解读相同的信息。但事实并非如此。有时，DNA会被有差异地进行复制。核苷酸序列跟原始顺序相比有所变化，有的被剔除，有的被增加——这就是变异，这是进化的基本要素。没有它就没有生命的多样性。最终，成万上亿的物种出现了，包含着提供各种不同信息的DNA。

对变异的了解来自对现今存活生命体的研究。在成长的生物体中，比如从一个受精卵发育成为人，每一个细胞的繁殖都是忠实复制母细胞的。在成熟人体内生殖细胞的产生（除了每个细胞只接收到一半信息的情况）亦然。几百万甚或几十亿之一的机会中，细胞繁殖时复制会有差异。生殖细胞复制时产生的错误或事故正是某些新事物的开头，这就是变异。通常，变异会使生物体的适应性减弱而给其带来灾难性的后果。但是，偶然地，它也许会创造出增强生存能力和繁衍能力的成果。改变昆虫的DNA分子并使其产生对DDT的抗药性的变异，便是一次幸运的事故。在人类发明DDT以前，这种特殊的含有DDT抗体的DNA就产生了，但没有延续，因为拥有它的生命体并没有任何优势。自然用近乎挥霍无度的方式产生大量的各种变异，好像是预知它们将有大行其道的那一天。变异大量出现，但只有少数被选用。改变人类DNA而导致血友病的变异是个灾难。不幸的是，有1600种以上的人类疾病被认定源于某种变异。这也是变异的代价。

关于变异的偶然性，莫诺写道："我们说这些是事故，是出于偶然性的。既然它们构成了基因测试中唯一可能的改进源泉，它本身又是生物体遗传结构的唯一来源，那么必然得出的结论是：只有偶然性是生物圈所有创新和创造的源头。"对于莫诺的观点，即偶然性在进化过程中扮演着十分关键的角色，我们表示赞同，然而这并不排斥目的在人类进化过程中的地位，相反它的作用至关重要，本章及以后的章节将就此进行论述。

当变异被指为自然或偶然发生的时候，并不是说它们的发生完全没有外力的作用。事出总是有因的。有的变异诱因已为人知。宇宙光、X射线、其他辐射，还有一些化学制剂是已知的诱导有机体突变的因素。但除了偶然的状况，诱发的变异在发生时与生物体的需求是没有关系的。它对生物的生存常常是弊多利少，正如同对钟表机械的随意损坏是利少弊多一样。

　　理论上来讲，我们可以想象一个体系，在其中变异是由生物体存在的环境的直接作用催生的，以此来增强它们在该环境中的生存繁衍能力。可以想象，严寒可以诱御寒的变异；DDT可能诱发抵御DDT的变异。这样去进行假设是可以的，但是事实并非如此。某些环境的压力会引起变异，比如辐射，但它们的作用如果存在的话，也只有极其微小的机会能赋予生物防辐射之类的优势。如若事实如此，这将是一个极有效率的系统。推测起来，困难在于DNA这一储存基因信息的材料如果要稳定可靠，就必须是惰性的。如果它能随着环境的改变，比如温度的改变或环境中某一构成元素的改变而改变，它很快就会退而成为无意义的突变。生命有机体必须适应依靠完全无法预知的灾害来产生基因变化的非直接方式。以此为据，人们可能认为这是一种效率出奇低下的创造方式。但它不是。有两种特殊的基因机制似乎从这一制造变异的方法中汲取了最大的价值，它们是通过有性生殖实现对基因的重组以及对基因的变异性的储存。

　　我们前面讨论过的涉及变异的分子活动是最近才被发现的。而变异在进化过程中的作用早已为人所知。达尔文认为，如果要有任何的进化的发生，必须有遗传变异的来源。但他不清楚这个来源是什么。绝望中，他求助于拉马克（Lamarck）的论文，文中认为基因变异来源于获得性状的遗传。按照拉马克的看法，鸭子是这样获得蹼趾的：陆地上的鸟类是没有蹼趾的，如果气候变化，乡村被洪水淹没，有的鸟会试图划水，这种新的练习会带来身体上的变化，即脚趾间的蹼的生长。这便是拉马克所谓的获得性状。身体上的变化会直接带来基因上的变化。后代便出生就具有蹼了。拉马克论证的顺序为：环境的变化带来习惯的变化，习惯的变化带来身体形态的变化，身体形态的变化带来

基因的变化。这与认为先有基因变化，而后带来身体形态变化的现代观点完全颠倒。拉马克的论点是完全符合逻辑的一种假设。问题是实验已经宣告它不成立了。

变异是由摩根（T. H. Morgan）于1910年在实验室首次证实的，当时在他培养正常的红眼蝇过程中出现了白眼果蝇。摩根能够证实白眼基因是从这些蝇类的红眼基因变异而来的。这并不常常发生，一旦发生，按照孟德尔（Mendel）的原则，就会传给后代。不论是摩根还是他同时代的人，在10年甚至更长的时间里，都没有认识到变异对于进化的重要性。似乎它所带来的只是不合格的东西：无着色的眼睛，缺失眼睛元素，发育不全的翅膀，变形的腿等等。第二，他们没看到变异在自然群落中的发生。事实上，他们对自然群落中个体的一致性的注意更甚于对明显的差异性的关注。

当观察一个已完全适应环境的群落时，得出所有的变异只会带来不和谐，这一结论是很自然的。所有的"好"性状都已被整合进该群落的基因组成。然而，当对被特意置于压力环境中的群落进行观察时，我们可以观察到，有益于增加生存和繁殖机会的变异的产生。这种情况在细菌培养受到抗生素干扰的情况下常常发生。大部分细菌都被杀死，少数存活下来的就是那些有突变基因或有抵抗抗生素基因的细菌。同样的，在DDT或其他杀虫剂存在的压力环境中，昆虫群落会产生抵抗力。正确认识到这些例子当中并非由毒素诱发变异十分重要。毒素发挥的所有作用只是提供了一个突变异种能够繁荣的环境而已。而变异在任何时候都将以很低的概率发生，不论有无毒素。

把变异当作进化中必需来源的第二个问题在于自然群落中变异的明显缺乏。这个问题在1927年当俄国遗传学者康士坦丁（Konstantin Tschet）冒险进入西伯利亚大草原在旷野中追逐果蝇时解决了。他所收集的果蝇在表面上看十分相似。但通过适当的杂交，他揭露了大量表象下"隐藏"的基因可变性。看上去一样的果蝇有着不同的基因。这些不同的基因可能来源于许多代以前的变异。这样便有了另一种观点，即突变基因的"储存"。今天有害的基因可能

在明天不同的环境中成为有益的基因，并非所有有害基因都在出现的时候就被排除掉了。有的以不同方式储存起来，并在新的环境中生根发芽。正如隐性基因所采取的就是一种相对简单的方式，其有害之处只有在双重出现的时候才会显露。因此，在单个出现的情况下，它就被保存下来，也有一些其他保存方式。储存的基因等待着它们对于生物体物尽其用的一天。

变异是各种生物体的不同基因的终极源头。还有一个次之的可变性的来源，就是通过有性生殖实现的基因重组。与无性生殖不同的是，有性生殖在后代中产生多样性。在卵巢和睾丸的特殊细胞分裂中产生卵子和精子，这一过程中并非所有的生殖细胞都得到相同的基因补体（DNA）。很有可能基因补体全不相同。每个细胞都从基因库中进行选择。而且，当一个精子细胞使卵细胞受精时，还有更多的可变性来源，因为生殖细胞是随机结合的。对有性生殖的生物体来说，比如人类，不同基因的可能结合方式如此之多，以至于没有两个人的基因会完全相同，除非他们是同卵双生的双胞胎。每个人的基因特性由至少1万个或更多的受精卵给予的基因组决定。每个这样的基因组都是在10个可能的基因中选出的两个配对而成。那么1万组的不同组合有多少呢？答案是10的1万次方，比宇宙中电子的数量更巨大，后者为10的80次方。

遗传学家教会我们认识个体的独特性。每个人都具有独一无二的基因。他或她的基因补体是由偶然性决定的，取决于每个生殖细胞的基因集合以及哪个精子使哪个卵子受精。因此在这个层面上，对有性生殖群落建立庞大的充满可变性的基因库来说，偶然性发挥着重大作用。

自然选择

正是从这个源于变异和通过有性生殖实现的基因重组的基因库中，自然选择开始运作。自然选择并不是一种类似于必然结果的力量。因此，莫诺的评论是："出自于纯粹的偶然，这样的事件进入了必然性的领域，最难以平息的确定性所在的领域。"莫诺如此强调的必然性是指较之更弱的个体，被赋予了更

强生存和繁殖能力的个体必然会对该品种的后代贡献更多。然而，从机变得出的并非是如莫诺所言的确定的必然性。物竞天择的实现比这要微妙得多。在这部分中我们还会就此争论，即对于有能力选择和洞察不同环境的生物，"必然性的说法徒有其名"。在进化的后期，行为总是先于结构一步，因此"习惯、传统以及行为的发明在动物们攀爬复杂性阶梯的时候起到了不断促进的作用。"其次，单纯的自然选择论者常常给我们带来器官和基因的进化生物学，而并非生物体的进化生物学。"这样的学说假定了所有的转变都会按部就班地发生，而且贬低了整体性的发展障碍以及历史和构造带来的更深层次的束缚。"比如，人类目前拥有的最佳的垂直姿态并非出于设计。这是因为我们许多的身体结构设计，尤其是骨骼，是从四足动物进化而来的。自然选择是自然界存在的事实，但当我们把有机体划分成部分，并试图把每个部分都解释成为直接的对自然选择的适应性反应时，我们误解了它的运作机制。后面对于这一机制我们将作出更为详尽的解释，在从卵到成熟形态的发展的过程中的生物体是作为一个整体受到自然的选择，而这也是在构造和进化的遗传的局限中进行的。

物竞天择的理论常常被描述成是老生常谈，事实上的确如此。从进化观点来看，"适者"便是拥有很强生存和繁殖能力的个体。所以个体是有适应能力的差别的，并不仅仅是适应或不适应那么简单。但说那些被基因赋予了适应性特征，比如有力的翅膀的个体，会比那些翅膀没那么有力的个体在数量上增长得更多就不是老生常谈了。一项关于哪个个体能成为"适者"的分析而突破了这一老生常谈的话题，该项分析提出了设计的问题，而特征则被看作是设计的问题的解决方案。科学家能通过实验认定具备适应性的特征，不论是生理特征还是生态特征，然后，他们就可以独立地看到这些特征的拥有者在生存竞争中有何许遭遇了。

对自然选择的一个简单而准确的定义是：个体在群落中的差额生存和繁殖。这是个有序的过程，因为它将一个群落推向更具适应性的发展方向。当环

境改变时，大多数个体可能不适应新的状况。但如果群落中储存了丰富的基因可变性以便自由取用，自然选择便会让该群落向适应新环境的方向发展。随着环境的改变，在以后每一代的自然选择均是如此。达尔文认为，这一改变最终会带来新物种的出现。对今天自然多样性的解释应该建立在长期以来对随机变化的自然选择的基础上。达尔文并没有看到自然选择的运作过程，但他了解培育动植物的人如何进行人工选择并从中推测出自然选择的可能性。假如有适当的技术，我们今天可以呈现我们想要研究的任何一个群落的自然选择过程。细菌对抗生素的抗体，以及昆虫对杀虫剂的抗体的产生便是例证。我们也可以研究在连续的季节中，天气如何成为了选择的手段，选择性的肉食动物以及环境中的任一因素如何成为了选择的手段——这里我们把环境精确地定义（在进化学和生态学中十分必要）为任何影响生存和繁衍的因素。

通常要很长的时间，数千代或更长，种群间的彼此差异才足以大到使它们成为不同的物种。被称为不同物种的种群当然不是在少数基因上有差异，而是大量基因上大有差别，暂且就说500种突变基因吧。那么在变异速度如此之慢，而有益突变的比例又如此之小的情况下，有什么办法把500种突变基因整合在一个种群之中呢？让我们假设，从一个物种到另一个物种的转变要10000代的时间，其次，我们假设每个基因的变异频率是十万分之一。一个简单的算术就足以让我们明白：所发生的20万个有益突变中只要一个被巩固，我们就可以获得从一个物种转化到另一物种所需的500个变异。所以尽管有益突变的发生几率很低，但假以时日，仍会为数不少以达到这一理论的要求。时间如此之长，我们不能期望一个人的一生甚至许多人的有生之年能够见证这样的转化。这是否意味着我们永远没法看到一个物种到另一物种的转化？并非如此，这种转化可以在植物的一代到两代之间以更直接的方式完成。一个颇具针对性例证便是现在很著名的植物萝卜芥蓝（Raphanobrassica），一种由萝卜和卷心菜人工杂交的品种，无论以何种定义而言，它都是新物种。它能产生有繁殖能力的后代，不再需要萝卜和卷心菜再次杂交。不幸的是，它有着卷心菜的根茎和萝卜

的叶子！大量的人工培育的植物都属于此类。人类见证了物种的起源。

有大量证据证明进化是一个连续的过程，而且今天仍在继续。这正是我们期望从进化过程里自然的各个阶段中发现的：从单个物种中没有或仅有极小差别的种群，到差异大到被我们称之为不同物种的种群的过程的变化。对动植物自然群落的现代研究揭示了这一点。

我们可以把生命的进化过程想象成一条在河口处泛滥，并跨过一个巨大三角洲的大河，就像恒河。今天，研究地表生物体的进化论者就像一个抄近路通过这一枝蔓繁杂的河流系统的行者。当他跨越这些河道时，他毫无疑问地认为在某个地方一条支流与另一条截然不同。它是从很远的地方由另一条河分岔而来的。但在这次行程的另一点上，他会处于两条溪流开始分岔并开始独立旅程的岔口处。另外，他也可能在分岔口稍下游的位置，它们这时成为两条溪流，但只是刚刚成为了两条溪流。所以在今天的自然界，我们发现有的生物种群差异明显，并将它们称为不同物种；也有的有特性，但并不太明显。它们甚至偶尔相互交配繁衍。其他某些种群的分界线十分模糊，以至于没有人会把它们称为不同物种，但它们的差异是可分辨的。林奈认为，自然被分为截然不同的种类且永不改变的老观点已经无法再自圆其说了。达尔文在100多年以前就看到了这一点，他在《物种起源》的第四章中总结道："由于幼芽的生长产生新的萌芽，这些萌芽如果强健苗壮，将会蔓生开来并在柔弱的枝干上到处生长。因此我相信，长此以往它就将象生命之树一样，用其死去或折断的枝干填满地壳，而不停分岔的美丽的枝条则铺满地表。"

在物竞天择形成的进化理论中有三个发展阶段。第一个阶段，达尔文于1859年在《物种起源》中的粗略轮廓。第二个阶段，直到1930年三个天赋禀异的遗传学家各自独立提出了自然选择的基因理论。他们是来自英国的罗纳德·费舍尔（R. A. Fisher）、霍尔丹（J. B. S. Haldane）和来自美国的赖特（Sewall Wright）。这个阶段一开始是非常理论化的，杜布赞斯基（Theodosius Dobzhansky）和他的学生们对自然种群的研究，尤其是果蝇的

研究过程中走向了实践。第三阶段始于1953年，沃森（Watson） 和克里克（Crick）拆分了DNA 分子的结构。这一举措开启了从分子角度解释变异和选择的大门。

有的人告诫道，以变异的自然选择来解释生命的进化的可信度，就如同假定数百万只猴子在数百万台打字机上胡乱敲打能碰巧写出一部莎士比亚的著作一样；这样解释的进化就像一位盲人用不知蘸了什么颜色的画笔在帆布上随意喷洒涂鸦出了伟大的画作一样不可思议。但这样的类比有误导之嫌。任何一个对自然选择的基因理论有所了解的人都会赞同将这个比喻改变成为：不是一个，而是百万，甚至上亿的盲画师每人在数以百万计的帆布上画上几笔色彩。在这当中，只有极少数显示了成为有意义画作的微弱线索的作品会被保留。剩下的都被毁掉了。挑选出来的画作的雏形被百万倍地复制，然后数百万的盲画师再次在画上胡乱添上几笔；最好的再次被挑选出并被复制，然后一直如是延续数百万次，相当于自生命出现在地球之后繁衍的代的数量。这个比喻比猿猴打字要更接近事实，因为它有复制和选择。但它仍然只是一个比喻，因此也不能充分表达自然选择的遗传步骤之微妙。

自然选择也曾经被比作一个留益去害的筛子。这一比喻同样很糟，因为它没考虑到基因的性重组和基因的相互作用。有害的遗传性变型的作用通常取决于它所伴随的其他基因。在一个团体中有益的变型在另一团体中可能是有害的。杜布赞斯基曾说过如果要让筛子的比喻可信的话，人们得想象一种非凡的筛子。它被设计为不但能够保留和筛除小颗粒，而且是按照微粒大小而且参照其他微粒呈现出的性状来进行。"我们没有这样的筛子"，他说道，"但却有一个控制设备向存活的物种传递关于环境状况的'信息'。这一装置要根据先前的变化，来决定接下来的改变。现存物种的基因获取的过程是个综合的系统，每部分都必须相互适合以适应生存竞争。"关于自然选择的微妙运作可以从以下被沃丁顿称为环境作用的基因同化的例证中略知一二。

我们脚底变厚显然是对赤足在粗糙表面上行走的适应。正如达尔文指出的

那样，在足部还没长成时，变厚的趋势就已在胚胎里出现了。因此，这个构造可能不是对外界压力做出最直接的反应，但它应该是由独立的对特定外界影响做出适应的遗传结构产生的。类似的增厚在其他物种的其他部位也有发现。比如，鸵鸟蹲坐的姿势使它身体下部的前部和尾部两端着地。在这些区域皮肤上出现了可观的茧皮。而且，这是在它们被孵化之前在胚胎中就存在的。让我们思考一下，这些茧皮是如何在基因上被认可的。想象一只还没有长茧皮的鸵鸟，假定它的皮肤像其他动物一样会对外界压力做出直接反应，通过摩擦而变厚，并假定做出这样反应的能力是来自于基因的。既然动物群落中的个体从未在任何特性上获得完全的一致性，我们必须期待鸵鸟的始祖们在基因上也各自相异，具有不同的产生茧皮的能力。然后就会在对摩擦能做出有效反应的基因倾向性中进行自然选择。地面的摩擦是一种环境压力。选择最终会发展具备能生长出最适当的适应性皮肤厚度的基因的物种。在这个阶段，皮肤变厚仍然没有在基因上得以确定，仍然只是对压力和摩擦做出的反应。它们在传统观念看来仍属于获得性状。我们必须找到一种能解释它们如何在基因上被确定的假说。

沃丁顿在关于蝇类的实验中发现了这样一种假说：他能够证实，那些具有适当反应能力的基因结构的个体进行了数代的选择之后，比如为应付盐碱环境而扩大幼虫的肛乳头，基因被积累起来，因此甚至在没有环境压力的情况下适应性也会最终出现。自然选择不仅保证那些拥有最接近适宜特征的动物存活下来，而且很照顾那些无论在任何情况下，有压力与否，其基因结构都能产生这样的动物的种群。因此就到达了这样一个阶段，进化中的鸵鸟几乎一直都长有着一种适合的茧皮，甚至在那些不经常坐下或总是懒洋洋地斜靠着的个体身上也一样。

沃丁顿把这一过程称为环境效用的基因同化。这不是拉马克主义，而是彻底的达尔文式的进化过程。重要的是，基因同化降低了自然选择中简单模式被打压或遗漏的因素。根据经验我们知道，有压力的环境通常从构成或生理上来提高生物体的适应性。生物体有着强烈的倾向性来调整它们的身体以适应它们

所处的环境压力。如果有基因机制试图在基因上将这些改变确定下来，那么在环境和基因组成之间紧密的关系，比我们从达尔文主义中的解读出的更甚，同时也大大增强了这一理论的可信度。自然选择并非像通常所说的那样是遗传型的选择，甚至也不是表现型的选择，而是变化中的表现型的选择。

在第一章中，我们讨论了基因和环境在从受精卵到成熟生物体的发育过程中的相互作用。在发育的每个阶段，环境都在决定显型的方面扮演了某种角色。我们用一只球滚过一片山谷的类比来表达了这一观点（图I.03，p30）。球体滚过哪片山谷，部分取决于可能把它从一片山谷移动到另一山谷的环境影响。那些以最适应的方式来应对它们的遗传基因和它们所生长的环境的生物个体，会获得最多的生存繁衍的机会。适应能力正是生存技能的价值所在。正是那些具备了该显型基因的鸵鸟——大腿上发育了茧皮以应对又干又烫的地面磨损——比没有发育茧皮倾向的鸵鸟更易适应环境。

目的性的介入

莫诺给他的重要著述命名为《偶然性与必然性》。他正确地指出，变异作为进化的基础是一个偶然性的问题，而多样性的呈现，就意味着选择的必要性。尽管莫诺并没有对目的性不屑一顾，但他低估了目的性行为在进化过程中的广泛影响，从而将目的性从进化过程中决然地剔除掉了。这也是生物学家们未能给予足够重视的一个领域。

沃丁顿表示，关于鸵鸟茧皮的发育的达尔文视角，是他对获得性状的基因同化概念研究得来的。一旦这一概念被证实，就能够理解为何获得性行为也可以对选择过程产生影响。

对显示出获得性行为基因同化的重要性的昆虫，我们已经做了可观的研究工作。比如，在1918年以前，没有任何关于苹果蠹蛾对胡桃有害的记录；几年后，一种有着新的基因种族的苹果蠹蛾出现，这个种族喜欢胡桃比喜欢苹果更甚的，胡桃便开始不断被害虫滋扰。关于其他昆虫所谓"宿主条件"的实验显

示了，习性的初始转变是如何被巩固的。吃薄荷味食物的果蝇幼虫在成为成年果蝇之后，在有选择的情况下，它们会倾向于在有薄荷味食物上产卵。果蝇习惯于选择成长过程中熟悉的食物气味。我们可以假设，在苹果蠹蛾的胡桃种族这一案例中，在以苹果为食的果蝇中有着行为适应性的基因差异。有的无疑从未犯错，它们总是选择苹果；但有的在选择宿主上有着更灵活的基因，因此它们发现了胡桃。在胡桃上开始寄居生活之后，"宿主条件"帮助它们留在那里。在苹果环境中毫无生存值的变异，在新的胡桃环境中可能十分有益。在昆虫中有许多"宿主"种族的例子，或以不同宿主为食但关系紧密的物种的例子。有一些不再异种交配的欧洲果蝇。在两个有着紧密关联的分泌胆汁的果蝇物种中，每种都在不同的宿主上分泌胆汁，而这种分辨两种不同宿主的能力是由单一的基因控制的。

在昆虫中发现的这样的获得性行为是否具有目的性可能是个开放的话题。但这并非是由基因预先设定好的适应性行为。阿利斯特·哈代（Alister Hardy）是极少数强调这些观点的重要性的生物学家之一，他曾评论道："通常是精力充沛、喜欢探索、富于知觉的动物发现新的生活方式，新的食物来源……这样的不息的探索行为无疑是得到培养和发展的，因为它带来额外的好处。" 甚至是在昆虫的案例中，我们也不能排除可能会有这样不息的探索行为。

著名的山雀的案例是个很明显的例子。在英格兰，山雀经过摸索，学会了打开牛奶瓶吸食牛奶，从开始时的纸板盖子到后来的金属盖子。这一习性被后代习得并在欧洲的山雀中蔓延开来。我们有理由假设，对山雀而言，开始变化的有益行为最终会成为基因上的确定特征，尽管我们尚不清楚这是否在山雀身上已然发生了。确实，山雀也许会进化出一个比现在更适合于打开牛奶瓶的喙。当阿利斯特·哈代先生在伦敦林奈学会（Linnean Society）就此举行讲座时，曾有人半开玩笑地说："我想我们最终会发现一种长着就像开罐器一样的喙的山雀。"对此哈代认为答案是肯定的。这一事例把目的性行为介绍得更为

清晰，因为这一行为是山雀从其他同类身上习得的。这样的习得是一种个体行为——山雀学习那些能够达到它所期望的目的的行为。这不是盲目的模仿或胡乱的摸索，正是由于山雀对广泛而智慧地适应新环境引起的基因的变化的结果。

这不太可能是进化过程中的一种稀有现象。相反地，很可能正是环境的变化，使各个物种的生命体采用新的被证明可行的行为方式。以下所引的莫诺的话说明他也同样认可这样的发展过程，尽管这一重要性在他大部分的进化理论中鲜有提及。

同样明显的是，对这样或那样的行为的初始选择会有一个长远的影响，不仅对以初始形态呈现的物种如此，对它所有的后代，甚至对构成整个进化子群的物种均是如此。如我们所知，进化的重要转折点与新的生态空间的扩张正好相符。如果有陆地脊椎动物出现并有能力率先开拓这奇妙的空间，从中两栖类、爬虫类、鸟类和哺乳类动物后来才发展出来，那么最开始是因为一条原始鱼"选择"到陆地上进行探索，而不期地被赋予了行动的能力。改变行为方式的结果是，这条鱼因此创造了"选择性的压力"所造就的四足动物的强健肢干。这位大胆的探索者简直就是进化界的麦哲伦；在它的后代中，有的能跑出每小时50英里的速度；有的能以令人惊叹的敏捷爬上大树；有的则以奇异的方式征服了空气，完成、延伸甚至扩展了那条始祖鱼的"梦想"。

在山雀一例中被假定的探索行为和习得过程，在很多领域都受到紧密关注，莫诺也认识到，这些行为之于进化是至关重要的。比如，在日本短尾猿一例中，年轻的是革新者。在幸岛（Koshima）的一个自然群落中，一只叫Imo的年轻母猿被发现在海水中冲洗红薯上的泥土。它的玩伴开始效仿它，然后是它们的母亲。再然后，这些猿猴的幼儿从它们的母亲那学到了这种习性。后来基本上依亲缘而异，发展出来各种不同的冲洗马铃薯的方法。

在猿猴身上观察到的这一现象未必对生态进化有多大影响，但这种行为所需的灵活性已经在物种中充分显示了出来。无论作为个体或群体，短尾猿都有多种多样行为习惯。一个会在海水中冲洗马铃薯的群体与其他群体的区别，是

习俗上的差别而非生物学上的差别。而同一群体内的不同科有着不同的冲洗方式，将会进一步增强习性的多样性。

随着人们研究其他物种的耐心的不断增加，这样的物种内部的习性多样性显得越来越明显。比如，马雷曾证实南非的树栖狒狒与山居的群体之间的行为差别其实是习性的差别。由后者哺育的前者的幼儿具有"在新环境中必需的全部知识"。

人类进化

600万年以前，通过偶然性、必然性和目的性行为，一种类人猿动物转化成非洲的更新纪灵长动物。这些动物通过若干阶段，逐步转化为从100万年~50万年前，在地球表面游荡的类人的直立动物。这些类人的直立动物再依次转化成25万年前出场的现代人。这些转变涉及很多解剖学上的变化，尤其在大脑和四肢部位。手变得更加易于操作，从而使更新纪灵长动物能够使用天然的工具，使类人的直立动物能够制造和操作锋利的器械，类人的直立动物最先发现了火的用途。北京人的遗迹是为明证。

但最重要的却是另两个特征；大脑的发育产生智力尤其是抽象思考的能力和语言交际能力。人类是唯一发展了象征性思维和语言能力的生物物种。这使发明创造成为可能——从轮子到电脑，皆为例证。所以，在人类身上我们看到了我们称之为文化的习得信息载体的发展。文化是先由个体习得然后通过教授传递给后代的。除了基因遗传，人类还拥有丰富的文化传承。

大脑的进化使智能的行为和文化成为可能，这个过程是逐渐发生的。进化到更高智力需要大脑的体积增大，尤其是其外部旋绕的部分，或者叫作脑皮层的部分。脑皮层是与智能、学习能力及其他大脑复杂功能与活动相联系的部分。它在鱼的大脑中十分微小；在爬虫类动物、哺乳类动物、尤其是人类的大脑中会成比例增大。

行为从高度程序化的定式反应，进化到通过经验习得而获得的高灵活度的

适应性。拥有小一些的大脑和脑皮层的动物更像是一台设定好程序的自动机器，如果要存活发展就必须对某些与环境、刺激征兆有关的主要特征做出反应。它由一个程序引导回巢；由另一个程序引导结识配偶；由两个或以上的程序帮助觅食；它们一生都遵循此模式进行。拥有较大体积的大脑和脑皮层的动物也有设定程序，但它能通过学习大大地改进它的行为。它能学会选择环境中的刺激因素。它根据环境改变自己并做出比拥有小一些的大脑和脑皮层的动物更准确更安全的回应。有证据显示，所有的动物都有学习能力，单细胞动物也不例外（见第四章）。但在高等动物中，这种能力大为增强，尤其是鸟类和哺乳类动物，当然最显著的是人类。

显著的人类文明活动的初期形式于200万年或更久以前的更新纪灵长动物。从人类文明的出现到面貌如我们一般的人类，一定经历了百万年以上的时间。文明并非只是被附加于某个进化完成的物种之上，而是进化过程中的一部分。随着文明的积累和发展，一种选择性优势会在最能获益的个体身上自然积聚——眼法精准的猎人，效率过人的工具制造者，足智多谋的领导者。阿尔弗雷德·拉塞尔·华莱士于1864年发表的论文中，对人类身上这些品质的自然选择有着极富洞察力的见解，而这篇论文比达尔文的《人类起源》（*The Descent of Man*）一书还要早大约7年。

因此，从社交和同情心开始积极地运作，智力和道德力量得到充分发展的时候，人类就不再受体格和结构上的"自然选择"的影响了；作为一种动物，它已经保持基本不变了；周遭空间的变化已不再对他有之于生物世界其他部分那般强大的改进作用了。但是从它的身体变得稳定的时候起，它的思想便会受制于那些它的身体已经摆脱了的影响；每一次精神和道德的轻微变化，不论是使它能够更好地提防不利环境或是兼顾共同的舒适和安全，都会被保存和集聚起来；我们这个种族中更优秀更高级的样本得以增加和推广，更低劣更野蛮的则会退出并渐渐消亡，精神体制的快速发展得以实现，正是精神体制使牲畜以上的人类最低种族最终出现了。

一方面是发达的文化模式，另一方面是对大脑和身体的甄选，在这两者之间，相辅相成、相互促进的良性互动形成了。一个关于二者相互关联的例子便是不断变化的、使工具使用更为灵活的手，和大脑皮层中控制大拇指的那部分的不断增长。

然而，在过去的5万年里，还存在向人类文明的主导地位的转变。格尔茨说：

在冰河世纪中，我们被迫放弃基因控制人类行为的规律性和准确性，代之以更普遍，当然也更多受制于由文明所控制的灵活性和适应性。为了补充行动需要的额外必要信息，我们不得不反过来越来越依赖于人类文明的资源。

人类文明的演化仍然是个缓慢的过程。仅仅是在3万5千年前，人类才学会了做熟食吃。1万年前我们发现了农业，学会了织布。直到写作记事被发明之后，这一过程才开始加速度发展。

卡尔·波普提议做一个简单的关于人类发展过程中文明的相关角色的精神实验。他把文明称为"第三世界"，第一世界是生理世界，第二是意识世界。试着想象工具和机器都被毁灭了，同它们一起毁掉的还有所有主观的学习成果，包括使用工具和知识的信息。所有的图书馆都被毁掉，因此，即便拥有从书本学习的能力也于事无补。那么数千年内，人类文明不会再度出现。人类将会回到远古的史前时代，将不得不重新开始漫长的攀登之路。如果图书馆在这个故事的脚本中幸存下来，世界将会再次转动，尽管无疑会倍受折磨。

我们与5万年前的祖先们在基因上不是完全一致的。但波普的实验让我们看到，不同时期的人类的主要差别不是基因而是文明。"人类是进化的超凡成果"，杜布赞斯基写道："他与其他生物物种如此相异甚迥，只用作用于人类之外的生物世界的诱因来理解他的进化是远远不够的。"

尽管文化进化在人类进化中占主导地位，但基因选择也从未停止过。现在它并不一定像在我们的远古时期那般强势，但它延续着。而且它的方向改变了。我们不再需要足以抵御野兽的体格，猎人和觅食者般的嗅觉。对大多数人来说，变成人猿泰山那样并没有特别的优势可言。某些自然选择由于现代医疗

的介入而被削弱了。许多人能生存下来并繁衍后代要归功于胰岛素和其他疗法，在以前他们可能就无法生存并将基因传承给后代的。在这个社会，受基因病症折磨的人数比例要比以前高。但如果疗法有效，他们或许不会在身体上遭受太多痛苦。另一方面，我们也许促进了对某些在过去只具微小价值的特性的选择。有一些人由于具备某种遗传特质以至于他们能够在人口密集的都市中更好的承受压力，这样的人在社会性的选择中可能具有更多的优势。现在优生手段已经可能更为直接地操纵人类的遗传素质，这在多大程度上意味着人类可以直接控制他们的基因命运呢？第七章中将会就此进行讨论。

人类历史的生物学理解认为，使人类区别于类人动物的关键要素并非是以在某个特定时刻首先出现在某个个体身上的方式来呈现的——从未存在过这样的时刻或这样的个体。有个门槛必须得跨过，但不仅仅是一跃而过这么简单，而是数百万年宽的距离。其次，是整个人类而非单个个体在进行这段苦旅。变异、基因重组和自然选择等等现象都是发生在人群中的。人类的基因库不属于某个个体，而是属于那一时段存活的整个人群。整体人群中基因种类的比例和频率的变化是进化中最基本的事实。我们不能通过对一个今天的个体和一个祖先的比较来衡量进化的过程。

在跨越到人类这一门槛的时刻，没有谁会是终点定格照片中的优胜者。因此，才会有如此这般的说法：德日进认为"第一个人是以群体的形式出现的，也只可能是群体，而这个群体的幼年时期足有数千年之久"，而且"人类一声不响地来到世界上。他的脚步如此轻柔，以至于当我们从那些不可磨灭的石器的印记中瞥见他时，他已经在世界各个角落蔓延了，从好望角到北京。"或如格尔茨所言："单个的人有生日，人类则没有。"

什么可以证明"人类首先是以群体形式出现的？"这一观点的证据来自于种群遗传学和化石学。在前达尔文时期，物种只是"型"（type）。博物馆里某种被称为"模式标本"的单个样本所展示的就是这种作为物种类型的代表（type specimen）。不幸的是，类型学的观念仍然在许多人心中烙印深刻。

"型"会再生出"类"(kind)，便没有区分个体差异的空间了。种群遗传学告诉，我们物种不能仅仅被单个样本所表现，物种只能以特性及其可变性为特征。进化过程中，并不是某种生物的类型突然改变了，而是种群的许多平均特性逐渐改变了——物种开始进化的旅行，尤其是在环境变化的情况下种群特性的改变就更为常见。

化石的证据支持了人类进化的这一图景。当然，这一信息的来源都严重局限于解剖学上的改变和人类使用过的人工物品的改变。每年都涌现这样的新发现，尤其在非洲。尽管人类起源的化石记录还不完整，但从猿、更新纪灵长动物，到直立行走动物和智人已经有了连续性。"遗失的环节"已经被找到。

"这种看待生命的方式很庄严，"达尔文写道，"生命原初的几种力量在被注入几种不同的形式，或者一种单一的形式的同时，地球按照既定的地心引力定律转动，从最简单的生命形式已经和正在进化成为最美丽最奇妙的生命形式。"

小结

本章的目的是从一个全新的角度看待进化。第一部分就以谈论生命细胞的起源的秘密开始。雅奎斯·莫诺认为整个进化过程建立在偶然性基础上的观点是正确的。偶然的变异是所有生物多样性的基础。

其次，在各种不同生物体繁殖的问题上，莫诺关于无情的自然选择的必要性的认识也是正确的。莫诺对偶然性与必然性两大基本原则的重要性的强调，我们也全然同意他的观点。

然而，实际情况比莫诺所描述的要复杂得多。比如，沃丁顿所揭示的自然选择过程中不断发展的显型的作用。发展中的显型正是受到基因和环境的影响而定型并接受进化的选择。环境对于单个生命体的所呈现的确切形态的有着巨大影响。而这又反过来在自然选择中起到直接作用。

简言之，如若撇开进化中生物的目的性行为，进化的确切过程就不可能被

理解。动物，尤其是越来越智能化的动物的生生不息的探索性行为，引向了一个全新的行为模式，而这又会反过来影响自然选择的进程。随着人类的出现，目的性行为在进化过程中发挥着越来越重要的作用。对于进化的原则的概括如果排除了行为的目的性的原因，是不恰当的。

这种看法有两种很明显的暗示：一是尽管进化过程有所中断，但基本上仍然是个连续的过程。比如在人类和其他生物体之间并不存在巨大的鸿沟。人类完全是自然的一部分，尽管是很独特的一部分。这一假设会贯彻全书，其涵义会在第四、第五章中重点讨论。第二种暗示是：生态和进化是一体的。这一暗示至关重要，因为在人类的理解和想象中都有着分离二者的明显倾向。进化学说的社会和精神影响，和其他生态学基本处于对峙局面。进化的图景使人们想促成进化达到新的阶段，它着眼于单个物种和通过它们的竞争优势表现出来的之于其他物种的优越性。这种说法鼓励了人类对较低等生物的漠视。在社会达尔文主义的框架中，它甚至支持经济和政治竞争以期实现最好最强的势力的生存和增长。

生态学对物种的发展的不均衡和它们的进化的差异性价值未予重视。因为所有物种都是相互依赖的，所有物种都有存在的必要性。人类应该认识到它们的傲慢和操纵环境的企图对生命之网的毁灭性影响。从这个角度来讲，深入的观念革新极为必要，它将引导人类以正确的姿态来体验自身——我们仅仅是生命之网的一部分，而不是目的性改变的动因。

然而，如果生态学和进化论系出同门，那两者都会受到驳斥。进化不是一场以不断增长的能力和复杂程度为目的的无情的竞争。这样的态度由于缺乏适应性，事实上是不能带来进化的成功的。物种与其环境共同进化。但同样的，并不存在一个人类愿意屈服的稳定和谐的自然。智慧的目的性在适应性行为中扮演着重要角色，随着环境的变化，这一角色越发重要。人类文化是生态学中尤为重要的因素，也是为生命之网带来新鲜内容的必要因素。

从生态进化和前面提到的进化生态学角度来将生命的涵义公式化，并非本书的目的。但在本书后面的章节中，将对前几章发展出的生命涵义的某些层面进行剖析，以反映生命的需求。

　　每一种看待进化的观点同时也是看待生命的观点。生命有机体必定是某种能够按照这一理论所断言的方式来进化的事物。后续的章节将转向一个生命体模式的构筑。这一模式不但与偶然性和必然性的基本角色一致，也同动物的目的性行为的事实相一致。

在我对生命之谜的探索之旅中，我从组织学开始我的行程；由于细胞形态学给我的信息不甚令人满意，我转而向生理学觅我所需；但是我发现生理学太复杂，我又开始了对药理学的研究；但状况仍然太过繁复，我又转向了细菌；然而细菌的复杂程度有过之而无不及，所以我再度回到分子层面，学习化学和物理化学。二十年的苦读把我引向了这样的结论：要理解生命我们必须从电子层面开始，从波动力学的世界开始。但电子就是电子，是全然没有生命的。显然，这一路走来，我蹉跎了生命；它从我的指缝间流逝而去。

——圣捷尔吉

第三章 | 生存模式

在我们探寻生命之谜的过程中，我们同样也从现代生物学所理解的生命事实开始。第一章和第二章讨论了生物在细胞、有机体和群落这三个不同层面上的概念。它们显示，生物学的概念不只是事实的收集综合，就像房屋不只是砖块的叠加一样。事实被各种模式收集归纳：比如基因的DNA模式、发育的后天模式、生理学的反馈模式、群落的"生命之网"模式和进化论的自然选择模式。问题在于：支配生物学的模式是否讲述了生命的完整故事，或者是否正如圣捷尔吉（Albert Szent-Gyorgyi）在引文中所暗示的那样，在研究生命的过程中，它正从我们的指缝间流逝而去？

本章从对模式的定义和其运作方式的反思开始，继而考察三个最为突出的用于评估生命有机体及其活动的模式：机械模式、生机论以及突生进化。本章将批判性地解读这三种模式并逐一否定它们的适用性。

第五和第六部分发展了一个另外的模式——生态学模式，这一模式能够显现其他模式，尤其是机械模式，有限的、但却真实的价值。本章还将对生命概念进行进一步反思，认为对有生命类和无生命类的任何确切的划分都是任意而武断的。

模式的功用

有数条理由可以说明为何生态学家的模式没能告诉我们关于生命的完整的故事。其中十分明显的一条是：每天都有新的实验产生新的信息。接着还有一些不太明显的理由说明为什么这幅生命图景是不完整的：人类通过他们的感觉器官描绘外部世界；这些感观印象是由神经系统形成的，因此会自然而然地用所见、所感、所闻来进行主观阐释。具备与人类不同的感观装备和神经系统的狗便对世界有不同的认知。其中之一便是：狗眼中的世界是黑白的。还有第三个理由说明科学模式不足以陈述全部事实，这与科学信息获得的方式有关——科学只研究自然的一部分。

任何的科学实验都假设性地把世界划分为与之相关和与之无关的部分。杰克被放进一只盒子，但盒子之外有许多事物，而且盒子里和盒子外的事物是有联系的；获得的答案却往往只能受制于盒子里的事物。这种认为某些事物与我们的目的有关而另一些则无关的基础性假设就已经有失偏颇。宇宙不是由一系列无关联的盒子构成的。或许完整的图景我们不可能获得，但至少我们应该时刻谨记科学把它分割成为了片段。而且，把杰克放进盒子的过程就已经改变了它的特性。因此，沃兹沃斯（Wordsworth）对生物学家们反驳："我们通过谋杀来进行细致的研究。"当我们对整幅图画的进行抽象而假定发现的是完整的图画时，这便是怀海特所谓的"关于错位的正确谬论"。

盲从任何一种模式都会陷入形而上学的框架，这样绝对的框架在绝大多数的生物模式中都表现为机械主义。一个电子、细胞，或大脑，甚至宇宙都被视如机械。生物学家们并非一直钟情于机械论模式——关于这一点，我们可以从生物学中的那些著名的有历史影响力的双面性中稍见端倪，其中包括：心灵与身体，生机说与机械论，预成说与渐成说，天性与教养，简化论与整体论。这些二元对立看起来已经在某一代人中得以解决，但会在下一代中以另一种模样呈现出来。天性与教养的问题以生物社会学与环境保护论的形式出现；而机械论和生机论以偶然性与目的性的框架重返。

科学的模式就像是螃蟹的蟹壳。螃蟹长大了，蟹壳会裂开，会长成一个与渐大的身体更为匹配的外壳。去旧生新的过程是缓慢而痛苦的。今天的生物学外壳就是那个过去的旧壳，它在过去的300年中成熟、硬化，现在有现象表明它在开裂。它的接缝破裂，碎片散落是时候撤换旧壳并开始打造新壳了——旧壳已经涵盖不了发现的事实。我们若将生物学构建于该模式中，充其量是不充分的，言其极则是错误的。

我们无需对新壳的形状和质地先知先觉，但发育新壳的几个颇有裨益的生长点需要建立，否则关于生命的观点仍旧会局限于狭促的框架中。

撤换旧壳、打造新壳其实就是解放生命概念的过程。生物学的各个层面都需要倡导解放——分子层面，有机体层面和群落层面。如若我们能解放生命的概念，我们就能更好地解放生命自身。本章中我们会讨论一些生命存在的概念模型，它们有所欠缺甚至错误，但广为接受；然后会继续讨论到已被解放而且将解放其他思想的生态学模式。

机械模式

对生命有机体的机械眼光可能来源于两个领域：一是对有机体是机械的深信不疑，或者，换一种说法以避开任何形而上学的论调而简单地认为：不论其天性，我们只能把对象看作机械一般科学地研究它。一群卓越的生物学家，其

中包括3个诺贝尔奖获得者，曾把聚会的讨论成果结集成册。大多数参与者都是形而上学意义上的机械主义者，只有极少数不是。然而，所有与会者都认可在进行的实验研究中，他们得把有机体作为机械看待。从方法论来讲，他们都是机械主义者。

一个形而上的机械主义者会认为实验方法是设计出来以揭露有机物的机械特性的，而且机械特性就是要揭露的全部；一个方法论上的机械主义者会认为科学揭示了有机物的机械特性，但还可能有其他科学手段没能揭示的方面。即使在科学领域，要从理论上解释为何方法论的机械主义是唯一有效的方法论，并不像有时候看上去的那么简单。伍杰（Woodger）从布里奇曼（P.W. Bridgeman）的《现代物理学》一书中引用了以下段落：

科学上尽管有许多顽固不化的观点，但没有什么比假定所有可能的经验都应归于我们所熟悉的种类，因而要求阐释现象也应使用日常熟悉的元素更为让人难以想象的了。这样的态度体现了想象力的贫乏，思想力的迟钝和难以克服的固执，人们可能想用这些来开脱低水平思想活动……我相信许多人都会发现自己对机械论阐释的向往有如原罪般难以抗拒。这种欲望的抬头并没有特别的预警，因为显而易见，对这种阐释方式的向往源于我们经验中占压倒性优势的机械论。

现代机械生物学家卡洛（Calow）说道：为在生物学中进行机械类比，科学家们确实曾经问过"掌控机械运作的规律能否用于解释生命体的运作？"甚至更深入地问，"物理学的理论能否用于解释生物学的行为？"这是一个至关重要的问题，因为如果我们的答案是肯定的，我们便承认了生物实体并无甚特殊，而"生物学"的存在也无甚必要了。

我们在第一章中就此问题给出了答案，我们认为有机体在某些方面与机械类似，但其他方面大不相同。有机体用泵、杠杆和线路等传导信息——在这一点和其他某些方面，它们像机械。说生命有机体在某些方面像机械是一回事，说它们是机械则是另一回事了，这便陷入了形而上的机械主义者的论调。形而

上的机械论者认为这些机械——泵、杠杆等等——还包含更小的机械（细胞），结合在一起构成一个大机械——有机体。终极的机械模式还包括把有机体分隔成具备控制装置的要素，然后把这些积木堆积起来。在生物学家看来，这些积木常常是细胞。随着分子生物学的兴起，现在积木常常是分子。这种新观点的典型代表便是莫诺所认为的起控制作用的积木是DNA分子的学说。他在著作的前言中称，基因编码（DNA）的分子模式"现今构成了生命体系的普遍理论"。原则上，当然没有任何理由止步于DNA分子。毕竟，更为终极的成分是电子、质子和其他所谓的基础微粒。

机械模式与某种假说是密切相关的，那就是：这些终极成分确实是微粒，且这些微粒确实被看作物质。控制物质微粒的原则正是机械定律，而且由物质微粒构成的更大的实体必然是机械式的。进而论之，这种机械式的运动具有完全的确定性。

机械模式源远流长。公元前400年左右，德谟克利特（Democritus）就宣称："世上除了分子和空间别无他物，其他只是感观的印象罢了。"他的学说认为宇宙是空旷空间中各种形状的小弹子球的运动、相互的撞击、结合和分裂。他的分子理论被后继的伊壁鸠鲁（公元前342–前271年）和卢克莱修（公元前99–前55年）发扬光大。他们的观点部分成为15和16世纪科学复兴时期哥白尼、布鲁诺和伽利略以及后来的牛顿的物理思想的背景知识。

现代生物学便是在这样的机械风气中随着维萨里（Vesalius）在16世纪的解剖学研究和威廉·哈维（William Harvey）于1628年关于血液循环的论文发表而开端的。哈维和牛顿的生命有1/4的重合时间，但当牛顿大量精确详细地继承了物理科学的同时，哈维几乎从先辈手中一无所承。他是一个卓然的创新者。

就近而言，或者更准确地说，就在哈维的炉火边，是笛卡尔（1596–1650）。他超过了任何其他人，把物理和生物学中的机械论学说开宗明义。尽管他接受的是数学家和工程师的教育，他最终却成为哲学家。"给我物质和运动"他写道，"我就能创造一个宇宙。" 拉普拉斯（Laplace）也曾做过类似

宣言，他说如果他能知道宇宙之初每个微粒的原始位置和运动，他就能推论后续的所有发展过程。

牛顿体系对物体运动的成功解释形成了17世纪的学术风气，这种潮流要求所有科学领域内的阐释都必须从空间中运动的质量粒子或原子的角度来进行，尤以笛卡尔为先锋。这正是怀海特所谓的"弹子球"宇宙，这其中自然的进程仅仅被理解为物质在空间中的冒险之旅。当笛卡尔开始用物质和运动这两种方式来解释生命现象的时候，维萨里和哈维的著作进入了他的视野。在这里他发现了用以解释生命有机体的杠杆、泵、阀门和一系列其他机械设备。笛卡尔写下了第一篇关于机械生理学的科学论文，《论人》（*Traite De L' Homme*），于1667年在他去世后出版。在该论文中他指出，大家只要想想皇家花园里以水为动力的智能机器，有的演奏音乐，有的模拟语言，那么人体器官的活动也可以被以同样的方式进行理解。

但与其他任何第一次见识到身体的绝妙构造的人一样，笛卡尔被人体设计的复杂性震撼了。他说，身体的构造远远比人类发明的任何一种机械都要绝妙得多，这是因为人类是超越者创造的。

只有一个例外不能溶入笛卡尔的机械论解释，那就是人类思想。为自圆其说，笛卡尔需要说明思想的客观存在——人类是机器，而且是特殊的机器，他们有思想附着其上。

这正是笛卡尔主义中思想和物质分歧的根源。有的人认为笛卡尔对科学家的背景思维影响要远大于其他任何哲学家。而且，他对激励科学调查也影响深远。莱顿的西尔维乌斯（Franciscus Sylvius）领导的生物化学运动，斯蒂诺（Nicholas Steno）发现心脏的肌肉构造，还有波雷里（Giovanni Borelli）和桑克托雷斯（Sanctorius）将数学和物理学应用于生物学的创举都从笛卡尔那里获益良多。机械论成为17世纪大部分生物学家的信条。17、18世纪物理学知识大幅超前于生物学知识的现实使对生命的机械阐释不可避免。

19世纪，随着生物化学的兴起和达尔文《物种起源》中对进化的全盘机

械论阐释，机械论仍然地位难撼。20世纪以对孟德尔（Mendel）关于遗传规律的著作的重新发现开篇，其著作被从遗传因素，即后来被称为基因的基础上来重新理解，他的理论也完全符合数学定律。确实，孟德尔利用其数学假说，早已在实验之前就预测了实验结果。孟德尔的著作最终对其他人详尽研究并阐述DNA分子中基因活动的机械模式有着强大的引导作用，这被莫诺看作是机械主义的终极胜利。

同样，在20世纪初，难以捉摸的动物行为问题被雅克·罗卜（Jacques Loeb）在芝加哥用全盘的机械论调进行了解释。他当时在辛克莱·刘易斯（Sinclair Lewis）的同名小说中以马丁·阿洛斯密斯（Martin Arrowsmith）的面目出现。罗卜构建了一只在暗室里尾随着他的火把的机械"昆虫"。每只"眼睛"都是与身体背面的一只轮子相连的一个光电细胞。当光线迎面而来时，每个光电细胞接受到同样的光线，两只轮子便调节成相同的频率，所以这只"昆虫"便径直行走。当他把火把移到左边，右眼接收到较微弱的光线信号，这使得左边的轮子慢下来，身体便转向光线直到两个细胞接收到的光线相同为止。这一简单的模式构成了机械原理当中的负反馈。机器通过移动尽量减少差异以达成对不同光照的反应——"昆虫"看似目的性的行为实际上归因于负反馈。

负反馈是被用于机车、目标搜索导弹和目标搜索式防空机枪的一种原理。因此，控制论在复杂的目标搜索机器和对动物的"目的性"行为的解释中兴盛一时。第一章中表明了一位观察者从外部空间区分一匹马和一台拖拉机的困难所在——因为它们都是有目标导向的。当然这不意味着它们是以同样的方式做到的，这一点后续再谈。然而，雅克·罗卜宣告了他的信念，那就是所有的行为最终都要以机械的方式来理解。他的追随者们同样也抱着人类大脑机制运行的秘密也完全是机械模式的信念。

尽管生物学研究中的机械模式取得了颇富启发意义的成功，现在已经很清楚机械主义本身不是理解有机体的适合的、彻底的方式。正如我们在第一章中写过的，有机体与机械之间是有差别的。有机体由复杂的分子构成且有复杂的

新陈代谢，而机械则不然；有机体繁殖后代，而机械则不会。

机械主义者意识到了这些差异。他们认为他们能够以操作的差异在机械性质的亚分子层面上来解释这些差异。他们把DNA的发现作为他们体系中的重大突破来盛情欢迎。然而，如果他们的体系是严格意义上的机械主义，这完全不是该迈出的一步。一个DNA分子不会比一匹马更像一台拖拉机。这与DNA分子能否在实验室内被细胞外合成没有任何关系——这已经得以实现了；但看清这种合成与一台机器的组装的区别是很有建设性意义的。在第一种实验室的DNA合成中，亚瑟·科恩伯格没有将细菌的2万个DNA分子一一放在正确的位置上。他所做的只是逐步提供适合的要素，序列便由它们自身的组合特性而联接起来了。

事实上，大多数机械主义者并无意把机械模式推向极限。他们并非真的要在细胞里寻找机器，他们寻找的是一方面遵循物理和化学原则，而另一方面又能解释有机物特质的自然实体。DNA分子的物质结构被认为是符合这些标准的。然而，DNA分子的问题在于它的自我复制能力和反熵功能并非来自任何已知的物质要素。科学家们了解哪种物理因素的排列对细胞生命的存在必不可少，但在从物理和化学中衍生出生物学定律这一方面，他们并没有比以前更进一步。而且，富有讽刺意义的是，即使他们做到了，那些定律只会是数据化的，而不是规定性的。

然而，事实上，对DNA言之凿凿的理解也不是许多机械主义者所全力关注的。他们真正的兴趣在于证实不论是进化的过程，还是动物自由却充满目的性的行为实际上都是早已注定的。他们希望证实DNA分子的出现本身就完全是由前期所发生的事件决定的，而在那一刻，他们惊喜地发现由外力引起的机会变异能解释进化的过程，而且哪怕再复杂和智能的活动也能被程序化。

即使机械模式仅仅被看作是命定论的某种形式，它的应用仍然是有限的。首先，动物的行为的所有细节都是程序化的，这一理解仍然是形而上学的信仰。这种程序化当然是对环境做出反应的程序，但环境是如此无限的复杂，而

且变化万千。现在还没有关于DNA的知识显示，动物在适应多变的环境的时候缺乏灵活性。确实，在第二章关于进化的部分就已强调过这种灵活性的重要了。

其次，如果生物学家对动物的决定论作了绝对的断言，那么他们就必须同样断言他们自己也完全是被设计决定的，或者他们就必须给人类赋予一种绝对独特和超自然的因素。他们的想法常常前后矛盾。

进化的过程被生物决定论者，比如雅奎斯·莫诺，理解为一套完全设计确定的操作——从原子、分子的组合到复杂的生物形式。在一个大脑被完全程式化的生物体中，完全没有自由的余地。彻底的决定论者认为人类就是这样的生物。没有人能否认人的很多东西是已然被决定的，不是被基因便是被他们所无法选择的出生环境所左右；但是严格的决定论则意味着人的所有一切都是被决定的。然而，这些把人看作是进化过的机器的科学家们却用另一种声音来诉说人类的未来：他们告诉我们，人类已与他们的祖先不同，因为他们现在能自己控制自己的进化。进化的道路如今由我们自己选择。人们可以选择未来。这也正是文明进化的意义所在。基因进化是完全多余的，人们学习并传承知识和发明，并在这一过程中塑造未来。他们现在主动改变环境，而不是被环境改变。人类这一种属正处于自我毁灭和自我救赎的选择中。因此，现代生物学家把理性地选择未来作为人类的责任是很常见和受欢迎的说法。但把人类描述成负责的、理性的、有良知的，并有能力选择未来，这却是与决定论迥然不同的。

这里有着许多不同状况下决定论和未来责任之间的自相矛盾。科学在这里扮演着两个角色：一是作为包括人类在内的所有自然物的总结；二是作为人类控制包含自身在内的世界的方式。第一个角色是作为严格的决定论的教条来呈现的；第二个角色则暗示了激进的自由，因为人类完全控制了自身命运。在这场讨论中，二者是无法和解的。

从科学根据和直接经验的角度来讲，比这种绝对的决定论和绝对的控制论的结合更说的通的观点便是：人类是部分被决定，部分受自己控制的。科学家们对DNA的所知丰富了决定论中至关重要的一个因素，那就是人类不论变成怎

样都不可能与其DNA的指示相悖。但这并不意味着DNA研究可以预测人类所有的语言、行动和感受。如果文明的进化有任何特殊性的话（这是毋庸置疑的），那么对物理环境的直接反应就必须被看作是一种变化，甚至是基因密码的变化。在习得和选择以及基因构造这两者之间存在着互动，可是无论是机械论模式还是决定论模式都不能对这种情形做出恰当的解释。

生机论模式

否定用机械论模式来解释生命的行为并不少见。生物有机体和机械的差别从人类历史之初就已被意识到了。正是通过生机论，这种意识才得以崭露头角。生机论试图通过这样的争辩来解决问题，那就是除了生物有机体的物理构成之外，还存在着另一种原则和力量的支配。近年来，生机论者不断反对机械论者，并断言生命有机体中除了原子和分子的构成之外，还有一种完全不同的实体，可以被称为生命活力、生命力量、生命素等。

生机论是个古老的命题。古老的生物学历史上出现的第一个生机论观点来自2世纪的伽林（Galen），他的观点得到了中世纪的医学家们广泛认同，并一直延续到17、18世纪。伽林本人就是个医生。他28岁时便成为帕加马城为角斗士诊治的外科医生，在那里他进行了大量研究人类解剖的实践。他像许多古人一样无法接受用原子间无意的相互影响，来解释设计构造精巧的生命有机体。他问道：当不是1000个人或1万个人中会出现1个六指的畸形，而是1万乘以1万个人中才会出现1个的时候，你还会认为这样的事件只是自然的偶然吗？如同他之前的埃拉西斯特拉图斯（Erasistratus）一样，伽林认为某种生机从空气中被肺吸入。他也因此把从肺部到达心脏左侧而后在动脉中汹涌的血液，看作是被充入了某种生命素或生命活力。如果他用氧气来代替生命素的说法，他就是完全正确的。但伽林所谓的生命活力不仅仅只是一个化学要素，他创造了第二种与神经系统有关的生命活力，并称之为动物活力。伽林也因此成为1千年以内最后一位出类拔萃的生理学家。

随着机械论在16世纪的兴起和17世纪的壮大，生物学家中鲜有反对之声。解剖学家格利森（Francis Glisson, 1597 – 1677）、来自博洛尼亚的马尔切洛·马尔比基（Marcello Malpighi, 1628 – 1694）和来自哈尔的施泰尔（George Ernst Stahl, 1660 – 1743）是其中几位。在18世纪，生机论再次风生水起。施泰尔的追随者十分活跃，其中就包括天才医学家夏威尔·比查特（Francis Xavier Bichat）。医学家约翰·亨特（John Hunter）在机械论的基础上认可了"生命素"的学说。

　　对生机论的又一次打击是1828年沃勒（Wohler）在实验室内成功地合成尿素。尽管生机论者不得不承认生物体可以由构成非生物世界的因素组成，他们仍认为若非生命素，某些由生物体制造的物质便不可能存在，并谓之为对机械论的胜利。这种观点在沃勒平淡无奇的非生化反应中生成了尿素之后，被证实是错误的。

　　生机论，或如某些支持者所倾向的那样称为新生机论，于19世纪在胚胎学家杜里舒（Driesch）的著作中再次回归。他进行了胚胎实验，这对于饱受争议的预成说和后成说至关重要。预成说认为，发育只是把卵子和精子中业已存在的结构展现出来而已；而后成说则认为发育还涉及对原始形态的再创造。杜里舒从单个细胞中取得了正常的海胆胚胎，这些细胞是从2、4、8，甚至32细胞等级的胚胎中获得的。他很快指出，很难想像一个能被拆分为无数片的机器，每一片还能重塑这个整体。他还进行了许多其他胚胎实验，把某些部分从一个地方移植到另一个地方，但总能获得完整的有机体。他最初试图用机械方法解释他的发现。1881年，他出版了一本名为《从数学 – 机械角度研究生物学中的形态学问题》的专著。但他一再三思，发现自己难以接受机械论观点对他所观察到的现象进行的解释。1907 – 1908年，在他所做的名为《有机体的科学和哲学》的讲座中，他给出了令自己满意的解释，即无论如何机械论也无法解释发育的现象。生命有机体被赋予了非生命物质所不具备的某种东西，他称之为生命原理。这一概念定义模糊，而且在胚胎学的历史发展中夭折了。许多，

但当然不会是全部，让杜里舒疑惑的问题都已被解释清楚，即受精卵中的DNA给出的基因指令，在胚胎发育的过程中以化学方式传达。

20世纪最彻底的生机论者，当数法国哲学家伯格森（Bergson），他提出了"生机"的概念，认为生命的方向和目的皆源于此。英国动物学家罗素（E.S.Russell）提出了同样的概念来解释发育和性能。但正如赫胥黎（Julian Huxley）所言，生机论者把发育和进化归因于"生机"以解释生命的历史，无异于把动力机车归因于蒸汽机的理论来解释火车头的移动。20世纪美国两个生物学家，西诺特（E.W.Sinnott）和利莉（R.S.Lillie），他们以更为哲学化的论点给生机论注入了新的活力，但他们提出的论点如果以生态模式来解决可能会更为令人满意，这在本章后一节会有论述。今天的生机论者大都是非生物学者，比如依莱斯尔（Elassser）。

突发进化模式

生机论断言，生命体由一些机械运转的物质和非生命体所不具备的额外生命素构成。机械论宣称，生命有机体最终只能通过其物质构成的关系来理解，即通过物理和化学的物质构成来理解。20世纪早期，在机械论和生机论冲突中凸现了一种中间理论，该理论由鲁易·摩根（Lloyd Morgan）在其著作《突现进化论》（1923）中提出。按照摩根的理论，在进化的过程中出现了一些奇迹。其中的两个尤其重要，那便是生命的出现和思想的出现。这二者的出现之所以是奇迹，是因为它们没有也不能用物理和化学的方法来理解。摩根明确地说道："生命不能仅以物理化学的关联来解释；依赖于思想的人类活动需要生物学之外的解释"。他也同意其他一些突现进化论者，比如南非首相史未资（J.C.Smuts）的观点，当这些特性在进化过程中出现时，那些物理和化学之外的新的定律便开始产生作用了。

突现论除了在许多生物学家的著作中若隐若现，似乎解释了什么以外，现在已经不具备太多的价值了。比如杜布赞斯基就说过："生命和人类的起源是

进化过程的一个紧要关头，一个转折点，一个新奇形态的成型。这些关键的创新在进化的过程中可以被形容为突现或超越。" 在说完这句话之后，杜布赞斯基声称自己相信进化会创造全新的物种。生命产生于死寂；意识产生于无知。他把这两种特性的出现等同于一些新的有机物特性的出现，比如从鳍状结构到五指俱全的腿，从爬行到鸟的飞翔。持有这种观点的人也认为：当钠原子和氯原子在一起形成盐的时候，独立原子原先不具备的新的特性会出现在复合亚氯酸钠中。

但是，简单地说这样或那样的特性"突现"，无异于简单地说A来自于B。这种理论没解释任何问题，倒是"突现"这个说法昭示了一个需要答案的问题。一个解剖学的构造如何从另一个解剖学的构造演化而来，比如从腿到翅膀的过程，完全可以由普通的进化理论来解释；然而，比如生命或心智这类特性如何从完全没有这些特性的物体中突现，却是无法解释的。这是两类完全不同的问题。按照杜布赞斯基的说法，假定生命和心智在进化中首次出现时是全新的特性，那么他说它们"突现"实际上没有解释任何问题。他只是用"突现"这个词填补了神秘的环节。

走向生态模式

对于生机论和突现理论最基本的反驳是：他们让机械论在自己的领域里消遥自在。他们正确指出了这种模式不能解释任何问题，然后又介绍了一些附加概念来命名机械论所无法解释的因素；然而他们在科学性方面没做出多大贡献，因为这些概念只是指出了一个问题，而并没有对之进行解释。所以就解释而言，他们把领土拱手让给了机械论者。他们证实了生命和心智不是机械的特性，但他们没有解释这些特性是如何定义有机物的。

尽管机械论模式源远流长，树大根深，但基于其不完整性，我们提出一种不同的反馈——这是一种替代性的全新模式，在这种模式中我们统筹考虑生命体的机械特性和非机械特性。

即使是那些自认为是机械论者的科学家们，也已经在该模式所指向的道路上渐行渐远，不断补充和修正他们的方法了。认识这一点，肯定这一点，并发展这一点，将会对生命的概念和对生命自身的理解起到革命性的作用。

机器是一个内部结构一旦确定、外部行为也随之确定的实体。当然，机械不可能被从某个环境当中决然分离出来。它需要外接能量，比如电源，才能运作。但环境中的相关特性却通常是有限的，或是受限制的。只要提供必需的条件，机械就可以在一个多变的环境中持续稳定的的运行。机械应当在被生产的工厂里和被安装的厨房里有相同的表现。如果未能如此，人们就会认为是在运输和安装过程中出现了问题。

把动物看作机器便是以类似的假定来理解它们。人们通过他们身体的生理结构来寻求对于他们各种活动的解释。而无论是在他们的原始居住地还是在试验室，这都应当是一致的。当然，同样得到认可的是：一定的"输入"是必要的，尤其是食物和水。但总体而言，人们假定对动物的合理研究是可以脱离具体的环境因素的。

当然，从动物实验当中我们学到了很多，在这些实验当中，环境的因素鲜被考虑。但今天已经很少有人会质疑动物行为深受环境条件的影响。人们对在原始居住地生活的动物的行为进行了大量的观察，对试验室的动物因为环境的变化而产生的差异行为也给予了广泛关注。简而言之，科学家们的实际经验使他们对环境影响的重视与日俱增。生态学模式把生物体描述成与环境密不可分，这与机械论者的观点泾渭分明。从某种程度上来说，动物行为的研究者已经大都转向了这一模式。

然而，那些因为实际原因而不得不采用生态模式的人可能仍然相信：在某个更深的层次上，解释的范畴仍在机械学说之内。人们可以假定：环境对生命有机体的行为影响比对机器大得多，理应给予更多关注；然而，当我们探查到细胞层面上的时候，这些影响或许可以用机械论观点进行解释。因此，即使动物作为一个整体而言不具备机器的全部特点，即使它的行为在它所处的环境影

响之中比从它绝对的内部程序之中更易于研究的话，对于细胞的机械论倾向的追问仍然不可避免。对细胞的适当研究可以在与机器的类比当中实现吗？

把细胞看作是机器的尝试再一次走向了扭曲和片面。正如杜里舒和其他人的实验已经多次证明的那样，细胞的活动深受其环境的影响。同一个细胞被放置到不同的环境中时有着迥异的表现。

然而，仍有人认为，把细胞与一个对各种输入能作出不同反应的精密机器作类比是成立的。虽然生态学模式较之机械论模式更适合于解释细胞活动与外部环境的紧密联系，但这种联系仍可能被解释成细胞内部机制的产物。比如，DNA的活动方式与机器具有类比性的看法仍然存在，这种观点成了铁杆机械论者的最后哨所。因此，对这一问题的深入探讨大有必要。

受精卵细胞核内的DNA含有所有必需的信息：包括如何制造不同的蛋白质以及身体不同部位的不同种类的结构，如肌肉、神经、皮肤、腺体等。但不是每个细胞都需要所有的信息。肝脏细胞需要其中某些信息；大脑细胞需要另外一些信息。发展生物学家已经开始意识到，不同的细胞承担不同的角色和功能，这一现象是如何达成的呢？关于这点，人们只知道细胞会制造不同的酶来应付不同的状况。埃希氏菌通常寄生在我们的肠道内；如果在该种细菌的葡萄糖培养液中加入一种新的糖分——乳糖，那么几分钟之内细菌就会开始制造半乳糖苷，而半乳糖苷原本是不存在的。如果细菌要从乳糖中获取能量，那么这种酶就不可或缺。在我们的肠道内，细菌的工作便是随时准备快速更换它们的酶以适应我们摄入的糖分。细菌从DNA所制造的集中酶中选择出一种；完全没被使用的DNA则被压制着。当新的糖分到达时，细菌表层的感官系统首先侦察到这一情况，然后信号通过细胞进行传送，解除阻遏物的程序开始启动。最后DNA被激活，并解读信息，制造半乳糖苷。

这便意味着DNA的功能是机械化的吗？莫诺支持这一说法，他认为：培养基的选择是由原子的空间结构决定的，也就是说，细菌可识别出现的糖分，并形成一连串的化学反应。针对莫诺的这种说法，J.Z.杨问道：

真的是这样吗？人们总是忘记，对DNA化学成分和反应的研究还没有完整地描述整个制造酶的过程。细菌细胞能生成适当的酶，比如牛乳糖，不只是得益于它与DNA的一系列反应，而且还与一种特殊的合成物和组织有关。细胞表面的接收器发现新的糖分，然后通过一个流通系统把信息传递给DNA。再接着，便是一个复杂的聚合酶系统，正是这一系统使得选择新的一套指令以及相应的"脚本"和"翻译"来制造新的酶成为可能。恰恰是这个复杂的个体担当着有目的的选择者的角色，并使得整个过程有别于其他除了生物体中类似反应之外任何已知的化学反应。

J.Z.杨由此指出了一个至关紧要的方面，那就是，细胞不是一只装满酶的袋子，被机械力量随开随关。当细菌识别出某种特定的糖分，细胞会选择已经在非细胞核部分（即细胞质）存在的一系列化学途径中的一种。细胞并未重新创建这一途径，细胞的进化历史已然在细胞质中创建了它。

意义相当重大的是，在迄今为止所有成功的克隆实验中，由肠道、皮肤或其他位置提供的细胞核一定要被移植到卵子的细胞质中，这并非任何细胞均可胜任的。卵子的进化历史已经在其细胞质中留下了必要的途径（而我们对此途径还不甚了解），以便在适当的时候打开或关闭DNA以制造一个完整的有机体，比如青蛙。卵子细胞质的这一能力会延续到子细胞中，直到胚胎成长至16细胞期。到这个阶段前，16细胞期的任意一个阶段，细胞在被分离的情况下都可以成长为完整的动物。但这一阶段之后，比如32细胞期，这些细胞在独立情况下就不再可能发展成完整的动物了。它们会成长为不完整的动物个体，或无结构可言的胚胎。在16细胞期之后的分化过程中，个体细胞的细胞质中丢失了某种东西，科学家对此尚不了解。据目前所知，整个过程与机器的运作大相径庭，甚至是一系列的机器串联起来也是不可比拟的。

机械模式和生态模式的差异在分子层面上烽烟再起。机械模式意味着细胞中的组成部分如同机器的组成部分般运作，这种运作相对独立于环境因素而只受制于机械定律。另一种说法是：细胞中不同的成分之间相互关联，同时每种

成分与整个细胞关联，正如动物作为一个整体与环境关联。大多数对细胞内部功能的研究都是由深受机械模式影响的学者进行的，但研究结果却似乎与生态模式更为吻合。

也许有人会迫切要求在一个更为基础的层面进行机械模式的解释，即电磁领域，但这种做法是注定要受挫的。物理学家早已意识到，机械模式在亚原子世界中是行不通的。磁场中的任一点值都不能从余部中剥离；每一个点值都表达了在那一时空轨迹中磁场的完整面貌。它不能首先被看作是一个自行独立的点值，然后才与磁场相关。恰恰相反，它是由于，且仅由于与磁场的关系才存在的。在这个层面上，生态模式比机械模式要更为合理。

相信生态模式人的认为，生物之所以如是表现是与构成其周边环境的其他事物互动的结果。当然，这一说法并不否认，生物的许多行为特点是由有机体自身的结构决定的；而且也不否认笃信机械模式的科学家已经在对该结构的研究中所知甚多。但生态模式提出，在更细微的观测中，每个层面的构成元素都是以相互联接的模式来运作的，而这种模式并非机械的。每种元素的都由其特殊的行为模式，是因为它与整体中其他元素的关系；而这种关系在机械定律中是不能被理解的。这些关系的真实特性被称为"内部关系"，我们将在后面的章节中进一步展开讨论。

目前为止，我们对于生态模式做了一个介绍，该模式把每个生物及生物的每个构成部分都看作是系统的一部分。要想进一步深入事件间复杂而系统的联系，进而以独立的实体来解释整个体系是不可能实现的。在宇宙原子论中，没有原子的席位。

很大程度上，许多科学家们对这种看待生物的方式已经泰然接受了，甚至包括那些继续自称机械主义者的科学家。因此，我们不指望从机械主义阵营倒戈到生态模式的人会为数众多。然而，范式的转换也至关重要。科学家们可以明确一些概念和方法来理解这个世界；而不是为现象去创造机械主义的解释，或认为结构和生态的解释只是一时兴起和差强人意的。这个世界复杂万方，盘

根错节，远比机械模式所提供的理解要复杂得多。研究的方向会被提出问题的方式所左右。正如在物理学中牛顿未被排斥，但却被包含在一个更为广阔的学科背景之下；在生物学中亦然，在牛顿力学范式所影响下获得的知识同样可以被生态学说所囊括。

从实体思维到事件思维

　　尽管科学界已普遍接受结构和事物间关联的重要性，第一章中对生物学现状的总结对科学界而言不会显得牵强或震惊，但范式的转换所承担的要远多于此。在机械模式暴露了其显而易见的困难和局限的情况下，人们仍继续紧抓不放，说明机械模式与普遍的思维习惯和基本的概念模式有关。当康德发现，休谟的学说揭示出，对因果关系的机械主义观点缺乏经验的证据的时候，他认为是人类思想的必然本性把世界按机械的方法组织起来的。他在著书立说的时候认为自己是在为科学提供必需的基本立场。20世纪初以来，物理学已经开始跳出机械范畴的桎梏，虽然目前只取得了局部的胜利。过程的艰难正为康德的论点提供了支撑，但这种想要摒弃机械模式的努力，却证明了康德假定物理学完全是以这种思考方式为前提的观点是错误的。

　　物理学对探寻更适当的范式的努力，自然而然地导致了对现实世界之本质的哲学探讨。不幸的是，自康德以来的哲学已然游离于这一问题之外，因而也不够成熟到能为科学家们提供创新立异的帮助。然而，在这一任重道远的问题面前，科学与哲学需要齐头并进。

　　自亚里士多德以来，统治西方思想的范式往往把客观事实看作是实质而持久的。为数众多的思想家尝试过从科学或哲学的角度来理解石头、山岭、星座、树木、狗和人。在分析这些实体的过程中，他们在其中发现了比这些东西更为实质和持久的东西。研究的目标是解释在本质不变的实体运动之中，世界所经历的质变。德谟克利特的原子论是对这一观念最为清晰的表达，笛卡尔更是在这一方向上大步流星走了更远，他认为世界是由物质性和精神性的实体构

成的。

　　"实体"这个词对比较适合应用于这种模式。物质性实体作为解释对象，是通过造成这些实体形态和关系的改变"物质"来进行解释的。"实体"的概念被高度地概括为，其自身变化不受次一层次的变化影响的事物。机械模式是"实体"的思想的自然表达，在该模式看来，机器的各个部分不因整个机器运作的改变而受影响。比如某个轮子是运动的，但它不被看作是受整个机器运动的影响的。更广义地讲，质变被理解成物质性实体相对位置改变的结果，而实体本身的特性并未受到运动的影响。

　　实体性宇宙学说的难度是众所周知的。休谟曾对此进行过大量的描述，康德的哲学思想也对此探讨甚多。黑格尔从康德哲学中所遗留的实体论元素中脱出身来，把现实作为一个过程呈现，他称之为辩证过程。然而，他所指的现实是人类的现实，德国的理想主义者把物质世界的科学留给了牛顿力学的范畴。而这正折射出对"实体"的思考，尽管这种思考的形而上学的基础受到大范围地抵制。

　　把形而上学扫地出门造成了一些难以预测的后果。积极的方面在于，此举把科学家们解放出来去探索其他可行的模式；消极的方面在于，此举的消极作用在于，打击了人们按照传统的思维方式进行批判性思维的积极性。新的模式仍然没有脱离"实体"思维的影响。然而，其中进步是显而易见的。

　　之所以出现这种概念上的进步，是因为在确定解释的对象以及解释的原则这一问题上，产生了由实体到事件的转变。人们不再想当然地认为，世界由感官经验可以体验到的实体事物构成，而是认为世界由事件和构成事件的更小的状态组成。然而，需要进一步解释的是，事件为什么会如此发生呢？这需要对事件间的偶然关系以及构成大事件的小事件进行分析。

　　当然，科学一直以来都对事件研究有兴趣。生物学对动物行为和细胞功能的关注由来已久。差别在于对行为和功能的解释是在行为和功能之外来寻找的，亦即在物质和空间移动中来探求解释。我们认为，现在是开始从其他层面

上来为行为层面寻求解释的时候了，而且要从复杂的互动的角度来认识其他层面上的行为。这种复杂的互动是种事件，而非物质。

实体性思维方式认识到了事件的客观发生，并想用实体来对之进行解释。事件思维方式则必须认识到相对而言更为持久的"实体性的对象"的存在，并用事件间的相互联系来解释。从这个观点出发，原子不是一个物质实体，而是一个相互联系的事件的多样化呈现，并以一种可描述的方式与其他事件联系着。老鼠便是由一系列广泛而复杂的事件、电子、分子和机理以极其复杂的形式相互连接的。

场论、相对物理学和量子力学都因循着事件思维，而非实体性思维的方式。我们相信正在实践中的生物学也是如此。但过去一贯关注的是与实体事物相关的事件，对打破这种倾向，进行新模式和新范畴的建设，人们所做的还很有限。怀海特却是一个卓然的例外，他对我们现在所提出的学说和阐释贡献颇丰。

哪怕是一个人在思考一个事件的时候，他仍然很可能带着从实体性的思维习惯中所产生的想法，即事物可以绝然独立、自己自足。如果是这样，我们将不能对种种迹象给予充足的解释，不论是物理上的还是生物上的。比如一个电磁学的事件，就不能看作是独立于电磁场而发生的。它既是构成电磁场的一部分，构成所有事件发生的环境；又由自身对这个磁场的参与而造成。脱离这个磁场，它将不复存在。它没有存在的独立性，因此是与场紧密相联的。它由错综复杂的关系而造就，而正是场给了它在其中的位置。不论是基因、细胞还是整只兔子的存在，都与此类似。这种功能是不会脱离整体环境而独立存在的，因此也是与环境紧密相联的。这是一个互相作用的模式——影响以及被影响。

这一哲学的补充是要说明，从机械模式到生态模式的转化是不可能脱离从实体性思维到事件思维的转化而发生的。只要实体仍被认为比事件更基础，人们就需要在某些更深的层面上寻找生态模式所指出的关联性。人们会自觉不自觉地认为，独立的实体只改变外在的关系。这就意味着对生物体的解释仍然是

在机械层面上进行的。

　　我们当然并不反对从细胞行为去尽可能地了解动物的行为发生的原因，也不反对通过对构成细胞成分的研究来尽可能了解细胞的行为。但生态模式使简化论成为不可能，而实体论者则偏执地认为简化论是无论如何绕不开的。在生态模式中，高层次事件的发生可以在一定程度上部分用低层次事件来解释；但低层次的事件不可能在没有高层次事件参考的情况下得以完整的解释。细胞中分子的行为从一定程度上说是其作为一个整体在细胞内的功用；细胞的行为在一定程度上能用其分子构成的行为来解释。但同解释细胞行为的方式不同，分子的行为是不能在没有细胞环境的参考下得到完整解释的。

　　这样的说辞仍然难以脱离对传统的实体性思维的青睐。既然这种说法仍然暗示着首先有实体的分子然后才有分子行为，那我们应该谈论分子事件或者分子层面上的事件，而非分子的行为。但是要发展一种完善的理论，使人们先于实体物质优先认可事件间的联系，仍需假以时日。到这一目标完成以前，生态模式还得继续与争鸣的各个流派做斗争。

　　实体思维和事件思维的显著分别与传统哲学中的内在和外在关系的分别是息息相关的。从哲学的角度来理解，"内在关系"并非指与机械和外部环境这一关系相区别的机械内部各部分的关系。只要实体思维还掌控着局面，各部分之间的关系就会被看作是外化的，如同机械和它所处空间以外的物质一样。

　　外在的关系对实体来说是附带的，或是次要的。它们的发生与否并不影响实体的状态和性质。石头，便可作为一个典型的物质思维的例证。置于桌子之上的石头外表上来看与桌子相关，但其成分不会受与桌子的空间关系的影响。如果把它放在地板上，还会是同一块石头，其性状也不会改变。

　　内在关系是指决定事物的性质构成、甚至某物的存在与否的关系。这样的关系不能对物质定性，因为物质是由其独立存在而定性的，内在关系决定的是事件。例如，物理学中的场理论表明，构成场的事件只作为场的部分而存在。这些事件不能脱离于场而存在，它们内在地联系着。

实体性思维把关系看作是不同实体间的外在关系。实体是独立于关系的，并以独立的姿态参与关系。这些关系不会影响到它的基本特性或存在；而事件思维把关系看成是事件内部的关系。事件由它与其他事件的关系而构成。不可能先有事件，然后再用它的时空关系对其进行肤浅的描述。没有任何一个事件可以在脱离其他事件的时空关系中发生。四维事件的特性应当是通过与其他事件的关系模式而只在某种时空轨迹中出现的。

生态模式和事件思维的紧密关系显示了在生命体领域完善这一模式的难度，而在不局限于生命体的应用模式中也未见得容易。在电磁场中，事件证实了生态模式，如同在旷野中动物的行为同样可被生态模式证实一样。尽管本书主要着眼于生命体，但认识到生态模式反对无机与有机、生命与非生命的二元论也是很重要的。需要强调的是，我们并不是在假定机械模式能够恰切地解释非生命体的前提下，为生命体的解释提出生态模式的。

当然，相对而言，机械模式对于讨论在非生命世界里发生的事情是恰当的；甚至在生命世界里也是如此。对于机器来说更是无比精当！但即使是在对机器的解释中，完整的物理分析仍需要我们从分子层面，并最终从电磁层面把那些轮子、杠杆，看作是事件的集合。由轮子和杠杆的总体功能而衍生出的模式对那里所发生的一切并不太具指导作用。最完整的说法是，从分子和电子层面所发生的事件来解释机器的运作，在这两个层面上，机械模式的解释是不尽如人意的。机械模式可以游刃有余地描述我们的感知器官所体验的世界中的非生命实体，但它并非是说明物质世界的终极特质的万能灵药。在这一层面上，生态模式更为恰切。

但这并不意味着生态模式应当完全取代机械模式。当分子层面上的事件具备了石头那种稳定的结构次序时，生态模式同石头的整体关系不再重要。当然哪怕是石头也会受外在环境的影响，而且有的影响必须最终从生态模式而非机械模式的角度来理解。但从实用的目的出发，石头的特性可以在机械科学中以更简明的形式得以很充分的说明。机械模式也是有用武之地的。

机械模式在被研究的结构与环境相对独立的情况下是有效和富于启发性的，比如在研究石头或金属杠杆的时候。既然没有任何层面的、任何结构能完全脱离环境的影响，机械模式常常需要对具体的环境进行抽象，也会遇到一些限制。然而，既然许多现象在这样的抽象和限制的基础上能被较满意地解释，机械模式也有着广泛的实用性。生态模式允许不同等级的环境制约因素存在，而机械模式能应用于一个有明确限制的范围，在该范围里，环境的影响几乎可以忽略不计。

我们的争论并不是针对机械模式的实用性，而是假定了机械模式的充分性和彻底性之后，来探讨它给研究和解释所带来的影响和偏差。这可以用原子来说明：这个例子之所以很重要，是因为原子已经被认为是唯物论的一个重要论据。假定原子的特性从环境中抽离出来后，仍可以被很适当地研究，这会产生什么样的影响呢？原子事件的重要特性就会因此而模糊吗？原子的活动是不是可以通过生态模式而被更好地理解呢？

如果我们把现代的原子概念等同于希腊时期的哲学原子概念的话，提出一个原子的生态模式是毫无意义的。它们本质上就是物质，再无其他。但希腊人从他们的原子学说推论出原子是不能被毁灭的，而我们也知道这不是我们所谓的原子。如果我们继续认为原子在其内部构造和成分上丝毫不受环境的影响，那么这只是站在经验主义的证据基础上，但我们缺乏这样的证据。相反，原子似乎在不同的环境中显现了不同的特性。

由钠和氯组成的、再普通不过的化合物——盐，便可以说明这一观点的意义。按照机械模式借鉴的经典唯物论，钠和氯不受它们的结合的影响。因此，从原则上说，盐的特性应当也在钠和氯独立存在的时候就能被发现。但事实证明这是不可能的。因此许多的科学家提出了突现特性，我们也同意当钠和氯结合的时候确实"突现"了一些特性；但一如既往，这个突生的说法没有解释任何问题。这种说法假定原子不变，仍然只保有它们在独立时的性状，而盐只是这些原子的集合；但它认识到盐的特性并非衍生自那些原子。

生态模式可能会给我们带来更好的解释。发生在原子层面上的事件是内在相关的——造就了钠原子和氯原子的事件是被它们的环境影响的，而当这些环境中包含的两种原子达到了一定的比例，原子便会呈现在其他环境中不会呈现的特性。仅仅检验原子在其他环境中的表现是不能发现这些特性的。

当碳、氮和氢原子还有其他一些原子按照一定的规格排列，就会展现出我们所谓的酶的特性；同样的原子在细胞中的不同排列能传导神经冲动。我们已经发现了这些被我们称为原子的事件组合特性的一些新内容，以及它们令人难以置信的稳定结构。当它们以这样的形式组织起来，合成的事件便具备了当初所不具备的特性。

无界的生命

本书前三章已经探讨了不少关于生命的话题，但精明的读者会注意到我们并没有给生命下定义。现在，本章的总结部分要来解决生命定义的问题。"生命"是什么意思？我们能够明确区分有生命体和无生命体吗？

1935年以前，生命体和非生命体之间似乎有着明确的区分，好几种不同的标准均可用于确定生命迹象。生物学家提供的生物范围已延伸至大到鲸鱼，小到细菌的生物。化学家的范围则从另一个角度延伸——从电子微粒到原子到分子，但不包含类似生物学家所列举的细菌。化学家眼里最大的分子和最小的生命体同生物学家眼里的生命之间，其实存在很大差距。1935年，当斯坦利（W. M. Stanley）在晶体中分离出滤过性微生物，这个差距被拉平了。这是呈现出"生命"和"非生命"两种特征的东西，这是化学家所说的最大的分子，但却有着生命有机体的特性。在生命细胞里进行复制的病毒正是动物病毒中的一个DNA分子和植物病毒中的RNA分子。这个病毒包含着一个由蛋白质包围的分子。感染有机体时，这蛋白质外层就被挤破，病毒成为赤裸的核酸分子。它不能自行繁衍，但在一个宿主、一个生命有机体的细胞内却有繁衍能力。在试管里的提纯病毒呈白色粉末，将其放入宿主体内便会呈现生命特征。

科学家们现在已经知道，细胞包含被称为细胞器官的小组织，如质体（包括绿色植物中的叶绿素）、线粒体和其他。它们也会繁殖，而且也会把简单的分子组合体转化为复杂的分子组合体。但它们在生命细胞之外的环境中不能独立生存。迄今没人发现过独立自由的细胞器官。然而，有时候要分辨一个质体和一个蓝绿色的海藻细胞，或是分辨线粒体和支原体还是很困难的事。而支原体是已知的最小的细胞，它们比其他细胞要简单得多。尽管有赤裸的内部细胞器官，但没有任何薄膜将它们隔开。这其中有我们所知的最小的细胞，可能包含不超过600个基因，细菌所含的基因大概是其1/5。它们的大多数是其他细胞上的寄生物，或者吸收其他复杂实体产生的物质。它们很可能是更复杂细胞的分解物。从病毒到细胞器官，再到支原体，再到更复杂的细胞——对于生物的复杂性存在这种假说，但对于生命体和非生命体之间的分界却无明确说法。可以确定的是，完全成熟的细胞具有我们从分离的分子中无从发现的特性，但有的特性在细胞环境中的分子个体或群体中也会有所呈现。

在这样的复杂性面前，科学家们只能以一种精确和武断的方式来定义生命体和非生命体的分界。如果生命的定义暗示着客观存在着独立的所谓生命的东西，那么没有什么关于生命的定义是准确的。尽管为了方便，我们常常使用生命这个词，我们却不认为这样的生命作为某种事物或物质独立存在。生机论已经被我们摒弃；我们的兴趣在于活着的生命，以及那些让我们认为是生命的东西所具备的特性。这点前面已有所阐述。

但我们还没有对生命体和非生命体之间的界限做出泾渭分明的判断。我们还没有最终认定具体哪一种特性或一组特性是赋予实体生命的必需基础。简而言之，生命体和非生命体的界线是模糊不清的。

生态模式的提出也夹杂着这样的模糊性。"生态"是被用于指称实体与环境之间的内部关系的——这意味着用于研究生命体的模式也适用于非生命体的研究。使用生态学的模式，而不是机械论模式来解释生命有机体，我们可以更好地理解物理学和生物学的研究对象。在我们因袭惯例而称之为无机体和有机

体、非生命体和生命体之间，有着连续的关系。对于这一点机械论者予以肯定、而生机论者予以否定；但现在，用这一显然是为理解生命而发展起来的模式，我们能更好地研究这种连续性。

这并不意味着这个界线就不需要划清。这一界线的划清需要强调如下标准：一个是从熵量的角度：有的东西参与熵量的增长，有的则颠倒这个过程。这个差别可以被看作是区分生命体和非生命体的界线。这样看来，有机分子和晶体可能更应该被视为生命形态。或者人们还可以从复制和繁衍的角度来看待这个问题。这种情况下，大多数有机分子不会被列入生命行列。但没有更细致划分的话，病毒和细胞器官就不知何去何从了。它们可以且仅可以在活的细胞体内进行复制，那它们在细胞体内时应该被视为生命吗？或者我们应把整个细胞体看作一个自我复制的最小单位？

一旦认识到并没有生命这个"东西"，我们就不必要死缠着这问题的答案不放。目的不同，这界线便划分得不同。或者，更理想的是，如果人们能够接受这个观念，所有的这种划分都可以停止了。我们所拥有的只是一套种类庞杂的实体，它们在不同的境况下以不同的程度显示出与生命有关的各异的特性，因而任何的界线都是武断的。

当生物学家说生命的单位是细胞时，他们的意思是：如果你要找到一些生命特性，包括繁殖以及从核酸的化学信息到生命有机体里所需的复杂分子的转换，至少得有一个细胞组织。一组DNA分子、蛋白质分子还有其他都是不够的。它们必须在一个细胞膜内组织起来。真正的细胞膜的出现使大分子的协调活动成为可能。对于如何从复杂分子发展到细胞膜内的组织，生物学家们还知之甚少。因为细胞是作为一个独立的单位进行复制和新陈代谢的，因此，虽然勉强承认，某些被描述为生命力低下的细胞器等实体的存在先于细胞，生物学家仍把细胞看作生命的单位，而细胞的来源便同理可推断为生命的来源。只要我们已经充分认识了这当中的任意性，我们便可以继续使用这种说法。

小结

没有模本或范式，科学就不可能运转。成功的范式通常根植于思维习惯、科学理论结构和运用的方法论之中。正如在物理学中一样，机械论在生物学当中大获全胜而且深入人心。

在物理学中对机械模式的局限性的认识比在生物学当中要更为根深蒂固，尽管它在后者的领域中有着更长的历史。生机论与机械论的对抗已经进行了几个世纪，但不论是生机论还是后来涌现的其他理论都不足以对机械论造成迎头痛击。其中一个重要的原因在于它们都把主要领土都留给了机械论者，都没能够提出一个模式解释那些他们认为机械论无法解释的现象。他们很正确地指出了机械论的局限性，但没能够提出能为科学家所用的替代模式。

本章确定了一个替代模式，我们称之为生态模式。此模式与有时被称为生物模式的理论关系密切。确实，我们无限感念怀海特把自己的立场称为"有机体哲学"。我们对此毫无异议，但却担心有的人使用这种说法时不及怀海特来得谨慎。有的人并未强调生命体和环境的关联性，而是用这种有机体的观点来支撑一些有争议的领域，比如整体大于各部分总和。

生态模式是关乎那些实体的，它们的存在由它们的环境所决定。我们之所以反对机械论，是因为它的导向是把对生命存在的研究从它们的环境中抽离了出来。正如第一章中大量的阐述，近期的生物学其实已经认识到了环境在研究中的重要性。因此在这个程度上来说，生态模式已经在该领域得到了广泛的运用。

问题在于，用生态方法在某个层面上的描述能否在另一个更基本的层面上用机械论的方法进行描述——我们认为这是不可行的。一次又一次的证明，寻求这种解释的各种元素都能够更好地被生态论而不是机械论所解释。活性细胞以及DNA都符合此说。把分析降到亚原子层面也不能让机械论者的学说自圆其说。其实每个层面上所发生的都是互动事件结构的运作。

攻击机械模式一直证据不足，差强人意，以致于难以推翻其在该领域实践中的统治地位，其中一个重要原因是，一种深植于印欧语系中无意识的形而上

学观对这种理论的青睐。西方人习惯于把实体物质看作是基本事实，而事件则是这些实体相互作用的结果。因此，他们在实体物质中寻求事件的解释。生态模式只有在这种程序被颠倒的情况下才能被完全地理解。事件是基本的，而实体事物则被看作是不断变化的事件中一种持久的模式。这些事件正是按照生态模式所指的方法，通过相互关联而构成的。

构成事件的关系可以被称为内部关系，这样的称呼是恰切的；而生态学模式正是关乎内部关系的模式。没有任何事件是先发生，然后与世界产生关联的；事件是与其他事件的关系的综合。

转换到生态学模式，对于机械或以石头为例的无生命体来说，重要性微乎其微。在对这些物体进行研究的时候，把它们从环境中抽离（正如机械模式所做的那样），对他们的性状造成的改变和影响小到可以忽略不计。但生态模式对实体的构成因素的研究至关重要，无论是机械、石头，还是有生命的物体。毕竟，机械和有机物都是由分子原子构成的。生态学模式并非要在有机物和非有机物之间提出什么二元论，而是认为两者都是由事件构成的——从生态的角度最容易理解这一观点。生态学模式也承认，这些事件可能达成某种相当稳定的结构，而从某种程度上，这些实体的性状可能从它们的环境中抽离出来而独立存在。牛顿科学在这一领域大有可为。

生态学模式的观点克服了生命与非生命之间非黑即白的划分。在与其他事件内在联系着的事件中，复杂生命有机体中的各种显著特性可能以不同程度显示。通过达到某个稳定的结构，支持了某些特殊功能的产生并成为显著特征，于是有生命的物体从无机世界中"出现"。存活的细胞正是这种稳定结构的奇迹。

在第四章中，我们会在人类和非人类的框架下继续探讨生态学模式。

在我看来，我所著的《物种起源》的首版对人类的起源和历史应该有所揭示；而这意味着在普遍考量人类在地球上的存在时，其他有机生命体也必须被包括在内。

——达尔文

第四章　｜　人类与自然

　　第二章粗略描述了达尔文进化论的一幅现代图景，它表明人类正是依此途径进化而来的物种之一。目的性行为于广义的动物进化影响深远，对人类进化的作用更甚——它滋养了如今对整个地球生物圈都举足轻重的人类文化。

人类在进化的过程中地位独特，而且与进化进程中的其他生物分道扬镳由来已久。然而，在进化的顺序中人类何时成其为一类还不得确定。从生物学的角度理解，人类被视为动物的一种，智人是自然的一部分。那些认为应以其他角度和品种来看待人类的教义和学说，即认为人类与其他物种之间有明确界限的看法，不得不面对生物学上关于生物连续性证据的挑战。大部分这样的学说是在生物学成为一门科学之前而产生的，这解释了这些学说产生的原因，但并不能为继续守护这种已经废弃的学说提供支持。

　　当人本主义者以机械模式来看待非人类世界的时候，他们为人类与世界之间画出一条绝对的界限就显得合情合理，尽管就连他们自己也不确定这界线应该划在哪里。他们相信人类的情感、思想和意志不仅仅是机械流程。当余下的世界可以被看作是一部机器，二元论虽然不尽合理，却也有着充分的根据。然而，第三章就已经显示了，被二元论者拒绝套用在人类身上的机械模式对解释其他生命体也不足取；对原子和亚原子粒子也不适用。

　　生态模式在解释非人类世界上的优越性重新开启了二元论的讨论。既然机械模式不能适用于人类的情感，思想和意志，生态模式就可以吗？生态模式可以用来解释人类体验以及兔子和细胞吗？生态模式是否和机械模式一样，会被证明只能适用于非人类世界，因此也需要二元式的思维方式呢？

　　本章开篇意在测试生态学模式解释人类经验的恰切性，驳斥了在西方哲学和宗教中根深蒂固的拒绝把人类看作是连续的自然进程中必不可少一部分的观点。在测试的过程中，生态学模式的某些在前面的章节中不甚明显的特征将得以显现。

　　本章的第二部分将近来关于人类现状以及未来可能性的各种争论进行了梳理。这种可能性是由人类是自然界的一部分的观点衍生而来的。

　　本章第三部分对人类存在以前的祖先直至文明的出现的发展过程进行了评估。

　　第一部分已然将生态模式完全展开，并显示了其在人类身上的应用性，于

是我们在第四部分转而探讨该模式在其他有机体身上的适用性。如果人类及其主观感受是自然界的延续，那么，这也意味着其他生命有机体也一样。如若人类类似其他物种，那么它们也与人类类似。生态学模式通过人类经验表现出的特性也会在其他物种身上体现吗？第四部分将就这一问题进行探讨。

假定在进化的过程中除了明显可见的结构的延续和发展之外，经验也同样有这样的过程，在此基础上本章将对经验的进化过程进行一个推测性的重建。

人类存在的生态模式

人类，尤其以西方为胜，一向不愿意将自己作为看作自然的一部分。亚里士多德认识到我们也是动物，但他同时强调我们是理性的动物，意指我们的本质是由我们的理性决定的。因此，希腊哲学的影响一直偏向于用理性来识别人类。笛卡尔更是将我们与余下的世界之间的分界线强化并系统化。他把一切尽分为两种从根本上不同的事实秩序：一方面是人类的理性思想，另一方面是由占有空间的物理实体组成的其他一切，包括人类身体和其他所有动物。

《圣经》把人类看作是超越者创造的一部分，但也把人类作为唯一与超越者形象有关的物种与别的造物区别开来。在基督教的神学理论中，这一形象往往是精神的、超越自然的、包含着自省和自由；这也使追随超越者成为可能。基督教传统一直强调这一形象是如何在"堕落"（指亚当和夏娃受诱惑被逐出伊甸园——译者注）的过程中遭到扭曲和破坏的；但基督教也坚信所有人类的使命与其他一切物种都是不同的。在这样的大背景下，基督教神学理论发现自己与笛卡尔的二元论契合度极高，包括对世界的机械式的理解。对许多基督教徒而言，地球只不过是供人类历史上演的一个物质舞台而已。自然与人类历史是风马牛不相及的两个范畴，你中生我、我中生你的说法更是无稽之谈。机械主义最著名的比喻便是将宇宙比作钟表（超越者是钟表的制造者）。这一比喻是由法国主教N.奥雷姆 (Nicole Oresme)于14世纪提出的。林恩·怀特（Lynn White）认为，我们对自然的认识与对人类本质认知的分离始于650多年以前，

是基督教神学出于挽救神启的必要性而为的。大部分进程是由虔诚的基督徒一步步推进的，而不是艾萨克·牛顿。

18世纪时，自然越来越多地被通过物理的眼光和方法来解读。那个时代的物理学将事物看作是被动的，并受制于不可抗拒的定律。因此自然俨然就是一座庞大的机器。大部分人认为人作为能掌握自然规律的物种，超越了自然。把人类视作理性思想的观点便顺理成章地成为那个时代的常伦。

尽管，数百年来心物二元论的已经被广泛接受，但是这种二元论始终难以令人信服。这意味着思想和物质两不相干吗？如此，人类思想便不会受他们所知的自然事件的影响。那么科学的意义又何在呢？或者二元论暗示着思想对物质世界毫无影响？如此，则人类身体对理性意图的明确反应便只是虚妄。

一些大胆的思想家开始下结论：人类也仅仅是这部伟大机器的一部分！他们辩解说，大脑就跟人身体的其他部分一样，是自然的一部分，而思考是大脑的活动。假如这样的思考是"理性"的，则是因为这部机器恰巧是如此建构的，从而统稿人类大脑产生了理性思考。

正当唯物主义者试图将机械模式融入宇宙学或形而上学的时候，其他一些哲学家、经验论者，则将之纳入对于知识的问题的探讨之中。总的来说，他们同唯物主义者一样，对物理学感佩有加，他们也希望所有的思考都科学化。大卫·休谟（David Hume）亦是如此。但他研究的意外结论却威胁了知识的科学性，甚而削弱了关于知识的任何形而上的推断。他认为，经验的东西，是感官印象和现象的波动变化。通过更细致的研究会发现，这样的波动变化既不能用来解释物质实体，也不能用来解释客观形成的定律和事件间的必然联系。科学定律不过是不断重复的印象的归纳。从这个角度而言，存在的仅仅是是现象的波动变化而已；有时候，这被称为现象论。

在休谟对经验的考察中，人类思想的处境也好不到哪儿去。他否定在印象或者基于印象的行为之下有自我意识作为其基础。二元论者假定在物质的自然之外有理性的思想与之共生共存；而唯物主义者将人类看作机器的一部分；休

谟的现象论则将人类完全置于感官印象和现象的波动变化之中。

唯物主义和现象论者对人类的自我意识的双重打击，引发了康德（Immanuel Kant）对此卓越的回应。时至今日，他的影响仍是大部分知识分子的思想基础。他对现代世界人类的独特性提供了最主要的理论支持。

康德的核心思想是：人类思想主动地塑造他们所知的世界。他对休谟关于印象的观点进行了进一步辩驳，认为甚至时间和空间均非由印象而来。空间、时间及其之间松散的关系都应该来自人类思想的结构，而不是来自客观的物质世界。康德没有把思想看作一个机械自然或现象自然的一部分，而是认为人类思想成就于运用科学探索自然的过程中。他承认一个超精神的现实的存在，这个现实是我们思维所加工的现象的来源，但是他认为我们对于这个超验的现实无法进一步的掌握。康德不把思想看作机械自然或现象自然的一部分，从而树立了其在现实中优先和首要的地位。也正是通过这一方式，康德创立了德国唯心论。

继康德之后，最伟大的唯心主义学者当数黑格尔（Hegel）。黑格尔接受了思想的优先性和首要性，但他没有去验证思想恒定而普遍的结构，而是强调了它的历史发展。人类历史在黑格尔的影响力下被看作是现实的展现。自然世界影响并服务于思想发展的过程。

尽管大多数后继学者并不把自己跟康德和黑格尔的观点扯上关系，这两位伟人的影响力却是毋庸置疑的。19世纪和20世纪的哲学大都集中研究人类所知是如何塑造人类世界的。科学被认为是其中通过恰当方式来塑造世界的方式之一。但对于有任何一种认识方式能够像人类认识自身一样来认识人类以外的现实这一观点，大多数知识份子心存疑虑。对他们来说，已知的自然正是由人类所知而整理构建而成的。他们的兴趣重点在于认知者和认知的方法，而并非一个人类意图知晓的超人类现实。对于那些坚持这一唯心论传统的人，认知者这一角色显然不能被看成是知识的客体。

20世纪，人们用以反对唯物主义和现象学还原论来捍卫人类尊严的做法，

都源自于这个唯心主义的传统。例如，尽管存在主义者批判了唯心主义的一些特性，并强调要把重心从思想转到选择，但他们仍然延续着普遍的人类与自然分离的观点。语言分析学家认为，用适用于理解自然的语言来理解人类，这是一个语言范畴的错误。此时，语言分析学家的观点正反映出这一唯心主义传统的影响。

把人类世界同自然区分开来的思想模式深植于我们的学术原则中。在德国的学术界这二者的根本区别显见于人文科学和自然科学的区分；在美国，二者的区分也与此类似。教育课程设置中这两面彼此甚少关联、人类意图与自然科学所显示的世界观无甚联系，这是在此两种文化中都存在着的根深蒂固的印象。

虽附着于唯心主义二元论，这样的观点还是渐行渐弱。它的第一个最大的反对者就是马克思主义。马克思受黑格尔将历史看作基本现实的观点影响极深，但他也把黑格尔的学说进行了翻天覆地的颠覆。黑格尔认为历史是精神和思想的辩证推进，马克思则坚持认为历史是人类存在的物质基础的辩证推进。人类与自然世界之间的清晰分界在马克思主义理论中即使没有被彻底取消，也完全被模糊化了。

对唯心主义的第二击来自达尔文的进化论。如果人类由其他自然形态逐渐演进而来，要我们如何去相信自然是人类思想的产物呢？难道整个达尔文主义仅仅是针对于自然的正确观点，对于人类现实它没有任何的理论贡献吗？第三波的攻击来自于心理学和社会科学的发展。在这个领域，对自然的科学研究已经延伸至对人类特性的研究。康德对这一可能性是首肯的，但他仍反对对人类的科学研究其实就是研究其真实本性的看法。他认为只有可观察的现象可以被科学地研究。这种反对从理论上来讲仍是可能的，但随着心理学的发展已越来越难以自圆其说了。心理学提供了心理治疗的方式，通过这一方式人类的经历可以彻底转变。

随着进化论的影响延伸到人类学和动物行为学，以及对原始人和早期人类数百万年发展更为细节、更为令人信服的假说的不断的涌现，唯心主义的霸权

遭到进一步挑战。在这种情况下，对人类经验和行为的科学研究与对有机体进化研究融为了一体。较之将进化论简单看作一种生物理论而言，试图将上述结论与基本的人类自我认知拉开距离要难得多。

　　与亚洲思想模式逐渐深化的联系是削弱唯心主义二元论的第五个因素。在东方，我们发现了一种对人类和自然高深复杂的理解，这种理解强调二者的一致性而非差异性。当然，西方的二元论者可以继续抵御这些非二元论观点而肯定自己的哲学分析，但是在世界范围内唯心主义二元论越来越被看作是对特殊阶段特殊文化中出现的问题的回应，并越来越难以被作为最终事实而理解接受。

　　最后，近期我们敏锐地察觉到将我们自己排除于自然之外已不仅仅是一个思想层面的问题了；它同时也是一个具有着紧迫性现实问题。我们对人类之外和精神之外的世界的漠视使我们的注意力不能集中于系统的开发与解构。直到现在仍有许多有意识或无意识受到德国唯心主义控制的西方思想家对直视自然界的问题感到不适，他们仍倾向于关注人类世界，奢望通过解决人类世界的问题可以使自然世界的问题也迎刃而解。因为缺乏相应的哲学范畴来支撑这些问题与人类生存的关系，那些意识到解决环境和生态问题的紧迫性的学者常发现自己身陷泥沼 。

　　要不是其他可供选择的观点比唯心主义二元论更为难以让人接受，这些对唯心主义二元论的攻击应当很早以前就足以摧毁其势力了。许多西方思想家相信，对唯心主义的排斥一定会导致把人类看作物体，看作决定论假设的机械世界中的部件。他们坚持认为科学家仅仅把自己看作物质世界的一部分是荒诞不经的。只要已知领域不包含认知行为，认知者就不可能成为已知领域的一部分。

　　但我们也不需要假设除了唯心主义，可以取而代之就只有决定论的唯物主义。前面的章节已经提出了一个全然不同的模式。确实，决定论的唯物主义不能恰切地解释一切活着的事物，甚至不能适当地解释原子！而生态模式则能说明机械模式所阐明的一切，甚至更多。该模式允许我们在看待生物的时候将其所处的环境纳入到积极考虑的范畴之中。这显然是比机械模式更适合于我们了

解自身的模式。

然而，通过为了解其他事物而发展成型的模式来解释人类世界，总是危险重重的。基于对此种行为的反对，人文主义者才坚持要把人类与科学所研究的世界分离开来。我们一定要更为细致地考虑生态模式对人类的适用性。

这一模式是关于内在关系的。前面的第三章已有所阐释，但还可细言。现在的任务是要在人类经验的领域里解释内在关系，这同时也将显示生态模式对人类的适用性。

我们来看一个简单的情况。一位女性（A）正观察其他两个人（B和C）交谈。在正常情况下，A应当记述B和C的一问一答、回应质疑，或者相互沟通。然而，A或许想做到完全客观和"科学"。在这样的情况下，A将不会以上述方式来严格地描述她的观察。她可以描述身体语言和句子往来的顺序；她甚至可以解释某些身体语言与B和C的关联，但她不能说明C是否回答了B的问题，或C的答案是令B亢奋激动还是心烦意乱。尽管她不能直接观察到这样的情形，但这样的说明暗示着B和C的言行对彼此产生的影响。她所能观察到的是这些行为模式之间的空间和时间关系，然后做出一定的概括。比如，可能B的某个言语表达与C增长的兴致有着关联。

A所观察到的是B和C之间的外在关系。然而事实上，A认为还有更多的内容。A知道B和C考虑了彼此的身体姿势和语言表达。B看到C的身体姿势，听到C的言语表达，然后尽量得体的予以回复；C对B也是如此。B与C的关系是构成B的经历的一个重要部分，反之亦然。换言之，除了B和C之间的外在关系、也就是A所观察到的关系之外，二者之间还有内在的关系。这种关系不是A所观察到的，但解释了A直接观察的结果。B的言行让C很兴奋，所以B的某些言语表达和C增长的谈兴之间有着关联。

这种内在关系由很多因素构成：悟性、感觉、听觉、视觉以及其他一切可能的经验。B所看到的C即是对B而言与C的内在关系。很大程度上，B与C的关系是构成了B的经验。确实，我们不能脱离二者之间的关系来描述B在这场谈话

中的经验，也正是这一点区分了内在关系和外在关系。当A将她的描述局限于她的直接观察时，内在关系便被排除在外。她不能断言她所观察到的外在关系构成B和C的经验。要澄清构成他们经验的关系，观察者必须考虑B和C的立场和观点。换言之，B和C必须被看作是体验彼此的主体，而不仅仅是A所观察的客体。

牛顿学说试图只研究外在关系。被认为外在相互关联的便是物质，而以机器的形态来理解物质事物相互的作用是最直观简单的方法。生物体与生物体之间、以及生物体与它们的环境之间也应被看作只存在外在关系，机械模式对有机体的理解正是建立在这样的假设之上的。将该模式套用在人类身上肯定是非人道的。

而生态模式是则建立在内在关系之上的。此模式认为生命有机体与环境紧密相关；也就是说，他们与所处环境的关系是他们之所以成为他们的构成因素。对我们而言，内在关系的完整意义用人类经验来理解是最清楚不过的了。经验是人类理解世界的方式。正是人类与世界的关系构成他们对世界理解。简言之，人类经验是内在关系最完美的例证。将这样的基于内在关系的模式应用于人类，与用别的通过对其他生命体客体研究而得来的模式是截然不同的。

实际的动向却是背道而驰的。要理解这种对生态模式而言有着非凡的重要性的内在关系，就需要从人类经验的角度来阐明。假如A是在观察两只狗而非两个人，她可以用完全客观的方式或从经验的角度来描述B和C的互动。如果她选用第二种方式，则就是选用了生态模式。正是代号为B的狗对代号为C的狗的经验构成了B对C的内在关系。我们认为，若以人类经验作为生态模式首要的例证，则我们可以了解很多关于生命体的重要知识。

那么，我们从人类生存的经验中能了解到什么活着的意义呢？这是一个言之不尽的话题，因为当下活着的经验永远不可能被完全地探讨。但生态模式的扩展和澄清可以为这场讨论开个头。不谈深思反省，不谈对时间的无意识，我们今朝有酒今朝醉，我们希望长生不老，我们希望活力无限。总之，生命的给

予伴随着对生命的热爱，这比我们对价值、意义和目的的思考更深入。有的生命体验本身就如此珍贵，并不是所有一切都是为了达到目的的手段。这种对生命积极的评估能帮你度过挫折和痛苦。威廉·福克纳（William Faulkner）以这样的句子结束他的小说《野棕榈》（*The Wild Palm*）："在悲痛和虚无之间，我选择悲痛。"那些集中营的生还者常是那些有着单纯生存意志，能忍受绝望和生命意义丧失的人。他们甚至可以忍受，无法通过理性来理解生命的无条件的意义。但这种对生命的积极评估并非绝对。在某些情况下，死亡比生不如死地活着更为可取——这是完全可能的。随着时日的流逝和生命轮回的完成，有的人会把死亡作为朋友一般迎接。

从这些存活的经验来看，将之推及到其他生命体并非不合理。怀海特认为，"所有生命体都有三重冲动：①活着；②活得好；③活得更好。事实上，生活的艺术正是始于存活，然后是以一种满意的形态活着，最后是满意度的提升。"也就是说，生命与对存活的向往是紧密相关的，这不仅是一个事实，也是一种价值所在，即：活着本身就是有价值的。如果生命不被活着的人珍视的话，死亡便会见缝插针。总之，如果生命的价值不复存在，则它也不会作为一个事实而存在了。所有的自然造物中，能创造生命的是最脆弱的。如果任其自生自灭，它们就有腐烂衰败的倾向。要生存，生命体就得不断保持活跃。如果生命体的成分不发生变化哪怕一秒钟之短，它很快就会变成一摊无生命的物理元素。

但人类经验显示，正如怀海特（Whitehead）所言，人们不仅仅只要存活，还想活得好，然后更好。活得更好也就是活得更有生气。活得最有生气也就意味着我们最善感、最和谐、最热情昂扬、最积极呼应，最爱心满溢，最宽容包纳，最随心所欲，最诚实可靠，也最纯洁无暇。这种生机最为常见的结果便是感恩之心。在这样的情况下，人类会经历由一种包容任何人和任何事的热爱，而引发行善的冲动、报答的渴望、甚至奉献的义务。随之产生的还有对生命意义的深深的信任。

与此对应的是那些自恋者，他们丧失了生命意义的完整性。因为他们没有足够的内在资源，便转向他人来证实自我的价值。他们需要别人来仰慕他们的美貌、魅力、名声或权力；而这一切都会随时间分崩离析。他们无法实现感情上或事业上的全情投入，因此随着岁月流逝留不住些许什么。

　　一般而言，生机与两个事实息息相关：个体所生活于其中世界的丰富性；个体的感觉、思想和行为对这个世界反应的灵敏性。两者都是有关新奇性的问题。要保持生机就必须有新鲜的刺激和新鲜的反应。而优越的生活正是磨灭这种新鲜感的死敌，它将人们对精神上的、伦理上的以及哲学上的渴望置于过于清晰和冷静的视角。马斯洛曾说："争取自己所缺失的东西会让人觉得生命的意义和价值。然而当一个人一无所缺，没有任何东西可以争取，那么……"也正是因此，才会有大量的新词汇和短语来形容这种状态：动荡、混乱、缺乏意义、厌倦存在、空虚、疏离。马斯洛在其《人性能达到的境界》（*The Farther Reaches of Human Nature*）中回忆了他大学时读过的一本关于非正常心理的书的首页插画：该插画的下半部分是一群婴儿，粉嫩、甜美、天真无邪；而上半部分则是地铁里的乘客们，阴郁、灰暗、愠怒、厌烦。而插画下面的标注是简单的发问："发生了什么？"

　　要活得好，人们得不断努力，甚至尽其所能。波普尔赞同这样的看法，"生活是为了达到某个目的的抗争；不仅仅是为了自我肯定，更是为了生活中的某种价值。我认为生活中有待克服的障碍是极其必要的。没有障碍的生活同只有无法跨越的障碍的生活一样糟糕。"我们最精彩的瞬间或最成功的杰作可能正是在地狱的边缘。满足感和不满足感是共存的。新的刺激常产生于不满足感当中，没有它人就会故态复萌，陷入沉闷的习惯中。人们所需要的并非是轻松怡然的状态，而是为实现生命价值的努力奋斗和不断抗争。如果没有对新鲜刺激的新鲜反应，人们要么会钝化新鲜的刺激，或扼杀继承并走向斐然成就的可能性。因此，新鲜感与生命息息相关。

　　新鲜感并不仅仅意味着变化。没有新鲜感就会衰败腐朽，这也是变化。变

化所表现的是常在的熵量的趋势，这种趋势只会在两种情形下不存在。无生命物质的稳定结构不会有熵量的变化，它们有着永恒不变的重复模式。这种情况可能局部地、暂时地被来自外在决定性的新鲜因素打破。因此，正如怀海特所言："生命是对宇宙不断重复的机械模式的大不敬……生命应被理解成一种目标、一种环境所允许达到的完美形态。但这个目标常常是已知事实所无法企及的。这一目标是某种完美化的事物，然而同时也是低下的、基础的感官享受。非生命有机体是以安于事实现状为特征的。"

让人难以置信的事实是：这不断变化所谓生命的东西持续了这么长时间。假如在其模糊的产生之初我们在那个浅海现场，目睹了电子风暴猛烈上升，火山岩浆喷薄其下，谁又能预见到那渺小微弱、没有任何能量、充其量象水母般的一团东西能历久弥坚，而其周围的那么多其他东西却殒灭无痕了！

每个人类的生命都不仅仅是基因建构和环境影响的产物，同时也是对那些存在条件的创造性反应。这便是超越的因素，该因素也是敦促生命实现未实现的可能性的动力。活着便是要以可能性和现实性两种方式感知存在；便是要对任何情况下的所有可能性时刻警惕，并渴望了解这些可能性的意义；便是要超越当局者迷的此情此景；便是要享受试图达成我们所认为不能达成的目标。

在希特勒统治下的德国，报纸曾发表了一张照片。照片中一个留着胡子的犹太老人，在充满嘲笑揶揄的人群中，被押在柏林的一辆垃圾卡车上游行示众。他的脸上写满了对人群的同情和谅解。要活得完整正是要"原谅他们，因为他们不知他们在做什么"；正是要对某事或某人全情投入以致于忘掉时空。我们要的是旅行的过程而不是到达的结果；达成某种状态而不是拥有某个东西。这才是无尽的风度。

假如这种超越在人类之外的自然中是缺失的，则会造成人类和其他生命体的根本分裂，会使已被认可的物质延续性显得无关紧要。但是，生态学模式指出，所有的生命体都有超越的经验。用怀海特的话说，"生命的本质是以特定的客体的形式、合目的地引进新鲜感。这样的情况下，对于环境的新鲜感就引

出了新的功能，而后者已改变并适应了这一持续的目的的。"生命因此也是对物质因果关系的超越。它是"观念性的新鲜感的来源"和"对自由的企图"。生命体来源于它们所处的物质世界，但它们的反应会带来新事物。

我们的智慧、语言和文化使我们能比我们所知的任何其他生命体都超越得更高更远。整个社会拥有的责任感是其他生物根本无力企及的。然而，这些以丰富而明确的方式表现出的人类的超越性却证实了我们与其他生物之间的延续性。

支持人类独特性的人认为把人类仅仅看作机械世界一部分的观点是自相矛盾的，在这一点上，他们是正确的。思考这个问题本身就不像是机器所为。对科学家而言，要断言人类是机器就意味着机器对自身做出了这样的断言；而正因为机器也可以被程序设置并做出相悖的断言，我们完全没有必要把这当回事儿。说人类是机器的人要被当回事儿则正是因为他们不是机器。

另一方面，在大量的证据面前否认人类和其他自然事物之间的延续性，如果仅作为一种权宜之计的话，却有着截然不同的作用。有另一种严肃看待人类特殊性和生命延续性的观点对我们来说是幸运的事。我们会在下一部分对这一点进行详细探讨。

争议中的人类处境

作为人类处境的研究者，社会学家大部分都接受生物学家们在生物学上的结论。然而，他们中的许多人都没有在自己的研究中让进化的思想大展拳脚。他们可能对反对达尔文理论的圣经论调很不屑，可是从实际目的出发，他们的立场却更经常在圣经学者的一边。巴拉什就抱怨道："正如那些宗教的伪君子一样，大部分行为科学家满足于表明自己的信仰，而在日常生活中则表现得似乎巩固这个信仰与他们无关。"

人们对进化论的误解和滥用使进化论声名狼藉，这是进化论在社会科学中地位卑微的原因之一。进化论的批评者们一定记得，赫伯特·斯宾塞（Herbert Spancer）于1851年在《社会静态论》中争辩道，贫困和饥荒是清除社会中的

不适应者的自然手段。他认为，对这些人施以援手是不正确的。在19世纪的晚期，其他一些社会达尔文主义者为那些工业大亨们金钱至上、剥削人民的行为粉饰太平。在希特勒统治时期的德国，时任东普鲁士科隆堡大学（University of Konigsberg）心理学教授的康拉德·洛伦兹（Konrad Lorenz）提出了自己的行为学理论，提议以一种"基于自我意识的科学的种族政策"来清除社会的"堕落分子"。该体系的仲裁者，那些决定谁是"堕落分子"的人，应当是"最好的公民"（fuhreridividuen）。

其他一些学者则从自己的理解中总结出进化是如何塑造人类的，并认为这个过程是有问题的，因此需要大脑的加工。凯斯特勒（Koestler）在《机器中的幽灵》（*The Ghost in the Machine*）一书中提出，人类可能是因为某种不为人知的药物才从疯子转化成人的。在《应召女郎》（*The Call Girls*）一书中，他描述了一系列科学家可能用以处理人类基本问题的方法，比如，用植入的电极电子控制。卡尔·萨根（Carl Sagan）在其作品《伊甸园的飞龙》（*The Dragons of Eden*）中对此表达了强烈的认同。麦克法兰·伯内特爵士（Sir Macfarlane Burnet）提议了一种持续数代的基因清洗程序。他的提议是为了让某些种属避免基因退化，减少激进倾向。

马绍尔·萨林斯（Marshall Sahlins）天才地揭示了进化的观点与放任主义的资本主义之间的亦步亦趋的关系。他引用盖斯林（Ghiselin）《自然的经济与性的进化》来说明从进化观点中总结出道德解构的论点并非旧事。盖斯林写道：

社会的进化与达尔文范式以一种非个体主义的方式有着高度的契合。一切都得以完美解释。自然的经济法则从头到尾都是充满竞争的。理解这种经济，知道它如何运作，社会现象的根本原因便昭然若揭了——那就是某些有机体获得了足以损害其他有机体的优势和能力。一旦情感主义被抛之脑后，没有丝毫真正的慈善来改进我们对社会的看法。所谓的合作不过是机会主义和剥削压榨的混合罢了。让动物牺牲自我、拯救伙伴的冲动其实有着终极的理性推动——

获得制衡第三方的优势；所谓"造福社会"的行为其实给其他人的利益带来很多损害。在符合自身利益的情况下，每个有机体都会合理地帮助自己的伙伴；在别无选择的情况下，他会服从公共利益的奴役。但当有机会为自身利益服务时，除了私利没有什么能阻止他行蛮、伤害、甚至谋杀，对象可以是他的手足、伴侣、父母，或者孩子。抓伤一个"利他正义者"，让一个"伪君子"付出血的代价。

进化论对人类和社会现象的解释被这样的论调统治着，也难怪大多数社会科学家要与之保持距离了。确实，看到自己的理论被曲解和滥用，许多生物学家都希望这些理论不要被用于其他领域。无论是社会学家还是生物学家都同意，研究人类最快捷的方法是制定出人类独特性的范畴。尽管肯定智人是一个生物种属，但在社会科学的研究领域却最好忽略这一点。

然而，人类是自然的一部分，他们是一个进化过程的产物。尽管在社会科学研究领域这可能被忽略，但这一事实却越来越深地潜入了人们的集体意识中。那些强调此学说并据此提出观点的人往往拥趸者众。他们的提议常常被驳斥，但他们提出的问题却不容回避。他们批判地认为人类的问题是文化上的问题而非生物学问题。但当人类面对未来之时，许多人希望了解他们来自何处。宗教曾回答过这些关于起源和命运的问题，但科学知识的增长使这些传统的答案很难自圆其说。人们寄望于科学来了解自身所处的位置。

正是由于宗教利益的原因，关于这一点的辩论常常很激烈。今天，它们更经常地被赋予了政治色彩，比如通过对爱德华·威尔森（E.O.Wilson）的社会学调研的反应，人们还是表现出同样的担心。关于事实和科学的问题仍从属于终极意义的问题。

这场辩论来得正是时候，因为关于人类未来的问题有着史无前例的紧迫性。人类的冒险可能行将结束。科学家们已经生产出足以歼灭人类的武器，而且使破坏力趋近完美的进程一直在继续。社会正挑战这地球承受能力的极限，要么发展完全转向，要么就要面对濒临崩溃的可能。解决一个问题的方法会带

来另一个问题，因此很难想象一个皆大欢喜的脚本。社会秩序的紊乱使我们的拯救地球的努力不得其果。

集体与个体的不理性行为比以前任何时候都明显。问题是：为什么？是人类本性中的某些东西驱使人类的毁灭行为吗？如果是，是本性中的什么呢？它又是如何而来的呢？是人类某些方面被程序化了，所以才无法做出适应性反应吗？

生物学家们对此的回答各异。莫里斯（Morris）认为激进尖刻、斤斤计较就如同性和繁衍的冲动一样是人类的生物本能。他认为，这些冲动能够被文化藩篱牵制的程度是极其有限的。洛伦茨（Lorenz）与莫里斯的看法大同小异。我们祖先对敌人的残暴反应并未从人类社会完全抹去。然而，洛伦茨认为这种暴力可以找到新的出口，比如竞技体育和太空探索。与这些作者不同，刘易斯和托尔斯认为典型行为并不是人类特点。人类反应可具有"无限的可塑性"，而并非是受一系列程序控制的。这些作者的著述中均没有确凿的证据可以使这些观点不仅仅停留在推测的层面上。

然而，最近，随着威尔森（Wilson）《社会生物学：新综合》（*Sociobiology: The new Synthesis*）的出版，这场辩论改头换面并重回学术界的视野中心。该书的大部分都在研究蚂蚁和其他动物的行为，但最后一章讨论了人类行为。威尔森提出，"从微观角度来看，人性和社会科学都微缩成生物学的一个具体分支；历史、传记、小说等均是人类行为学的研究素材；人类学和社会学一起构筑了单一的灵长类动物的社会生物学。"这样的论调无疑是颠覆性的！它似乎暗示着人类科学的一切方法只不过是生物学方法的具体化而已。

实际上威尔森的立场并未为这样的结论提供依据。社会学的功能在于尽可能对人类基因构造的进化方式以及这种进化如何影响各种社会行为提供指导。威尔森在该方向上的努力比较牵强，却常认为自己的方法可以解释许多现象。但当他直面这个问题的时候，他的观点就谦逊得多。他意识到人类的社会行为受文化影响良多。如果必须在环境因素和基因条件之间做出选择的话，威尔森断言在客观证据的基础上，最终的结果常常是在两者之间的，但比起基因条件，

结果往往而更接近环境因素。

关于基因影响对人类行为的作用，威尔森在其最为谦逊的言论中将其描述为：基因提供了大量可能的行为模式，并排除了其他种属也具有的特点。在这些可能性中，文化将鼓励各异的选择。这可以被解释为：只有某些其他动物的行为模式对人类而言是不可能的。关于这些局限是否完全由生理决定，他并未做出论述。

但如果这就是威尔森的著述所要阐明的，他的书也不会引起如此广泛的关注。实际上，他似乎阐述了很多其他的内容。他总结了许多人类行为的模式，从中看到了与动物行为的相似性，并使读者敏锐地感觉到：种属的基因构成不仅允许该行为模式在其他动物中存在，而且很支持这种情形。一个例证就足够了。"人类社会的成员有时候会以昆虫的形式互相合作，但更经常地，他们为有限资源的分配而竞争。最好的创业者常常获得超出比例的回报。"但他没有提供有利于对这些现象进行基因解释的科学证据。

威尔森坚持认为人类不具有无限的可塑性，而在考虑未来的时候我们必须将此谨记于心；通过这一观点，威尔森指出，我们的基因程序不仅提供很多可能的模式，而且对我们的行为有着深重的影响。他指出，生存和自尊感是我们与生俱来的动力；而对人类基因传承的深入认识应该使人们对乌托邦的提法持保留态度。但与这种基因传承有关的限制因素显然不是绝对的。尽管它们构成人类本性，尽管威尔森自己对这些限制也颇为青睐，但他写道：

尽管它们是我们最深刻、最不可抗拒的感觉的来源，史前几百万年以来进化而来的基因限制很大程度上已经不复存在了。从终极生物学的角度来说，在未来的某个时候，我们人类将有必要决定想要留下什么，并有意识地从我们所继承的情感中进行挑选。

他认为有着强大基因背景的男性权威正是人类将要选择的人性特点之一。

继《社会生物学：新综合》一书之后，威尔森又推出了《论人性》

（*On Human Nature*）。尽管该书包含了大量的科学信息，但他意识到这不是一本科学著述。"从内核来讲，它是猜测性的思索，是对于社会理论最终与最为相关的自然科学互相碰撞之后产生的深刻结果的思考。"大量陈述的现象显示了人类文化是如何在各异的背景下进行调整并行使职能的，就如动物的基因适应一样。这种表述的方式暗示着这种适应性行为至少部分是基因决定的。但与之相对的，认为这完全是文化性的论点甚少得到推广。

在谈论"攻击性"的章节里，作者做了最好的澄清。对于人类是否天生具有攻击性，威尔森的回答是毫不含糊的"是！"但威尔森对于这样的言论所影射的后果言辞很是谨慎。洛伦茨错误地将攻击性看作是需要发泄的冲动，并据此提议社会大力强调攻击性体育以减少战争压力。威尔森认为该证据是不足以支持这种观点的。攻击性是文化鼓励或压制的一种倾向，而非一种必须得以发泄的冲动。然而，

人类有着以过激的仇恨回应外界刺激的强烈倾向，并常使这种敌意大幅升级，以可靠的安全感来压制外界刺激的来源。我们的大脑确乎有某种程式可循：我们常有倾向把其他人划分为朋友和异端两类，就像鸟类有掌握区域性鸟鸣的倾向并通过磁场和星座定位飞行一样。我们易对陌生人的行为感到恐惧，也易以攻击性行为来解决争端。这些行为规则很可能是千万年以来人类进化的过程中形成的，因此也赋予了那些最大程度遵循这些规则的人一些优势。

莫里斯、洛伦茨和威尔森都是在生物学，尤其是进化史当中为我们的社会行为寻找根源。大量的反对言论对生物决定论能够先提供基本行为模式，然后根据文化的差异而表现各异的观点并不认可，认为证据不支持。阿伦德争辩道，人类行为的生物学解释之所以不确切，是因为人类行为不仅基于攻击性、领土防卫性和创造性，也建立在由特定的环境和社会氛围形成的风俗、人情之上。攻击性和非攻击性行为都是包含于人类行为之中的。什么是控制性因素，由什么形式体现，很大程度上由文化模式决定。没有一种类型能反应人类真正的内在特性。人性是开放的，正是这种开放性使人类在生物界拥有了明显优势。

阿伦德（Alland）认为，人类的敌意来自于社会的催生。人在不知情的情况下对其他人无攻击性和敌对性的剥削是产生这种情绪的根源。

李基（Leakey）和列文（Lewin）对此的回应是相似的。他们也强调了社会环境的重要性。"进化催生了一种能化解环境所带来一切挑战的动物"。他们淡化了内在的动力的作用，而强调人类求知的欲望。

在以威尔森为首的对社会生物学的一片批判声中，塞林斯也强调了文化因素对人类行为的意义。他说："文化就是生物学加上象征性官能。"他的意思是：尽管人类行为是处于生物学所决定的藩篱之内的，文化要素却是它首当其冲的特性。这种文化要素与语言文字、身体姿势、艺术形式等交流符号相关。塞林斯也对威尔森关于人类利他行为的进化假说进行了攻击。威尔森的核心观点在于：利他行为虽然对行为人而言只具有负面生存价值，但在受益人是亲属的情况下是可能产生的（假设这种选择有基因基础）。亲属选择是生物学当中一个广为接受的概念。然而，塞林斯认为，威尔森所纠缠的人类学中的"亲属"关系，从生物学的角度而言并非如威尔森所想象的那样紧密。

这些对基因决定论的统治地位的批判确实很有说服力，但却并不明确。我们就是对人类复杂的行为特点没有足够了解，因而不能武断地确定基因和文化因素在其中所占的比例。对孩童的研究可能对此有些启示。比如，皮亚杰的研究似乎说明非文化因素在不同的年龄阶段对认知的形成有影响。最近对男孩和女孩的研究表明，男性在幼年期比女孩更具攻击性，而女孩更有语言上的优势。乔姆斯基的跨文化语言研究则表明所有的语言都有相似的基础结构。微笑在所有文化中所表达的共性可能说明了基因的决定性。而性吸引则肯定有着基因基础。也许最终，通过不断积累的数据，基因的本能反应所占的比例可以被最终确定。

然而目前，在社会生物学中的辩论中可靠的数据和结果还很少。还没有确定证据说明人类之所以有如此的行为是由从其动物祖先遗传下来的基因决定的。目前似乎清楚的是：基因构成对人类行为设置约束；但在这些约束中，文

化对人们的所为和所不为有着确定的影响。对这些约束的定义是将来的工作。我们的观点和鲁斯一致。他把自己细致的评估总结为："我完全没有被社会生物学的观点说服。但我认为他们也没有批判者所说的那么不堪。我们应该给人类社会生物学一个机会来证实自己的价值。如果他们不能如其所承诺的那样说明问题，自然就会很快瓦解于无形。"

上升的堕落

当讨论重点是早期人类族群，而非人类之前的动物祖先的时候，关于基因对社会行为的影响的辩论常会出现另一种形式。尽管与莫里斯、洛伦茨和威尔森一样，罗伯特·阿特里（Robert Ardrey）有时候强调人类与其他动物的共性，在他最突出的论文中，却认为人类祖先与其他猿类的区别在于其暴力倾向。在《非洲人起源》（*African Genesis*）一书中，他指出，人类是来自杀人猿，而且继承了他们的特征。尽管阿特里在后来的文章中对此说法进行了些许修正，他的基本观点是：人类所遗传的对其视为外来者的暴力倾向，只是被一层稀薄的文明面纱所掩盖。据此，他眼中的文明史以前的人类社会是极其负面的，洛伦茨也持此观点。

这幅人类文明驯服人类部分残暴天性的图景被其他人类学者所诟病。阿伦德、李基和列文就认为我们的祖先在狩猎采集时期是相当非暴力的。他们质疑狩猎在这些文化中的主导地位，而认为非暴力的采集才是主要的经济活动。根据他们的说法，人类变得好战是从农业革命开始的，而那是大约1万年以前的事情。俘虏奴隶、侵占领地，对于数以百万年计的狩猎采集社会而言是无意义也无价值的。而暴力和战争成为家常便饭的时期对影响我们的基因而言还太短。因此，暴力、好战等特性是文化使然。谢帕德认同人类破坏性的一面始于文明的看法。他眼中的狩猎采集社会是一个人们和谐共处并与自然也和谐共处的时期。与阿伦德、李基和列文不同的是，他强调狩猎是当时生活的一个重要组成部分，但并非是以残忍的杀戮为特点的。那时，在杀生和食肉的仪式中就

已经有了祈祷的宗教色彩。是农业革命将人类天性与人类活动对立了起来。人们为了生存不得不从事苦力贱役，结果变得贪得无厌、乖张残暴——心满意足的猎人变成了满腹牢骚的农夫。

阿伦德、谢帕德、李基和列文很可能夸大了我们狩猎采集时期的祖先们的与世无争。正如威尔森指出的那样，当智人开始使用石斧，一些大型的非洲哺乳动物便开始绝迹。我们可以合理地假设这种绝迹是由能力见长的人类群体的狂热掠夺行径造成的。另外，当石器时代的猎人进入欧洲以及后来进入北美洲，许多物种在所谓"更新式动物滥杀"中消失。这并不说明阿伦德、谢帕德、李基和列文是完全错误的，狩猎采集社会有时候确实会与某些动物产生宗教仪式性的关系，从而保护了该物种。澳大利亚阿兰达（Aranda）部落的土著居民就有复杂的关于动物和圣地的各种神话，因此，只有有限的人和地区可以猎杀袋鼠。这些土著居民对袋鼠的生态有着深入的了解，而他们的神话和禁忌与他们对袋鼠——主要食物来源的保护有着紧密的关系。这禁忌就包含禁止在一个被当地土著划出作为某种类似国家公园的保护区内猎杀袋鼠。而该地区正好是最适合袋鼠生存的环境。然而，尽管这样的例证还有许多，证据却显示我们的祖先也可能是屠夫刽子手。现代的种属灭绝并不令人意外。

这场以洛伦茨、阿特里和威尔森为一方，以阿伦德、谢帕德、李基和列文为另一方的辩论在现代西方神学中是常见的，其实就是关于人类社会邪恶的来源或人类"堕落"的条件的争论。论证双方都认可了自然与精神，或自然与文化的分别；而双方也都认可这个分别是最基本的问题。对前一组人而言，文化生活中自然天性的剩余是我们邪恶的原因；而对后一组人而言，自然的天性是美好的，是文化给我们带来了困扰和问题。人类从天堂乐园坠落了。

沃丁顿把这种"堕落"看作是与进步同行而不可避免的。他强调在文化进化当中权威和权威接受者的必要性。这正是教师与学生的角色。为确保信息被接受的权威角色可以是来自某个事实的领域，而该信息可以在此领域中得以证实；但许多社会信息的传播都是在接受者还不懂如何证实的情况下发生的。人

类的社会生活主要是建立在被我们所接受的社会传播信息之上的，而不是那些经验证和核实的信息。如果将社会传播比作遗传的话，验证核实便类同自然选择。但人类直觉总会意识到某些问题。在"堕落"的神话中密藏着某些要点——在伊甸园采摘知识之树上的果实是致使人类"堕落"的原因。

按照沃丁顿对这则神话的解读，人类通过一个涉及美好与邪恶的知觉判断从而获得了社会传播的知识积累的渠道——我们付出的代价是沉重的。如果我们要成为社会传播信息的接受者，权威角色似乎必不可少；而该角色似乎是由一个易于过度扩展的机制产生的。要是没有一个能被接受者内化的外部权威系统，智人是不能转化成人类的。而所付出的代价则是这一权威的过度扩展，不论是作为外部权威还是在其被接受者内化之后，结果便是产生负罪感、焦虑感和绝望感。沃丁顿引用了克尔凯郭尔（Kierkegaard）《致死的疾病》一书中对人类进退维谷的窘境的描述，"随着意识的深化，绝望感也愈发深刻：更多的意识就产生更深的绝望。"

基督教神学长久以来就以对"堕落"的解释摇摆不定为特点。洛伦茨和阿特里认为，人性的邪恶并非遗传使然，而文明的力量必须与之抗争。另一方面，这不仅仅是从一个完美的境况跌落而一心回归这么简单，尽管基督教神学在某种程度上同意这种观点，认为人类确乎是堕落了，而堕落本身就是痛苦和罪恶的来源。从这个角度来说，该学说与谢帕德对新石器时代的看法一致。但从另一方面来说，正是因为人类的堕落，超越者才会拯救人类。被人们寄予厚望的新耶路撒冷并非是为了重回伊甸园，而是为了到达一个更具价值的所在。而救赎并不会让人重拾原始的纯真，而是带来成熟的满足感。从某种程度来说，人类的历史和文化尽管充满了邪恶，却也可被充满反讽地看作是"上升的堕落"。

也许近来，关于堕落的最重要的神学著作当数雷茵霍尔德·尼布尔（Reinhold Niebuhr）所著的《人的本性与命运》。尽管该书的写作时间早于前面提到的辩论，他却勾画了必要的轮廓。西方世界早已完全理解了自然与精神、基因与文化的二元性；他们也意识到了二者之间的张力和不协调，许多更

将此看作人类的基本问题。有些人，例如洛伦茨和阿特里，重视自然本性的力量并把基因遗传看作邪恶根源；他们追寻通过强化文化的救赎之路。其他一些人，例如李基和谢帕德则认为人类本性是美好的，而邪恶的根源是文化。尼布尔则认为，尽管《圣经》也看到了二者之间的张力，但却拒绝将邪恶推诿给任何一方。自然与文化都不是坏的，而我们游刃二者其中更是人类的骄傲。而这种骄傲同时也是持续把我们引向罪恶的元凶。

不管确定邪恶的出处源自自然或文化，一个主要后果便是这让人类的问题超乎了人类意志。并不是我们人类犯罪，而是我们被置于一个产生邪恶的环境中。我们是受害者或旁观者。尽管沃丁顿的学说避免了简单地将邪恶归因于自然或文化，而且也认识到了堕落的模糊性，但仍未讨论人类自身的责任。在他的分析研究中，意识与自责相生相克，现实就是如此。尼布尔同意此二者是紧密相关的，但他认为，人类自身是有责任的。我们并不是陷入了某种局面；并非这种局面，而是我们在该局面中的自由选择才是邪恶的根本。我们不是必然成为某种情形之下的受害者的，人类总是可以自由选择自己的立场的。

尼布尔所指的堕落是所有人类存在的现象，我们对这一点是认可的。但堕落的象征，尤其是"上升的堕落"可被用来描述进化的历史进程中的具体事件。它可以确认一个以痛苦为代价的全新层次的秩序和自由。从这个角度而言，动物的出现正是上升的堕落。直至动物出现之前是没有痛苦的，但同时也没有太多价值。动物生命将不断升级的不稳定性带给原本稳定的世界。然而不稳定性正是卓越超然的象征。正如尼布尔学说中所阐述的那样，独特的人类的出现是另一个上升的堕落。沃丁顿用另一种方式描述了为文化进化这一极其重要的现象所付出的代价。"年轻人的梦想总会存在，"怀海特说道，"而悲剧也会不断上演"。其实，在探索一个新兴知识领域的时候，就会出现因为权威过度膨胀而造成的代价。在科技、政治、教育、性别等方面的解放往往会带来新的以不同形式出现的束缚。

为新石器时代所付出的代价是巨大的，更不用说现代文明了。这些文明建

立在对环境的毁坏、对他人的奴役、对女性的蔑视、等级化和剥削性的社会结构以及战争机器的基础之上。然而，它们的成就也是卓然于世的。文明所造成的人口数量的巨幅增长不该被一味简单谴责。工业革命和近期的通讯革命也是上升的堕落。此两者都带来了前所未有的痛苦和丑恶，但同时也带来了新的刺激、新的希望、新的体验和新的可能。我们谴责那种彻底破旧立新的倾向。如果农业革命能更节制一些，世界会更丰富；如果工业革命不在发达国家重复发生，而发展中国家也趋之若鹜，似乎这种模式适合一切人类，世界会更加多元化。正发生在我们这个时代的对狩猎采集社会最后残留的清除，例如在巴西，则未体现包含向上因素的堕落。我们对缺乏全方位涵义的进化理论的前景感到忧心忡忡。

在他研究马来群岛的王风鸟（King Bird of Paradise）的命运时，与达尔文一起发现自然选择定律的华莱士（A.R.Wallace）很有先见之明地写到了人类进步的模糊性。他在找到第一个标本时写道：

我想到在过去长远的岁月里，这种小生灵代代繁衍——在这样黑暗阴郁的丛林里不断出生、生长、死去，而不能欣赏自己的美丽，这是多么奢侈的浪费！这样的想法不禁让人愁肠百结。一方面，这样精巧的生灵只应该在这样的野外，这样不适合生存的地区度过它们的生命，挥洒它们的美丽，在无望的荒蛮中度日，似乎是很悲惨的事；但另一方面，如果文明人到达这远方的土地，给这片处女地带来道德、智能和物理上的改变，我们几乎可以肯定，人类将打破这有机和无机自然的完美平衡，导致这种生物的逐渐消失和最终灭绝，从而摧毁这本该被欣赏和享受的美好。

动物有体验吗

在接下来的章节里，让我们姑且认可人类自身和其他动物之间的延续性以理解人类自身。从反方向提出的问题同等重要：人类和其他动物之间的进化延续性让我们对其他动物有什么了解？

这个问题在本章第一部分讨论生态模式的内容时就已经深入讨论过。生态学模式假定每种生命体都与其环境息息相关，在人类体验中更是有着清楚的表达。确实，不论从人类或其他角度来考虑环境因素，通常一定是与人类体验有类比关系的。现在的问题并不是生态模式是否可被应用于人类体验，而是是否可被应用于其他动物的问题。认为其他动物也体验它们的世界是不是有些离谱？

许多科学家希望把体验排除在动物的世界之外。甚至在对人类的研究中也有人想否认体验的存在。当唯物主义和机械模式被应用在人类身上，人类的主观性被完全忽视和否认了。我们对此展开严肃的讨论是因为其重要的历史地位，但我们对此是持反对态度的。现在的问题是：体验是否只是人类才有的功能，或者它是一个广泛存在的范畴。

回答这个问题一个重大难题是对该词汇的使用还没有一致的认同。有的学者将体验定义为完全自觉的意识，另一些学者对无意识或潜意识的体验也持认同态度。我们属于后者。对我们而言，说某物体有体验即表明它不只是我们所体验的世界中的客体，也是各种关联中的主体。它被影响也影响其他物体。生态模式是指生物体被影响然后对该影响产生回应的模式。它们既是受众也是执行者。简言之，它们是主体。我们可以不问生命有机体是否有体验，而问它们是否参与进主体性之中。对我们而言，一个有机体可以是主体，或由主体构成，或者既是主体同时也由其他次主体构成。我们不能以偷换语言来逃避我们表达的模糊性，但我们希望读者能充分理解我们的意思，以便进行下一步讨论。

有些人仍然声称其他动物只为人类而存在，或只存在于人类的体验中——它们完全不是主体。然而，许多行为模式让我们相信人类所主观感受到的疼痛、喜悦等情绪也存在于其他动物中。这些动物的行为有时候与我们认为有思想和理性的人类是很类似的。一条训练有素的澳大利亚牧羊犬在放牧羊群的时候给人的印象完全是，它在评估从此翼或彼翼进攻的各种优劣。有时候它会停下来，似乎在考虑下一步的策略。蒙田曾经说过："当你和猫玩耍的时候，怎么知道猫不是在跟你闹着玩呢？"有猫或狗的人都知道，它们在受伤的时候会

痛苦，而在其他情况下也会有快乐和满足的情绪。生物学家现在更乐于承认他们的疑心：鸟类歌唱是因为它们能从中获得享受。这并非是否定鸟类歌唱的生存价值，就像承认幼小的哺乳动物之间的玩耍给它们带来喜悦的同时并不否定其生存价值一样。对玩耍、歌唱和性的享受是产生某些行为最为可信的原因。而其终极结果则可能就是种族的生存和繁衍。

阿姆斯特朗在许多文化的诗歌中描写过的"欢腾的鸟群"。刘易斯在以自己诗意的语言描写过自家后院的画眉鸟的歌声之后，谈到他认为鸟儿是为了自己的愉悦而歌唱的奇怪印象。他说道："我不能相信那鸟儿只是在说'画眉鸟在此'。"从一个更为缜密的层次来讲，研究鸟类歌唱的先锋学者也得出了类似结论。索普为许多鸟类歌唱的音乐价值而辩护。确实，鸟类用简短的声音单位而基本不用多音来尽可能地形成音乐的效果。他引用了许多似乎"超越了生理需要"的鸟类歌曲为例，提出鸟类是在"玩弄声音"而追寻一种声乐和听觉上的体验。哈茨霍恩的《生为歌唱》（*Born to Sing*）一书正是认为许多鸟类有音乐感觉的一个持续而有力的论证。

霍尔（Joan Hall-Craggs）已经对在普通听者看来最具音乐性的欧洲乌鸫，被研究了多年。索普说，她的研究：

提供了十分令人信服的证据说明，个体在写歌的过程中会进步，会按照人类审美中的动态和平衡来改进歌曲的形式和音符之间的关系。她发现如果一只乌鸫唱得"好"（以人类的审美标准），而附近的其他乌鸫作为一个隐性的竞争者接近其领地的时候，这只乌鸫会更卖力地歌唱，但并非更优美地歌唱，以恫吓入侵者。事实上，该鸟儿会显得有点儿心烦意乱，其歌声也变得松散而不连贯；分乐节不了了之，分乐节之间的停顿也变得比平时长。因此说明，鸟儿也需要对其歌声用心尽力才能唱得婉转悦耳。

如果我们每天录下某只乌鸫的歌声，会发现在歌唱的季节其歌声有着明显的审美变化。首先，在繁殖季的前一段时间，歌声显得很有功能性；但在后期，当歌唱的功能已经完成，歌声变得更为紧凑，跟人类的音乐形式如此相近，

以致于很难否认这歌声的音乐性大大增强了。我们常有欣赏所谓"艺术音乐"的倾向，在这个领域中我们的乐谱经验让我们能猜测下面的乐句。这种音乐感觉与许多鸟类歌唱惊人契合。

从上述言论可以看出，鸟类已经超越了其歌声的功能性需要。要不是为了愉悦，还能有什么别的原因呢？另一种看待这一现象的角度是：能够音乐性地歌唱需要对于音乐的感觉，鸟类的生存、繁衍需要音乐性地歌唱。

我们基于动物行为的常识性判断是以动物具备必要的生理器官像人类一样进行感知为前提的。它们对其环境的原发性反应，解决问题的能力，以及明显的记忆和预测，都让我们不难假设人类体验的基本特征也存在于动物中。

对那些愿意迈出第一步的人，下一个问题是：我们能走出多远？对某些人来说，限制在于一个高度发达的头脑。大脑对经验感知非常重要。人类与有着发达大脑的其他有机体对经验感知的相似度会远远高于没有发达大脑的生命体。但令人惊异的是，尽管有着巨大的不同，相似性仍然是存在的。我们面对的是相异性渐进的过程，而并不存在一个巨大的鸿沟。

卡尔·波普尔以一种非常适宜的方式表达了这一观点："如果进化理论可以被应用于生命和意识，则就应该有不同程度的生命和不同程度的意识。在我们寻找是否有不同程度的生命和意识的过程中，我认为我们确实发现了证实二者存在的令人信服的证据。"哪怕是变形虫"也有控制活动、好奇心、探索欲和计划性的中枢；存在着一个探索者，那便是动物的头脑"。

愿意赋予变形虫主观感受的，不止波普尔一人。20世纪初，低等有机物行为研究最为突出的学者赫伯特·詹宁斯（Herbert Spencer Jennings）对变形虫的各种行为总结：

经过对该有机物行为的长期研究，笔者完全相信，如果我们为了迁就人类的日常经验，把变形虫假想成是一种大型动物，其行为会马上产生愉快或痛苦，饥饿或欲望等状态，就像我们认为狗有这样的属性一样。

自詹宁斯以来，无数学者对无脊椎动物的固定行为和塑性行为进行了研究，

包括学习的能力。现在动物世界中，包括单细胞生物都已被认为具备这种能力。这些研究的大纲摘要到1973年为止就已经有了满满三大卷。追寻着这些研究，人们会为这些低等动物与高等动物在行为上的相似性感到惊异；而詹宁斯对低等动物的印象也得到了自他以来的各种实验证实更为充分的证实。例如，贝斯特和鲁本斯坦在三肠虫实验中展示了类似老鼠之类的动物才有的特性。当一只老鼠被置于一个陌生环境中时，其食量会减少，直到它对新环境开始熟悉才会恢复。这通常被认为是与动物的某种焦虑情绪有关。三肠虫实验中，当已经对环境熟悉的三肠虫被转移到一个稍有不同的环境中，它们也出现了类似的食量受抑制现象。看起来类似人类情感的东西对极其原始的生物和人类的近亲都很重要。这种迹象对于单细胞生物也是成立的。

J.Z.杨认为甚至在细菌中也存在主动选择。"当我们选择的时候，涉及从庞大的可能性中挑选。比如，遣词造句。从选择规模来说，人类的选择和细菌的选择差异如此之大，让人觉得荒谬。但人类和细菌之间还有一整套的中间过渡物种。所有的生命都在替代性的可能中做出选择。"

以上的引述并不能够证明生物学模式可被应用于所有生命有机物，但它能说明，但凡严肃看待进化论和认真考量了各种证据的学者都不会认为这种说法难以置信。确实，那些给不同的生命体划分界线，认为有的生命体是主体或媒介，而其他生命体则只存在于观察者的体验中或只是物质微粒的人才应该疲于寻找证据呢。

许多人接受将感官体验扩展到其他物种的推断，却仍然否认其与科学的联系。这是至关重要的一环。一种理论如果不能指导科学研究或为科研数据提供更恰切的解释，该理论就会被轻而易举地忽略掉。前面的章节已经宣称看待生命体的生物学视角指导了许多科学研究，而且还能够启发更多。现在的问题是，坚持将这一迫使把所有生命体都看作主体的理论更清晰化，是否对科学有任何附加意义呢？我们相信是有的。

许多研究工作已经使我们可以明确假定动物是主体。研究黑猩猩的简·古

道尔（Jane Goodall）总结人与动物的关系显然是相互的。近期，尝试教黑猩猩用语言与人类交流的努力，使我们可以把黑猩猩看成是以它们自身的方式感知世界的主体。而鸟类为愉悦而歌唱的观点为鸟类歌唱的研究提供了假说。这其中的某些假说被哈茨霍恩（Charles Hartshorne）以经验主义进行了证明。

格里芬（Griffin）在其著作《动物意识的问题》（*The Question of Animal Awareness*）一书中争辩道，现在是时候让动物行为科学的研究者们转变他们的立场转而"研究其他物种心智表达"的实验科学了。他是从动物间的取向和沟通中被引向这一观点的。格里芬发现蝙蝠根据自己与物体的关系进行定位，包括以超声波的回声进行捕食。他发现蝙蝠在飞过熟悉环境的时候似乎极其依赖其空间记忆。尽管它们的定向声波依然正常发射，蝙蝠们却与新出现的障碍物相撞，或从以前有物体而已经被移走的地方折返。蝙蝠们似乎对空间关系的"内设地图"更为注重，而忽视新置物体的回声。这种行为显示，蝙蝠的大脑内一定存在某种"内设地图"。不仅是蝙蝠，其他动物，比如蜜蜂，也会对其环境会形成"知觉性地图"。有的情况下这些地图很令人吃惊。比如蜜蜂，利用太阳进行定位，但是"地图"能够根据一天中的时间的变化来弥补太阳在天空中的移动。动物利用某种环境的内在图像的证据使格里芬相信，"我们有必要考虑动物的主体精神感官体验问题"。

格里芬给出的另一个例证是，当蜜蜂需要一个新址来延续其聚居地时成群涌往新址的现象。蜜蜂们交换新址的信息以及合适的蜂巢选址。它们以一种复杂的舞蹈象征性地在蜂巢的垂直面上表示出新址的方向和距离。蜜蜂个体受该信息的影响，在检验过这些选址以后，工蜂们会改变它们的选择倾向，为更适合的选址而非为它们最初发现的新址而舞蹈。只有在数十只蜜蜂许多个小时的信息交换之后，而且只有所有的侦查员都为同一个选址舞蹈时，整个蜂群才会一齐飞往新址。"这种共识是蜜蜂间交流互动，'有问有答'的结果。但大多数行为科学家们却对这种与人类语言交换可类比的现象全然不提。"蜜蜂们并不像是按程序而动的机器人；而这也不是一种定型的行为。蜜蜂并非总对舞蹈

作出反应。如果"语言"是以文字而非舞蹈的形式体现，而蜜蜂有狗那么大的体型，我们可能更倾向于认为它们有类似于人类商量去某个地方的"感官体验"。

格里芬总结出了一系列的表达，以行为科学家们的接受度为序：

可接受的：

认知模式

    神经模板

    标称值

    图像搜索

    影响

    自发性

    期待

    隐性语言行为

    内在图像

    概念

    理解

    意图

    感觉

    知觉

    精神体验

    心智

    思想

    选择

    自由意志

禁忌语：意识

严谨的行为主义学者可能会止步于"影响"；其他人可能会沿着这个排列冒险下行。格里芬认为他们的这种保守态度源于一种危害了科研50年之久的观

点，即将注意力全然放在易于进行实验分析的现象上。格里芬评论道，这种科研态度传达的信息是："作为一种研究策略，假设没有精神世界或主观感受，看在这样吝啬的基础上动物行为能作什么解释。这种做法被普遍应用，但某些实验结果提示我们，从新发现出发，是时候重审我们的角度和策略了。"

最为合理的观点是，上文列出的各种表达呈梯度渐进，不存在突兀的中断。格里芬也支持这一看法。

反对考虑动物主体性的偏见对进化论种的主流表达也有影响。雅奎斯·莫诺（Jacques Monod）便是近期的一个例子。我们在第二章中对莫诺的引用显示，他并不否认个体动物的选择在进化论中有着举足轻重的地位。但这并不能撼动他内心的观点，即整个进化的过程是"一场硕大的乐透彩票，自然盲目地在其中随意地选出少数赢家"。简言之，他在精准地描述甚至强调动物的目的性行为在进化过程中的作用之后，仍坚持认为只有偶然性和必然性起作用。我们不能不认为，忽略动物的主体性限制了他形成更为精准的理论。

令人惊异的是，与莫诺相反，哈代（Hardy）尽管没有比莫诺更为强调动物选择的重要性，却发展了这一看法所需要的理论。与莫诺相反，哈代对动物的主体性很敏感，而且收集了许多证明其重要性的广泛证据。不容质疑的是，将个体动物的目的性行为看作是进化过程中除了偶然性和必然性之外的第三种因素，为科学研究打开了新的大门。

将鸟类和哺乳类动物看作主体会对它们的研究产生一定影响，这似乎不足为奇。这种看法已经广泛影响了对鸟类和哺乳类动物的研究。但所有有机体都是主体的观点是否会影响对简单生物的研究呢？在这里答案是：这种观点显然已经产生了一定的影响，而且如果这种模式被完全接受的话，许多新的研究领域会豁然开朗。

反对意见肯定存在，他们认为对其他生物体，甚至是人类的主体状态的假说是不能被直接证明的。但科学不需要这样的直接证明。理论假说的一个重要功能便是提出新的问题并进行新的追问。把生命体看作是有感知的主体这一模

式显然达成了这样的共识，它也同时可以推举一些具体的可被检验的假说。而最终，它可以提供一个更为恰切的概念框架，为许多不同的质询结果牵线搭桥，从而产生新的问题。

我们最为关注的是生命有机体的问题。希望我们已经对生态模式可以提升对生命有机体的理解进行了清楚的说明。然而，我们的理论中还是有不足的地方。就算是那些支持生命形式的延续性的人也会时常否定生命体与非生命体之间类似的延续性。前三章已经说明了要划分出生命体与非生命体的绝对界线是多么困难，或是多么任意；而且不管这界线划在哪，生态模式都是适用的。不论是解释电磁场的一个事件还是一只猫的行为，生态模式都游刃有余。这对于生物学很重要；因为如果猫最终被归于物质实体的分析范围，生态模式就只与世界的表层相关了。但如果是对生态模式至关重要的内在关联性显示所有实体既是主体也是客体，那么第三章的论述就达到了它的目的了。

在前文中引用了卡尔·波普尔支持所有有机物都是主体的观点。但当有观点认为简单生物和无生命实体之间也有进一步的延续性的时候，波普尔对此进行了攻击，认为这是万有精神论。我们的立场与受到波普尔攻击的万有精神论并非如出一辙。我们并不认为所有事物都有精神、灵魂或思想，或是所有的事件都包含意识的因素。但我们与万有精神论一样，反对绝对的间断性。因此，指出波普尔的反对观点并进行简短回应是很有必要的。

1.波普尔认为在自然中存在着突变的特性。比如，水晶的坚实的特性并不意味着以液体中的某些类似属性为前提。因此，意识的出现并不意味着在先前的实体中有类似状态。

我们的回应是，意识确实是从无到有的。在赋予所有生命有机体意识这一问题上，我们比波普尔更为谨慎。简单生命体的感官体验和主体性很可能是无意识的。我们不会像波普尔那样论及变形虫的思想。那些拥有名副其实的思想、理性、心智和意识的实体都是来源不具备这些特性的更为简单的生命体的。但不是所有生命体的特性都是从不具备这些特性的实体演化而来的。具体

而言，没有证据显示，那些与周围环境联系紧密或与其他实体有着内在关联的实体是从与其仅有外在或机械性关联的实体演化而来的，而内在关联并不需要意识的存在。确实，哪怕是在人类的意识经验中，意识也只对与环境相关联的有限的经验有影响。但经验一词不仅可以被用于人类和变形虫的体验，或有意识或无意识；也可以应用于对环境无意识的考量，分子、原子和中子事件都具有此特性。从这个角度来说，我们看不出有任何理由认为变形虫具有感官体验，而多分子有机体的生命细胞、细胞器、细菌或DNA分子不具有。

2. 波普尔认为"后达尔文时期万有精神论的主要动机是避免承认全新物种出现的必要性"。但他明智地表示，我们必须承认"从无心理意识到有心理意识的跨越是巨大的"。因此，波普尔坚持认为万有精神论者仍然被迫承认新生事物的出现。

我们认可波普尔的观点的动机，但却不认为新生事物在进化过程中是被引进的。一个适当的进化理论应该承认有源源不断的新生事物的汇集和加入，不仅仅只是生命和意识的出现。我们在这里反对的是，认为在这些或其他事物出现的过程中产生了决然不同的机能的看法。这也是为什么我们反对认为新出现的事物是"全新"的说法。有意识的精神状态与无意识的精神状态显然不同，但并非全然不同；我们也没有理由认为，无意识精神状态与更为原始的以一种更为内在化的认识世界的方式是决然不同的。

3. 波普尔说，"我们不应该把内在状态、精神状态或意识状态归为原子的特性"，因为它们没有记忆，甚至连无意识的记忆也没有。波普尔的观点是，"意识和任何形式的知觉，都与以前的某个构成成分有关联"。因此，记忆的缺乏正是意识不存在的明证。

这一论证对于否认原子拥有意识确实有很强的说服力，我们也认为原子是没有意识的。但对于该说法是如何驳斥"内在状态（inside states），这一点却不明确。它似乎只说明如果没有记忆，则内在状态就不是有意识的。我们对"内在状态"的说法不以为然，但我们坚信原子事件与原子事件之间是有内在

联系的，而且在第三章中就已经提出了证据。我们并不假定内在联系一定需要记忆；但我们相信内在联系在所有事件中都存在，而且为所有事物提供内在的连续性。我们不认为波普尔的论证与此相左。

索普对"万有精神论"比波普尔态度更为开放一些。他承认"假设终极物理微粒中存在精神元素轻而易举"，但他仍反对如此。关于"万有精神论"，他所不能接受的是：他看不到"对其进行科学调研的可能性"。要不是大卫·博姆（David Bohm）的杰出成就，我们也会对所有的个体都同时既是主体也是客体的说法的科学性有所怀疑。大卫·博姆写道："我们现有的物理理论是日新月异的，现在的一些基于测量和度量的观念可能会被基于秩序的新观念所取代。"他认为，这些新观念会更比现有的物理学概念中所涉及的秩序的概念更为深刻和根本。简单化的机械生物学观点是依赖这样的假设的：即终极微粒只有机械特性。"因此，"博姆认为，"对生物学而言意义重大的问题是：物理学的基本定律是否其实是机械性的。"这里，这位物理学家言明了自己的立场，即如果物理学以一种非机械性的观点来看待主体的话，对生物学而言有着重大意义。博姆说："当物理学于机械论渐行渐远的时候，生物学和心理学却与之日益的向彼此靠近——这似乎有些奇怪。如果这样的趋势得以延续，科学家们就可能将生命体和智慧生物看作是机械的，而非生命体则过于复杂和微妙而难以归类于有限的机械类目中。"但就像博姆指出的那样，这样的观点经不起严谨的分析，因为生物学家们所研究的生命有机分子是由电子、质子和其他微粒构成的，它们也可能有机械概念所不能解释的行为方式。

在博姆看来，我们所知的科学描述了事物的客观、外在或者他所谓的显性的世界秩序。而该科学未能洞察的是这种显性秩序所依赖的他所谓的隐性秩序——事物的内在特性。物理学中的一个例子便是电视接收器上的视觉形象：在有秩序的视觉形象上看起来相近的点未必在辐射波中也相近。辐射波是以一种隐性的秩序来传播视觉形象的。而接收器的功能是将这种秩序明确化，也就是说，使其以视觉形象的形式展现出来。

一般而言，物理学定律主要是指明确的、可以以笛卡尔坐标系来详尽描述的秩序。博姆提出，物理学的主要重心应该转移到隐性秩序上来。这其中的逻辑在于，显性秩序只有参照隐性秩序才能被真正理解。自笛卡尔开始，人们已经无视隐性秩序，并认为显性秩序就完全足够了。从电子和原子的角度来理解物理学便是以显性秩序来理解；这使得隐性秩序被隐藏，而显性秩序得以体现。而且电子和原子的部分隐性秩序正体现了它们的主体特征。

哪怕这种观点的科学优越性可能比我们所预料的小，其哲学优越性依然存在。哈茨霍恩提出了七大优越性。它们是：

我们摆脱了"纯粹物质"如何产生生命和思想的问题。取而代之的是：高等级的体验是如何从低等级的体验中发展而来的。

我们还原了事实真相："少生命特征"的物体与生命原始形态之间只存在相对不同，不存在绝对相异。

通过记忆和知觉的所形成的思想来掌握事件之间的因果关系。被记住和察觉的事物与记忆和知觉的体验有着内在的关联；而要避免休谟的苛评，因与果之间也必须有内在的关联。这种事件间的关联性在唯物主义和二元论中都是缺乏的。解释动物的身体和头脑如何相关这一特殊情形的大门已经敞开。为何思想和感觉会影响身体而且反之亦然？这种思想与身体的关系可以被看作是同感一致的。我们与细胞分享感觉和情绪（愉快、苦恼以及其他），而细胞对我们的感情生活也有反作用。

我们解决了在事物的体系内将首要和次要特性统一起来的问题。首要特性便是物理学所描述的时空关系；而次要特性是内在的事件关联。

我们可以描述知觉与行为之间的关系并解释动物行为的根由。当我们要解释动物为何倾向于甜的食物而避免苦的食物，我们可以回应说这是进化为保障物种生存所形成的正常反应，但这是以偏概全的。动物在品尝甜或苦的食物时有自身的体验和喜好。这一主观角度在物理化学观点中是被忽略的。

关于纯物质、纯粹无思想无感情的事物的教条，禁锢了人类可以感知和理

解的事物。但如果在物质自然中也有体验的话，便存在普遍的互相的感知和理解。

体验的进化

如果所有生命有机体既是体验其世界的主体，同时也是人类体验的客体，那么进化最重要的故事还没有写就。在总结本章的过程中，我们使某些进化主观性的推断陷入了危险。

在生态模式中，正如前面已经讨论过的那样，我们认为细胞事件对其所处环境有着主观感知，就像人类一样。从这个角度而言，说细胞"感受"其环境是确切的。毋庸多言，这种感觉相较于人类的感受是很初级的，而且缺乏意识。

在植物中，细胞的组合与相互协调会使个体细胞的这种感觉增强，但没有迹象表明这会使新的体验产生。植物的生命和体验启示就是组成这个整体的细胞的生命和体验。而动物对它们的身体各部分有着更为集中的协调性。感知器官开始并没有那么强的集中协调性；中央神经系统的发育和感知器官的协作将体验上升至一个全新的水平。动物的体验正是这种全新的统一的体验，而某些大脑区域的细胞直接形成这些体验。有知觉的体验的出现是一个全新的跨越，而这一跨越与中央神经系统发育息息相关。

最简单的例子是，对环境的知觉体验会在必要时出现给有机体指引方向。连续的体验之间未必有着太多的关联；但这种联系的确存在且重要性不断增长。然后记忆与期待出现；应运于功能性目的而生的统一体验像所有生命体一样自得其乐；并有兴趣在将来提升这种乐趣。这种体验开始指导身体，但不仅是为了身体本身，还为了这种自我愉悦的统一体验。过去的体验的记忆和对将来的体验的期许更加丰富了这种体验。从某种程度上来说，所有的动物体验都是出于身体需要而影响身体做出使中枢神经受益的行为。大脑越复杂，这种动物的自我愉悦体验就愈发重要。总的来说，这二者并不矛盾，因为对动物身体有益的事物也会使动物产生自我愉悦的统一体验。但动物也会为此冒险。除了

人类，大部分动物体验的功能仍是为身体服务的。

对人类而言却非如此。人类的身体活动很大一部分是于身体利益无关的。当我们坐下来打字的时候，并非是为了身体的舒适、力量、健康或安全。出于人类特有的体验而并非细胞的体验，我们迫使我们的身体容忍某些疲劳和不适。而这并非是人类最近才具备的特性。旧石器时代的人们也为了他们本能的目的而严苛地控制他们的身体。

对此我们还所知甚少，我们的祖先何时发生了这样的转变不得而知。正如所有与人类进化有关的改变一样，这一过程是逐渐的。想来这样的转变离不开发达的大脑，但其结果和表现却落在文化的范畴之中。威尔森曾指出："10万年前出现了一个加速度发展的时期。它主要是文化的进化而非大脑能量的基因进化。大脑已经触及了一个门槛，而大脑之外，一种全新的、神速的精神进化正取而代之。"如果威尔森所言属实，那么这个进化的门槛彼时已经被跨越了。不论怎么说，当统一的人类体验开始以自我愉悦为主要目的，而且依此指挥身体行事，人类就已经到达了这个高度。这种统一人类体验具备时间上的延续性和对身体的支配性，这便是人类的心智所在。

人类心智的出现正是堕落的结果。正如本章前面的内容所论及的那样，这可能是这种上升的堕落中最重要的部分。只要动物体验遵循身体需要，这种和谐性便是不可打破的。只要环境允许，身体可以按照所需和所想而行动；但人类的心智却可以指导其身体按照基因程序以外的方式而行动，这些行为可能是危险的或不合适的。然而以前，身体的自发的表达只受到外力的影响；现在却能够从内部对之进行约束。人类心智为生命体世界引入了基本的"不－舒服"或"不－和谐"的概念。然而，这却让更为丰富的体验成为可能。

威尔森所提及的文化进化涉及到工具和武器。但比手工制品的发展更为重要的是，这使得人们思考行为的意义。牧羊人强调通过祈祷和仪式表现尊重，虽然这是与杀戮和饕餮同时发生的。杜布赞斯基就指出，尼安德特人埋葬死者的仪式便是我们对死亡认知的第一个证据，从而也是对自我的认知。随着心智

的出现，宗教也应运而生——人们的所作所为需要某些解释。仪式为神话的出现铺平了道路，而神话反之则促成了更为繁复的仪式。仪式的意义并非如现代科学所解释的，而更像是对于我们梦境掌控。也许它们表达了结构主义者所谓的思想深层结构。对世界的体验被融入了这些意义之中。在这些仪式所需要表达的意义与身体所表达出来的倾向之间也许存在着某种张力，但精神生命是完整一体的。

人类心智与农业进化和城市兴起一起跨越了另一个门槛。我们已经指出，跨出这一步是有着惨痛代价的，而且这一代价的分部并不均匀。这一新门槛正是理性作为精神生活的重要一环的出现。运河的水流必须受控制，土地必须被勘测，复杂建筑工程开始被承建——这一切都需要社会组织和计划。这并非是智力的进步——石器时代的猎人与埃及的建筑设计师同样聪明；这是智力的新运用。它涉及职业的出现，并为科学和哲学的出现铺就了道路。

跨越这一门槛同样也有痛苦和损失。精神过去的完整性消失了；新的理性结构与传承下来的根植于体验的非意识层面的神话结构格格不入。这些神话结构仍旧为生命提供许多意义，因此，精神在意义的前理性根源与生命的各个发展环节的（segments of life）理性秩序之间饱受折磨。这一分歧从未被统一过。宗教、政治和许多寻常生命都是以旧的意义的结构为基础的；而一些人的存在却从中偏离了。旧石器时代的精神统一性被粉碎了。

从公元前1000年到公元元年间，又一个门槛被跨越了——又一次上升的堕落。在这个阶段的中期，中国、印度、波斯、希腊和以色列都独立涌现了精神导师，他们表达并倡导了全新的精神发展。完整的自我意识出现了。

从理性角度出发，这些精神导师攻击了建立在旧的意义体系之上的宗教和政治，并提出了新的存在秩序。因此出现了所谓"理性宗教"。这些新方式各不相同，它们成为我们现在所知的祆教、耆那教、佛教、希腊哲学、儒家学说、道教、印度教和后来分支为基督教等宗教的传统根源。不仅如此，还有很多其他宗教都在历史中遗失了。在此之前，宗教是一种统一社团的力量。随着

这些新方式的出现，信仰成为可决定和可选择的东西，它开始进行分化。个人信仰可以与社会的要求和期许相左。从信仰出发，可以对社会秩序进行批判甚至抗拒。统一性和完整性很大程度上被破坏了，但对信仰者而言，却出现了前所未有的体验的可能。在这次堕落中，运动其实也是向上的。

对于奠基者们提出的这些新方式，人们违背多于遵从。然而，在超过2000年的时间里，他们为文明世界提供了行为准则和坐标。尽管许多人没有响应，但他们中的大部分也意识到了这种召唤。而这本身就对生命有所意味和引导。

在过去的两个世纪，这一情况已经发生了变化。世界上越来越多的知识分子和文化先驱放弃了从这些方式中寻求指导和方向。他们转向了科学、哲学、艺术、心理学，甚至毒品。或者他们全然否定了指导的必要性。而在对这些方式还感兴趣的地方，东方人转向西方寻找灵感，而西方人转向东方。这些古老的方式还远远谈不上已经消亡，但却震荡不安。这种震荡可能就是我们所知的文明的垂死挣扎。有的人对此持欢迎态度，希望这将引向一个更为完整的、前文明存在的复兴。现在的宗教动荡也可能是一个进步，在这一动荡中，所有这些方式的成就受科学的启蒙和影响，可以成为一个统一的令人信服的综合体。也许这一新信仰可以为我们提供信念和前景，为我们的智力生活和与自然关系中所需的极端改变做好准备。

我们相信某些传统方式，呈现了有能力再次变革成为世界所需的新视野的迹象，而这一新视野正是世界所急需的。这是否会发生，或是否会及时发生，没人能够预见。

小结

人文学者和科学家都曾鼓吹人类与宇宙其他部分之间的存在着鸿沟。科学家们是通过把宇宙的其他部分描述为机械化的客体而做到这一点的；而人文学者则是通过强调人类心智和精神的极端独特性而做到这一点的。结果便是二元化思维的广为泛滥。

如果实际上仅仅是机械性的或仅仅是客体化的，那么对二元论体系来说便是一个重大打击；这一体系本来就因对于连贯性问题思考所产生的质疑而摇摇欲坠。我们的目的是一鼓作气，再次猛击。我们提出生态学模式应被应用于人类以及其他一切事物。诚然，只有当人类以其最为直接和切身的体验来说明和描述这一模式的时候，才可能彻底掌握生态模式的内容。争论的焦点并不在于对非人类世界的理解可以提供理解人类体验的方式；而在于非人类世界只能通过人类最直观的体验才得以恰切的理解。

不管怎么说，意识到人类与自然的其他部分所具有的延续性对让人类的自我理解颇有影响。有的人希望就我们与其他动物的相似性进行总结，但远超现有证据所能证明的范畴。但是超越性活动，尽管在所有生物中均存在，却是人类显著的特性；显著到说明人类不仅是生物学的产物，更是文化的产物。无论怎样，人类是受其基因局限的，任何关于基因遗传对塑造性情和行为的影响的争论都应该予以考察。

在当代，争论的焦点在于人类的侵略性。它到底是来自文化的浸淫还是生理的天性？这一争论的所产生的结果将对关于人类未来的可能性的不同观点产生重大的影响。这一争论与基督教神学论中的辩论有着某种相似性：某些人注重个人自由，某些人则强调原始罪恶。前者常期望文化的进步能使毁灭性冲突锐减；后者则认为社会应当自我制约来限制任何社会等级中的冲突。针对当代社会生态学的所展开的猛烈攻击，源于人们担心接受该理论会使一个真正公正自由的社会成为不可能。

这一问题尤难解决。一方面，社会生态学的断言或暗示远远超过了证据所能承载的范围。文化转型的可能性比强调基因决定性或强调原罪所认可的可能性要大得多；另一方面，只有那些对侵略倾向产生的能量谨慎考量的人才能成就真实的社会变革。人类是超验的生物，但他们深受所超越的事物的制约。同时，超越的行为常常伴随着失落。我们已经指出了在"上升的堕落"中人类自我形象变化的模糊性，也简明地指出了这一形象如何可被用于佐证人类如何发

展到如今所处的危险境地。

　　人类与自然的延续性也对我们对于动物的理解产生影响。本章也提出，对人类经验的某些概括看起来是合理和恰切的。接受这些观点并以此为参考的生物学将得到充实，并从自我桎梏的条条框框中解放出来。这种从人类经验中概括出来的范畴甚至对物理学也有所裨益。

　　然而，对非人类事物的观念的转变有着超越科学研究的影响。人类对待其他生命体的方式在此以前一直由假定的不连贯性所支配。如若在人类经验与其他动物经验之间存在连贯性，在他们的关系中应该有所反应。随之，一种考虑到了其他生命体的主体性和客体性的行为准则应当应运而生。这将在下一章进行详述。

在人与动物之间、在鲜花与各种造物之间本来就存在着一种道德关联样式。但是，到目前为止，人们很少为此感到忧虑，不过人们终将明白人类何以需要为自身的道德系统补充内涵。看来，人为自身立法无疑已成为文化的第一项义务——所有物种都有其起源，然而人类精神的立法者们却宁愿忽视其他物种的生存权利，人类首先就把自己看成了文明的主体。而人类与日俱增的文明与进步也都在强化人类自身的生存。但是，人类必须将文明指向自然。在这一维度上，任何事物都有其生命价值。

——维克多·雨果

第五章 | 一种生命伦理

任何一种关于实在的观点都有其伦理学上的含义，而且因为在前面的章节里已经布陈了若干区别于传统伦理学的生命伦理学观点，而我们关于伦理学的理解也需要一种调整与转变。而且，与此同时，很有必要就如下观点作一个职业性质的判断，这一观点认为：伦理学不过是某种与过去形式关联在一起的特殊教育因而已经过时。

接下来的章节将论证生命的可持续的生态形式如何最终取决于事件。在这一分析模式下，主体或经验都归结为事件。因为经验总是要表现出价值，而事件则有其自身的价值。所有的事情，无论因其自身还是因其生成的部分，都有其自身的价值。这一观点并不是与既有的人类中心主义伦理学传统相调和。本章第二节将进一步讨论这一问题。

当内在价值被用来赋予事物而不只是人类时，将会出现一个强烈的取向，即认为所有事物都有无限的价值。例如，阿尔伯特·施威茨在《敬畏生命》中就认同这样一个观点，即在可能避免的情况下任何一个事情都不应该被终止其生命。这一观点在本章中将受到批评。与认为任何一种生命都具有内在而绝对的价值有别，我们否定任何有限的事物都有其无限价值。这意味着我们将放弃伦理学上的绝对主义者立场，这一点在本章第三节论及动物权利时还会有所涉猎。

放弃绝对主义伦理学的立场，在形式上要求澄清，以便在伦理学领域能够令人充满敬意地谈论关于人类权利之类问题。这是第四节要讨论的主题。在个体性的种生存权得到理论上的确证之后，在最后一节里，我们将对人类之外的所有生命的更为复杂的问题展开讨论。

为什么是一种伦理学

当就关于世界性的饥饿问题与一些高中生交谈的时候，我们经常发现，某些同学总会断言，除非必须同自然法则作对，最合理的幸存方法就是让一些落后的人种挨饿。在前一章，我们已经分析过，事实上并不只是高年级中学生才持这类物种进化论观点。达尔文主义的代表人物赫胥黎就相信，弱肉强食不过是人类社会再自然不过的丛林法则，不过他看来并不希望把这一法则移挪到自然世界中去。在他的罗梅勒斯（Romanes）讲演中，即检讨了生态学革命的方向并主张提升人类价值。由此我们得到警示，不能从进化论中很轻易地获取伦理学的结论。

在前一章关于我们现在或将来的遗传性因素的那些讨论，尤其值得在伦理

学意义上进行再反思。然而，事实上，大多数关键性参与者在关于人类事务的问题上都是怀疑主义者，其中阿德勒（Ardrey）表达了一种听起来近乎苛刻而不近情理的想法。

"在人类舞台上，良心作为一种指导性的力量只是作为一种很小的可能性在发挥作用，以至于它几乎同时设定了一种接近于坏蛋的角色。"

"良心直接卷进了友善——过去是用来描述我们灵长目动物的习性的。但不同于文明的是，它已经扮演了一种可以抑制人类自身掠夺本性的力量，并被替代为作为其首要同盟军的征服者。如果人类要在当代困境中幸存下来，那么人类的行为能力将只会不顾、而不是因为所谓动物科学的狭隘力量。"

引证阿德勒的话并不是要冲淡本章要谈论的主题。这一主题本不需要显现为阿德勒所区分出来的良心，关键的问题在于澄清。在阿德勒看来，文明的力量必须受到重视，他也相信并希望：理性的运用将有足够的力量影响人类事务。

通过伦理学我们懂得了这样一种运用规则。我们不妨先引证舍帕德（Shepard）的批评：

在伦理学意义上，自从文明开始了无边无际的战争、专政与残暴以来，一套反对奴役、折磨以及杀戮的话语也同时形成，并形成了一套关于正义的伦理学。根本没有证据表明罪恶、兽行或屠杀已经消除，人类也没有确立起关于这类问题的伦理学及其合法性。如果人类行为不能通过这种伦理学而获得益处并且进一步体现为某种宗教式的意愿，那么，什么样的理性能够支持有关动物保护的伦理学呢？人类理念在野生世界的伸展看来只是导致伤害，因为在它看来动物之间的行为及其相互关系本身就充满着无限的残暴性，而人类也在努力阻止动物世界的残暴行为。吮吸母血、嗜腐食仔、弱肉强食、自相残杀，由此导致动物世界的高死亡率。所有这样甚至更大程度的残酷，都使得人类加强制止动物世界的残暴，如同防止狗吃猫，也如防止人吃狗。

舍帕德的首要观点、即关于伦理学无能的观点看来是有些过头了。因为好的社会或者不好的社会的确会因为伦理教养的不同而区分开来。不过伦理教养

对社会的影响有时候会被夸大，这一点舍帕德显然是对的。他的第二个观点对于本章所讨论的论题具有直接的意义。在前一章所讲的那种伦理学的成长将要超过通常所说的"人类理念"，就是说，关于道德责任的原则要超过人类交往范围，并延伸到人与动物的交往关系。在指出人类理性容易导致悲剧方面，舍帕德是对的，但人类的理性在自我反思方面确实又比他所设想的要理智得多。在这个意义上，仅仅提供糟糕的规则其实是危险的，因为这可能只是从情感上鼓动起了一种极少数个体幸存下来的热情，但与此同时却忽视了整体的真正的生存需要。但这恰好遇到了一种坏的伦理学以至于我们必须对伦理学本身进行反思。对那些我们已能看到其错误的实践家们而言，要求放弃其伦理学规则显然是不明智的。

最好是争取更多的论阈。问题在于当某人为这一论阈而争论时，他自己就会深深地陷于论域之中而不能自拔。伦理学的篇章的焦点必然集中于权力与义务，这一引起关注的问题显然又是被一种把动物看成是主体的观点所左右。但这仍然只是生物生态学模式的一个方面。另一方面是所有事物之间存在的深生态的关联与互渗作用。这在伦理学的传统论阈内是难以得到理解的。这样一种生态学的视野将在以后四章中越来越突出。

在洞察力方面，无论与阿德勒还是舍帕德相比，洛伦兹都要更加冷静和富于张力。是的，他也注意到，来自于一个更加富有责任感的动物其行动的脆弱性要超过那些处于颓势的动物种群。强势的人类实际上从处于退化状态的自然世界中获得了一种社会性的活动方式，因此，人类"有巨大的道德能力进行考量，即使是在其日常生活中，人也要不断地运用其道德力量，以便于抑制其在自然方面的退化，从而显示其普通的社会行为。但万一出现额外的压力，也很容易破解这种能力。"

洛伦兹是对的。鼓动人类通过行动克服其退化，比呼吁他们重视道德义务更好。这实际上本身就是舍帕德的观点。这两人都知道，人类更易于受到对他们自己更有益处的信仰的影响，更易于受到能确定什么是真的和适合的感觉的

影响，也更易于受到他们自己感性的影响，相比之下，来自于伦理上诉求的影响就要小得多。绝大多数语言与伦理学的反思模式都属于感性，这种感性兴起于过去的人类中心主义与理性主义，从中人类能够自由地参与自然界的生活。而争论也就产生了。人们原本要试图修正传统的伦理教养、伦理法则以及经济实践方式，但现在我们却都必须要适应新的框架。从这点上看，无论本书的某些部分会被认为有用与否，本章的伦理分析都应被看成是防御性的。

这样一种评论显然也是事实。所谓计划没有变化快。只要动物的权力被显示出较人类更有价值，就几乎一定要让位于实践。其他的动物将会受到重视，只是因为他们拥有一种独特的经验类型，并且连同人类一起也将卷入一种变化，在那里人类自身的经验类型也被看成是独特的。

更有甚者，这两项任务时常以对立面的形式出现。在感性意义上的变异不能被看成是合法的，但他们却被合法性所鼓动。如果没有联邦法要求在行为上改变，那么美国黑人在实际的经验中也不会那样多地受到南方白人的改变。环境影响方面的合法要求促进了事物间的新的互渗形式，就是那些纪录下这一变化的人们也都宁愿安静些。如果因为鲸的原因我们推迟政治的或者法律的行动直到一种新的感性全球性地成长起来，那就将没有任何鲸能够继续成活。即使他们能找到一种意识方式，通过它人们能获得一种深切的直觉与感性，其影响也会同样，因为理念在其行动上的表现本身就会处于某种理性的防御状态。

在那些批评家之外，洛伦兹意识到伦理学有其自身特定的场合。但他看来也离开了伦理学的中心，因为像其他人一样，他把自己置于一种旁观者的视角。这样一个视角会提出这样一些问题：什么东西事实上促动人们去行动？而且究竟是什么样的行动促成了行动？这些人还会问：在社会中道德发言者担当什么样的角色？他们为人类而行动，这到底是受遗传学因素影响还是受环境因素影响？是受自然因素还是受人为因素影响？这些人为这类问题争论不休。但他们并不倾向于让个体道德自由受上述两个因素中的任何一方所左右。这样一来，他们事实上并没有提出问题。一旦给出有关自身的问题，那就要关心，我

作为一个个体应该做什么？人们确实会问这样的问题，而且，在我们的人生观里，也没有一个现成答案驱使我们为了将来而现在就少做一些。事实上，当我们看到事物本身处于其新的存在方式时，我们本身就被弄糊涂了。我们想做出更多更恰当的改变，但我们并不知道事物究竟是什么。我们所缺的并不是退化而是引导。在这样一种情况下，伦理学规则并不只是与个体有关，而且更有甚者，是与立法者有关。这看来比伦理学本身还要常规性地影响着人们的现实生活。依据我们的判断，我们今天就处于这种情形。

最近，沃丁顿比任何其他生态学家再次注意到关于伦理学的演进关系，他通过分析文化发展的自然进程，认为伦理学的演进对于人类社会的演进更加有效。他认为伦理学上的信仰在文化演进中扮演着一种具有承载意义的本质性的角色。"不仅人类的价值得以显现，而我还要声明，人类演进模式特别基于信息的社会性遗传变迁，它本质地要求存在，并且，作为机械主义的一部分功能，有些方面还必然存在着伦理信仰上的特征。"他进一步指出："生命的总的进化仍然被简单地看成是经验的丰富性。"本章将致力于对相关的伦理学信念给予恰当的澄清，我确信，我们的目的是使所谓"经验的丰富性"的说法更有价值。我们也相信，生命的总的进化将会朝向一个更具有人性价值的方向，因为生命本身就是生存。获得更丰富的经验就是要更好地生活。

超越人类中心主义的伦理学

就在一场世界范围的环境危机激起了人们对地球生命物的关注时，阿尔多·列奥波尔德预料到了一种他称之为关怀伦理学革命的需要。这种需要源于古希腊奥德塞的故事，当奥德塞从特洛伊战场回来时，他吊死了数十个女奴，他认为在他外出期间这些女奴全都做出了背叛他的举动。

"吊死女奴并没有什么不正当，因为这些女奴都属于私有财产。在那里财产的处理，正如现在的诸多一时权宜之事一样，本来就谈不上是对还是错。对或错的标准从奥德塞的角度也不缺乏，但都与他杀奴无关。当时，伦理关系结

构包括妻子，但还没有涉及到人的动产。从那以后的3000年里，伦理学标准已经延伸到人类行动的许多领域，而且先前诸多权宜之事也不断进入伦理学讨论的范围。

"伦理学的拓展，到现在为止还只是在哲学家们的视域内，不过在这一视域内，实际上也包含着一种生态学革命的过程。其后果可以描述为生物学的和哲学性质的。一种伦理，从生物学意义上说正是生存竞争中某物自由活动的边界，而从哲学意义上讲则是从反社会控制而来的社会区别。这是一种事物的两种定义。事物都有其起源，且在其独立的方向上诸个体和社区能够相互依存和协作，生物学家称作共生。人类精心制作的高级的共生状态则是政治学与经济学。像他们简单的生物学同伴一样，他们使各个个体或群体中规中矩、相互为用。在此，他们首要的标尺倒成了权宜之物。

"在一定的复杂的交往范围内，人类共同体发现权宜性的规则及尺度不再是充分的。一对一而言总会涉及甚至强制性地卷入一套伦理学规则系统，而首要的伦理则是处理个体间的关系。《摩西十诫》就是如此：基督教试图综合个体、社会以及民主成为一种社会性的和个体性的有机系统。

"没有伦理学用来解决人对大地自然以及非人类的动植物。大地自然，像奥德赛里面的女奴一样，仍然是作为财产看待的。人与大地自然的关系仍然被严格地限定于经济领域，这一关系承担的是特权，而不是义务。

"如果我们正确地理解进化的话，从这第三个关于人类环境的要素中我们可以看到，伦理学的拓展应当是一种生态学上的可能性。就是说，伦理学应当从先前那种只着眼于个体间或者社会性的关系拓展到人与自然万物的关系。这是伦理学发展的必要后果。前两个领域的伦理学已经实现了。有教养的人深切的注意到，建立环境伦理学是必需的。例如，文明人关于对与错的感觉可能正是由于某种深深的衰渎感所唤起，这种衰渎感是由于对诸如世界上正在发生的大饥馑的恻隐之心所引起。个体性思想家，自从以赛亚书以来，就已经断定环境破坏不只是经济上是否廉价的问题，而且本身就是错误的行为，但社会看来

并没有能够确立起相应的关于环境保护的信念。因此我认为我们现在开展的这些环境保护运动只不过是这种重大伦理学革命的一个前奏而已。"

早在西方历史文化中，我们就获得了一种认知，事物的价值不只是它们对人类的价值，还有对超越者的价值。在创世纪的说法中，超越者在事物生成之前就发现了善，并且善的发现先于亚当的创造。耶稣神人关心麻雀甚至草地。如果一个人合值于很多麻雀而不只是一只麻雀，那么价值就不再是零。但基督教传统并不是建立在上面这一确证性的因素之上的。奥古斯丁认为因为兽类缺乏理性，人类就不需要把自己与兽类的存活联系在一起。这也正是兽类没有权利的原因。帕斯莫（Passmore）在《善待动物》认为，在我们人类对待动物的有趣的历史中，罗马天主教会实行的对待动物的教化实际上是从托马斯·阿奎那那里得来的。我们不对动物义务，正如超越者已经给了我们完全的自治权一样。然而，动物能感受到疼痛，人类也会对它们的疼痛心怀同情。事实上，阿奎那就说，一个对动物怀有同情心的人总会对他的同类怀有更多的同情。卡迪勒尔·纽门(Cardinal Newman)在《基督教百科全书》中反复强调这一观点："我们可以利用动物，我们可以按照我们的喜乐杀戮它们，但这并不是某种失控的喜乐，因为它仍然还是为了我们自己的归宿、利益或志趣，这些要素构成了我们理性生活的基本考量。"而且，19世纪晚期，当问到是否有必要建立一种社团以预防虐待动物的行为时，教皇庇护六世回答，那样一种目的的社团在罗马是不会得到支持的。叔本华抱怨道："基督教所设定的是关于人与动物世界之间的非自然的区别，但人真正说来是属于动物世界的。基督教把人设定为最重要的，而把动物仅仅只是设定为一般物。在把人限定在一定概念框架内的时候，特别是在拒绝给整个动物世界提供权利基础时，基督教事实上包含了巨大的并且也是本质性的缺点。"幸运的是，这并不是整个的故事。4世纪时君士坦丁堡大主教克雷索斯托认定基督徒会把他们的文明传播给动物世界。圣·弗朗西斯是基督徒自然之爱的最典型的例子。然而，恰如帕斯莫所指出的，这种情况并不全是清晰的，因为从圣徒而来的形象在各种编年史中是各个不同

的。而且，在我们自己的时代，无数关于动物权利的社团正不断形成，这些社团有些正是由教会建立的，比如，英国的一些动物保护团体即是由天主教学术界一些关心动物福利的人士建立起来的，美国是国家天主教因为建立起关于动物权利的协会，从而赢得了很高的声誉和地位。

把动物看成是主体而不是客体，在人类中心主义传统中也有异质的反映。例如，边沁与密尔就相信，动物也有一种经验性的快乐与疼痛，快乐也应被看成是动物的内在价值。他们甚至认为，把动物从伦理关怀中排除出去是不妥当的。不过，尽管他们认识到了这一点，但在他们的功利主义的理论体系中却无法理论性地解决上述矛盾。作为文化的必然结果，对动物的人性化保护运动赢得了广泛的支持，但同时也被看成是一种现代文化的过分的奢侈，尽管这场运动对社会生活结构已经发挥了功能性的影响。

在东方，有关动物关怀的思想被许多宗教所涵盖。比如，卫持神教义就包含许多关于人类善待奶牛与诸如狗等家养动物的教规。苦行僧们甚至要求不许有任何杀生现象发生。在印度，千禧年是印度教与佛教共有的拯救所有生灵的时间。琐罗亚斯德拜火教则被看成是对动物持相当的同情心。

阿尔伯特·施威泽（Albert Schweitzer）仍然是西方一位20世纪的伟大思想家，他极其严肃地思考了所有动物的价值。对他而言，"伦理学应当无限地向所有的动物的生命及其责任开放"。他对生命的敬畏深深地融入他自己的生命，也感人至深，但看来并没有对实践伦理层面产生应有的引导与反响。事实上，施威泽有意地反对这样一种评价，在他看来，这种评价因其差异性本身就有可能直接误导实践行为。他说道："意在将所有生命存在物做出一种普遍有效的区别的价值判断，就在这一判断或多或少地与我们人类拉开距离时，它就终结了，因为我们只是做出了我们自己的判断，但这显然还只是纯粹主观的标准。在我们中间有谁知道任何其他动物的生命意义而且也构成了这一世界的一部分？人是真正伦理性的……但他只是在把其他动物拉到跟前时才形成的区分，如果要真正做到这一点，人就应该做到这一点，比如，如果有必要，当他

在两种生命的存在之间作出决断时他能够选择牺牲自己以便保护别的生命！"在物种之间的价值判断应有一种主体性的要素，对人类而言这种判断大概时常要扮演一种别扭的角色。但这不会得出这样一种结论，即任何一种普遍化都是不可能的，或者如果人类形成这种特别的区分以后，人类将显示出极大的智慧。事实上，施威泽自己的特别决断远没有展现出这样的智慧，而是反映出了一种反对食肉动物存在的偏见，一种对于农场摆脱动物囚禁状况的合理要求的敏感，在他看来，人类的这些实践行为正是人类对动物所犯下的恶行。一种敬畏生命的充分的伦理学也要足够地考虑到施威泽所拒绝考虑的要素。

由于敬畏生命的伦理学的缺席，在现代思想中影响最大的伦理学视界仍然是功利主义以及康德的范畴伦理学。功利主义教导说，我们都应当最大化地追求利益，而每个人的利益都是可以加以平等对待的，别无其他。在其经典形式中，快乐也被看成是善的尺度，但这在理论上是次要性的，更多中性的要素如满意，际遇以及希望等等，则同样应得到考虑。

康德主义者拒绝功利主义，因为他判定行为是依据推论而不是依据指导它们的原则。在功利主义看来，撒谎、偷盗以及杀人经常被判定为更有希望导向更大程度的善，相对而言，仅仅抑制这类行动的发生倒可能堵住了善。康德主义者看来是放弃了严格的道德。生命是由原则引导的。这些原则是行为的规范，通过这些规范一个人可以具有更大的普遍性。人们不可能使说谎普遍化，因此说谎总是错的，但在另一个意义上康德主义者也接受或强化功利主义在人类存在上的焦点，因为每一个人类个体总是愿意把自己看成是目的，很少有人把自己看成是手段的。

近代经济学正是建基于类似假定之上的，它假定了一个客体性的基础，以便确定任何整体的价值。这里，整体即值得某个人可以赎买的东西。人类在这种情形下，人类被认定为无价值，因为他们是价值的确定者，价值就是对人类有用的属性。而一只狗的价值就在于它满足了某些人的需要。

虽然如此，人们提供的伦理学以及诸如经济学、政治学等理论还标志着一

种历史上的重大进步。在我们丰富的历史中，即使不是绝大多数的情况，但当一些人的存在对另一些人有用处并且也的确重要时，人类经常还是被认定为有价值。奴隶制就是十分典型的表现，但即使超出奴隶制之外，也还存在着一个社会中大多数人为极少数人提供财富、力量等价值的情形，但对他们自己而言这绝不是目的。问题是这种情况在今天仍然还是普遍的，无论是在实践或理论方面对每一位个体自身的价值的认知，人类中心主义伦理学仍然还发挥着十分重要的作用。

由于这一视界在今天仍然还有积极意义，故我们还有必要再作一些探讨，特别是把握其功能性的边界。无论如何，构造一种适合于当代人类及其自然生存状态的新伦理学，的确是时候了。新伦理学能够较好地用来处理我们所面临的问题。在这方面，人类中心主义伦理学乏善可陈。人类中心主义关于西方伦理学的偏见本身反映了一套陈式化的理路，而这一理路竟被看成是环境保护的标准。1979年，哥德弗雷·史密斯（Godfrey Smith）将这一套理路分列为如下四种论据：地下室式的论据（即贮存起来用以保存机体有用性的论据）、实验室式的论据（即用于实验性的探讨的论据）、体育馆式的论据（即用于休闲的论据）和教堂式的论据（即美学上的快感的论据）。所有这些论据的目的都在于为自然负责，因为自然可以为我们所用。

如果主体被限制在人类的范围内，如果所有其他的生命其存在都只是人类认识和使用的客体，那么人类中心主义伦理学以及经济学应当是符合现实的。但这样一种视角简直无法跟上我们关于生命的认知，我们自己其实也只是生命的一种形式。我们在一个关于主体的社区范围内是主体，但当这个社区被看成是客体时我们同时也是客体。如果我们作为主体是有价值的，而且我们的确也有价值，那么每一个赋予其他主体以价值的想法都是合理的。如果我们的价值不仅只是对其他物种有用，也对我们当下的生存愉悦有用，那么同理，这样的价值对其他物种的存在也会有用。

每一种动物都有其自身的目的而不只是为了人类的目的，这一认知推翻了

传统伦理学的理论假设。如果所有动物都有目的，康德的关于目的王国的原理就需要大大地拓展。这就是为什么施威泽一定要确立其敬畏生命原则的原因。当但所有动物都被认定有其自身目的时，那么每种动物都必须得到尊重。这实际上是对康德的否定，因为在这里，所谓目的本身就是手段。新伦理学需要的恰恰是要认识到包括人在内的每种动物的目的与手段。大致说来，功利主义式的计算方式破产了。如果在人类与所有动物之间的尖锐区分也被废除的话，那么所有动物的快感与满足都要求得到考虑。但如果每一种动物都要求如此，比如每一只麻雀都要求享受与人类同等的生存要求的话，那么工具性就只会走到极其荒谬的地步。

大致说来，我们经济学基础的脆弱性完全被暴露出来了。如果每一种动物都被看成是目的，并且这一目的对人类的目的而言又是手段，那么被人类设定的动物的价值就并不是其自身的价值。进一步，非人类的动物也有相互之间的价值。热量对鸟有价值对人类也有价值。迄今为止，大行其道的市场法则恰恰忽视了这些法则对于整个自然界恰恰是不适用它。在一定意义上，我们在关于濒危物种的保护以及鲸的保护方面已经有了认知。但我们还没有开始对经济学的基础进行反省，以至于旁落了自己的直觉。有人或许会提出异议：相对于经济学对人类带来的丰富价值而言，对经济学理论基础进行反省其实是鸡毛蒜皮的事情，但我们不这么看。因为事关人类生存的大事，也与动物的存在休戚相关。阿奎那告诉我们，对于幸存动物越是感到同情的人，他越是备加关注同类的生命。正当的人也应当学会善待野兽。克拉克指出，在18世纪，反对奴隶制的那些人"同样也会反对虐待动物"。看来，恐怕要到我们有了一套能够涵括其他生命物的价值系统时，我们才会对人类自身形成一套切实的评价。

依前述总体性伦理学原理而言，我们应当重视每一个整体，因为其内在价值同时也因为其对其他物种的工具性价值价值，人类对自己也是如此。其内在价值源自于其经验的丰富性，或源自于其所隶属的总体的丰富性。我们以恰当的方式面对整体，这也在其内在价值与工具性价值之间达到了某种平衡。没人

能够提供一套能够界划隶属于不同整体的相关价值的现成计算公式。伦理学生活不是艺术也不是科学，但伦理判断是被基本的观察所确定的，并且我们投入的生活视界正是这样一种观察的一部分。关于伦理判断方面的内涵将通过对于本书前面述及的理解方法的推进，而得到进一步的澄清。

在这一理解中，在所有生存的水准之间存在着一种关联。针对性地说，如果在任何一个地方都存在着内在价值，那么每一个地方都有内在价值。但是，在半原子、原子以及分子水平上能够归属于事件的主体性经验的内在价值，在实践上是如此脆弱，进而在伦理上、目的上都会被轻易地忽略掉。正像石头一样，仅仅聚集事件的价值是容易受到忽视的。石头的内在价值仅仅是分子、原子以及半原子的聚集。进一步说，大多数人类行为的努力是微不足道的。所有这些类型的整体都可能被看成是手段，或者只是被看成是工具性价值。

一个活细胞也可能是由半原子、原子与分子组成的事件结合体，但是在活细胞中，这些水准本身就是结构性地混在一起的，以至于合成性的细胞事件决不意味着只是这些整体的聚合。细胞不是石头，它有一个内在的统一体，而且细胞事件与其周围环境形成了更为丰富的内在关联。这意味着细胞有其隐秘的和内在的经验，且能与我们人类的经验相类比。简言之，它的内在的价值要比其组成要素或者如石头那样的东西丰富得多。如果要在一个完成了的无机物世界与一个有细胞生物世界进行选择，无疑要优先考虑后者。后一个世界的价值是前一个世界无法相比的。因此，细胞的内在价值不再只是取决于其伦理学视界。甚至于，这是一种少有的境况，这时对细胞的透视将隐隐约约地显现出伦理学的关怀，因此，细胞的主要价值还是工具主义的。

植物不再只是细胞的简单聚集。它们是细胞体以极其复杂的方式聚合在一起的结果。植物之内的细胞执行着那些在植物之外的细胞难以执行的功能。无论如何，我们不会把植物的统一体归之于植物细胞的功用。植物的生命是细胞生命组合的结果。植物对人类及其动物界有巨大的工具性价值，但单个的细胞却没有。但其内在的价值则是细胞的价值的总和。我们判定植物，正像组成它

们的细胞一样，首先能够适当地作为手段而看待——但却是呈现人类社会恶行的极其重要的工具！

动物的生命与植物的生命有别，生命经验在那里被提升到一个新的层面。在中枢神经系统进化过程的某些节点上，有意识的感觉，显然有别于无意识的感觉进入到世界之中。这在神经系统的进化中具有质的差别。随着神经系统的日益复杂以及脑器官的发育，我们有足够的理由相信这时已经出现了生命经验的复杂化与智能化。这样，动物，特别是那些具有高度发达的神经系统的动物物种，就不能仅仅只是作为工具而存在了。我们已经成为生命整体以至于也要被看成是目的。它们的生存与享受是重要的，且与人类以及其他生命整体存在的后果无关。依据它们的丰富经验及其能力，我们应当给予它们足够的尊重并有可能使其保持住其经验实现的可能性。简而言之，它们形成了自己的生命主张，而我们必须面向它们的生存而承担责任。

动物的权利

那么我们如何谈论动物的权利呢？一个流行的观点是权利的讨论不能与义务的相关性或契约的相关性分开。就此我们可以讨论，既然总体上说动物不可能与我们签订契约，因此赋予它们权利并不合适。在这种讲话中存在着一个明显的不足，因为大多数的支持者并不把权利归之于人类种族中的成员，即使在人与动物之间能够形成一种相互关系，也是如此。如果不是专门从事这种研究，我们也可能会把"权利"的问题只是看成术语的使用，要知道，那些否定给动物权利的人还是希望以其他方式谈论他们的伦理学主张，而我们正好也是面向他们的希望的。但这种情况还是太少了。总体上看来，否定给予动物权利的观点也被看成是一项承诺，其核心是认定人类对动物没有义务，因此人类可以自由地掠夺动物界，使之成为人类的私人财产，满足人的欢娱，无羁无边。看起来更恰当地倒是坚持这样一种观点：权利的理念不只是为相互间的义务或契约而设。无论义务是否真正可行，对义务的运用看来都是相当自然的。无论

何时，当我说我对某物有一种义务时，就是说，每当我为某物着想而要以一种特定的方式来对待它，即该实体有权利被按照那种方式来对待。这并不意味着我的邻人的钱包有不被偷的权利，因为我不偷钱包的义务完全是从我对我的邻人的义务而得来的。在这种情况下，这恰恰使我的邻人的权利受到质疑。但即使邻人不拒绝，我也不能由此去折磨他的狗，狗有不被折磨的权利。关于这一点林兹（Linzey）已经作了很好的概括："如果A对于B的有一项义务，必然意味着B有一项对应着A的权利。"然而，动物也会在工具意义上满足其他物种的需要。在大多数情况下，它们的工具性价值要比它们的内在价值要多。很多动物都会构成其他动物的食物链。它们也扮演着为植物及土壤维护新陈代谢功能的角色。很多动物都是用以满足人类的需要。让动物为了人的目的而工具化看来并没有错。错的是仅仅只是把它们看成了工具。伦理学、法学以及经济学应当不仅只是考虑动物的作用，还要考虑它们的权利，而这又是与他们的生命经验的丰富性及其潜质分不开的。

正如沃丁顿认识到的，生命经验的丰富性本身是一个残酷性的概念。即使我们努力工作去净化它，我们的成功也不可避免地受局限。它也给我们提供了一种相当具有实践意义的指导。即使我们的证据是间接的，我们也有理由认定海豚具有相当高的交往水准，而且看来彼此之间相当亲密。它们看来具有很深的感情。它们在水族馆里通过听那些复杂的乐曲完成表演，而且它们能够记住几年前听过的曲子。它们看来也具有相当的抽象思维能力。比如，粗牙海豚可以通过训练为鱼类表演一个小品，看起来像是一场答谢表演似的。在几天的训练之后，它们可以以不同的方式跳跃扭曲，逼真地表演先前碰到的各类动物的行为举止，令人过目难忘。所有这些都令人想到一种生动丰富的主体生命，我们没有理由把这样一种生命与金枪鱼或鲨鱼联系起来。

很多讨论人类权利的重要主题都与关于动物权利的讨论不相干。人类个体在相当不同的程度上展现他们生命经验的丰富性及潜质。伦理学的任务就在于彼此互助，以个体性同时也是群体性的方式展现自身生命经验的丰富性及可能

性。但在处理动物时却是毫不相干的。在大多数情况下，很少有人能够积极地想到丰富动物的生命经验。焦点更多放在了防止这类可能阻止生命经验丰富性的行为。减少我们加之于其他动物身上的痛苦及遭遇，看来是完全可能的。

因为痛苦及遭遇是由动物个体承受的，而人类社会也在力图防止残酷对待动物的恶行，人类世代以来都在不断采取行动，以关注单个动物的生存处境。如下这些话即是人类社会令人尊敬的善行的纪录：

非必要地屠戮动物是错的，或者虐待折磨动物也是错的。

放弃为动物提供必要的食物、栖息地是错误的，因为关照动物是人已经接受的责任。

利用动物作为医药、教育技术、商业以及研究用途是错误的，除非有绝对的必要性，除非这种作法不会导致动物的痛苦或受到折磨。

通过维持动物的存活用以满足人类食物需要的做法是错误的，这种做法使得动物无法获得它们正常发育并在自然状态下健康成长的条件，并处于一种痛苦的生存状态。

杀死动物而食之，但此时动物的无意识活动尚未完全停止，这种做法是错误的，使动物终结生命的做法必须充分考虑到它尽可能免受痛苦。

在观赏、豢养以及充作宠物的过程中限制动物的自由，使它们处于种种不舒服的状态是错误的。

让家养动物过多的繁殖并且不管其死活的做法是错误的。

这些警句式的条款将极大地减少由我们人类给动物强加的苦难，动物本来就是作为人类的创造物。亲历过动物园、动物实验室以及屠宰场的那些有感情的人们，他们身临其境，因而能够理解这样一种感情。但大概仍然遭遇着苦难并且苦难正与日俱增的领域还是农场。在那里动物仅仅只是我们人类的工具，动物的工具性价值只是在经济学的意义上被考虑到，这种情况逾演逾烈。哈里森与辛格曾描述过人类对动物界的惨无人道的行为，在今天看来仍然还是见怪不惊。动物不是机器。肉的制造过程不应该完全不考虑动物的苦难感受。西方

传统伦理学在对待动物问题上表现出来的谬见反映了西方对于实在世界的错误认识。这也表明，在我们身上基于极端错误的理念从而形成的所谓教化过程，已经远远抛离了自然主义的感性。

可以对纳维森（Narveson）的绝对公式化，并且明显不入流的关于动物权利的观点提出尖锐的批评。此人认为功利主义法则应当大行其道，如果行为本身存在更多的补偿优势的话，将痛苦施加给动物的做法其实是合法的。他认为增加动物以为肉食来源是应当得到确证的，"人类从每磅动物肉体获得的满足总量，显然要远远超过动物在其痛苦过程中每磅肉体所遭遇到的痛苦总量"。不过纳维森意识到，这样一种计算结果仍会支持农场式行为的减少，并且类似的已经形成的动物保护法则的做法将消除高等动物的经验性。正是在这样一种相对主义的论调中我们要支持人类社会的法则。

人类社会支持的这些法则将要求我们的教育体系、农业领域以及生态环境部门做出主要调整。但也有一些动物权利保护论者认定人类社会不会走得更远。人类社会并没有断言动物有权利活着。这里需要在人类社会与其他动物之间接受一种基本的区分。从人类社会的观点看，如果我们能够接受动物是无意识的、并且只是最小程度地带给它们焦虑的话，人类社会杀死其他动物的做法就是自由的。今天的问题在于我们如何判定杀死其他动物的行为是合法的。如果杀死其他人类种族的做法是错误的，那么在什么意义上杀死单个物种的做法是合适的？这不是种族主义的么？就是说，这不是一种敌视其他物种的非理性的偏见？

动物权利论者中，大多数人直接反对关于人类与动物之间存在一种绝对差别。我们支持这一观点，动物并不只是人类的目的，我们认为动物的权利正被人类普遍侵犯，但我们并不认为在所有动物的权利中只存在生命的权利。那些主张单个动物的权利论者只有一个基本观点，即生命权利应归功于所有同质性智慧物种。他们认为，凭依理性、自由意志以及自我意识这些说法不能成为人类的生命权利之合法性的基础。即使对于那些缺乏这种生命特征的人类我们依

然将赋予他们生命权利的，那么权利本身必然不可能取决于如此易变的特征。也许它本身展现的是这样一种视野，在那里，所有人类，不管具有各式各样的能力，但只要存在着，都注定有权利展现其兴趣。

里根看来特别同意人类自有其生命权利。但他也同时指出，"人类有其平等的自然权利的观点……看来也为动物的平权论提供了一种看似最有道理的评判。"里根实际上认为总是存在这样一种状况，在那里动物可以以道德的理由被杀死，但杀死动物的评判不能与杀死人类的评判相提并论。

这种观点相当有力。它看来也支持一种观点，所有人类，不管其脑部已受到严重损伤乃至已经丧失了人类思维功能，他们都有平等的生命权利。一旦绝对的平权主义被接受，让动物拥有同等的权利就有了极好的理由。但是对我们来说，这个结论似乎揭示出这个前提的模糊性。它似乎要求鲨鱼和海豚享有同等权利，除非仔细定义，蚊子也有与我们儿童同等的生命权利。幸运的是，辛格已做出了一些界定，通过这些界定，我们可以理性地判定我们的遭遇。

我们相信哺乳动物与鸟类的遭遇，进而也可以与其他人类种群的遭遇相类比。这仍然要考虑到，这种类比对象比人类本身所标示的进化尺度要远多少。很明显，当类比对象远离人类的标准时，这一情形会变得更为困难。为了使这一类比的结果更为确切，对于我们所知道的其他生命的样式的知识做一个详细的分析是必要的。如果类比的对象是鱼类、爬行动物与脊椎动物，这一类比就会看起来可信度比较强，与牡蛎这样娇惯的动物一起，类推又显得相当脆弱。关于昆虫的情形则更为困难，而我们或许正处于这样一种当下的知识状态，在这一状态中，我们对昆虫是否有遭受痛苦的能力，都是不可知的。以动物行为到人的行为为据进行类推式的识别是值得称道的。但不幸的是，这一点又与辛格关于任何事物都依赖于它是否有忍耐能力的观点结合在一起。对我们而言，存在不同级别的忍耐能力可以理解，而且，强行给予生物以较高层次的忍耐力而不是立足于其基本的忍耐力，显然更糟糕。我们同意纳维森的观点，即"在忍耐力方面既存在质的不同也存在量的差别"。进一步说，无论一种动物拥有

什么样的兴趣，也无论它因此拥有什么样的权利，我们都不可能从动物的忍耐力中得出某种确定的结论。

如果没有动物生存权利的基础，而且我们也不相信存在这样一种基础，那么人类忍耐力以及人类拥有的兴趣也就不能作为单个人类生命权利的基础。与此同时，这种权利也不能建基于人类与所有其他物种之间的绝对差别之上。因此需要一种新的表述以廓清地平。这样一种表述可以以前面剖析过的观点为前提，即每一个人，正如每种动物一样，既是工具也是目的，且每一种动物都有其内在价值。但这一点不能单独地成为确信生命权利的充分依据。那么，在其他非人类的动物中究竟是怎样一种内在价值并使得它免除屠戮？下面三个要素需要得到考虑：

第一，人类的内在价值更多地取决于现在以及过去的经验，经验是不可能抹杀的。杀戮意味着中止其个人的过去以及现在的建构过程中的那些一步步出现的经验类型。而这样一种杀戮是一种罪恶，因为每一个个体都是独一无二的。因此杀戮的情形出现得越多，越是如此。

第二，人知道他们终将死亡，这是不可逆转的。但是，预知一个完整生命的自然的终结是可取的，要不人总会陷入因生命的流程突然中止而造成的死亡恐惧中。出于生活质量考虑，这种恐惧也应该尽可能地减少。

第三，在绝大多数情况下，杀死一个人，不管是否以一种无痛苦的方式，都是强行要求他遭受苦难。一个人的死亡可以类推到其他人。当任何一个人死亡时我们都会心生伤悲。当死亡在一个人生命的完整处终结时，其家属及朋友的经验总是积极的，而若在其壮年即与死亡不期而遇，则必然会让人嘘唏感叹。

如果这是反对杀死人的原因，那么小鸡的情况如何呢？如果屠戮鸡类的考量归于失败，这是否只是人类中心主义的偏见。看起来并不是这样。我们不妨把讨论置于上述三个关于人的内在价值的要素中来进行。

首先，屠戮小鸡意味着使小鸡的生命体验嘎然而止，小鸡在其自然的生命中还可能拥有一些额外的生命体验。但很明显，这些被杀戮的小鸡的体验与其

他自然活着的小鸡的体验之间的界限是分明的。如果一只鸡的死亡为其他鸡的出生提供了机会，失去的价值在很大程度上就会被那获得价值的主体所弥补，小鸡生命体验的质量与数量也不会变化。在人类情形中，被割断了的未来经验是独一无二的，无法代替。因为是以一种独一无二的个体形式承担着相应的历史意义，而中止个体的生命体验，也就意味着向下一代传播新经验的能力永远丧失了。但在小鸡的例子中，其生命经验的独一无二性则显得无足轻重。

其次，小鸡的生命体验的品质并不会全面地受到它对死亡预见的影响。它大概会受到突发的危险的干扰，正如动物保护协会（Humane Society）所呼吁的，使恐惧降到最低限度应当是人类的伦理责任，但一位小鸡护理人员对于老年生活以及死亡预见所受的影响可能同英年因暴力而亡遭受的打击是一样巨大的。

第三，小鸡的确存在着一些"社会化"的体验，它受其群体内的死亡事件所感染，因为这本身意味着生存秩序的改变。但在此类事件的正常发展过程中，一只小鸡的死亡并没有给其他生命个体强加某种苦难。看来对小鸡而言是不存在什么悲伤的。

靠动物生命与人的生命的区别来区分杀死人与屠毙小鸡之间的区别。这种情况与黑猩猩是完全不同的。在黑猩猩中，有一种类似于我们自己的个体性特征以及一种社会关系特征的显露，这一情况导致了对于亡者的悲痛。在这些生物中，什么样的死亡预期是可以被我们所发现的？这种预期在什么程度上影响动物本身的生命品质？我们都不知道。对成年野生动物的捕杀经常导致其后代遭受痛苦。这样，对人间杀戮的关注也必然导致反对对一些动物、特别是野生动物的杀戮。

然而，还是存在一些情况，在那里评判更加困难。动物的权利以及人类的权利经常冲突。那些意识到其他动物的内在价值因而也要求对它们的生命给予关注的人，就会对日本渔民捕捞海豚的行为震惊。世界范围的批评反过来也惊动了日本渔民，这些人原来还不以为然地坚持着他们的人类中心观。对他们而言，海豚不过就是鱼的竞争者。海豚吃掉一条鱼，就意味着渔民减少了一条鱼。

这种自然的人类中心伦理观意味着对海豚的打捞是恰当的。

尽管日本渔民在1979年宣称，海豚让他们在当年减少了200万美元的损失，我们还是要站在对日本渔民的批评一边。他们所捕获的海豚被当作其他动物一样的商品而买掉，这本身就为渔民带来不菲的收入。但尽管如此，经济上的收益并不能裁定这一杀戮行为本身的合法性。

问题在于，是否只要对海豚的存在对于日本渔民的灾害性影响相对较小的时候，支持对于他们的批判就是合法和情愿的呢？当海洋资源不断减少而对它的需求又在不断增加时，如何作出相应的伦理学回应？在这种情况下，人类与海豚之间的生存竞争就显得十分突出了。如果我们基础伦理学的观点仍然是人类中心主义的，如果我们放任我们生活领域的奢侈而置海豚本身的生存于不顾，无疑海豚的数量将会大量减少。

全球实践的当前状况迫使我们做出相应调整，把诸如海豚类的动物看成是我们生存的竞争对手。有害的鲸，如蓝鲸，就应当成为这样一种角色，而作为蓝鲸主要食物的磷虾类，正在广泛地成为人类的食物来源。如果我们感到被这样一种命运所宰制，我们大概会发现转变的动机。这种变化是为了海豚、鲸以及我们自己的后代。感受到这样一种变化不只是感情用事，因为这里呈现的乃是我们与作为我们生命伙伴的自然生命之间的中道性。

无论它用作何种争辩，比如像卡迪莱尔·纽门（Cardinal Newman）所做的那样，最低限度的人类善可以补偿动物的任何一种价值，现在我们断言，实际上人类获得的优势在相当大的程度上是通过动物的遭遇及其牺牲而得到补偿的。人与动物之间维持平衡的优势有多大，那么相应的牺牲其悲剧性就有多大。例如，乙肝病毒疫苗的生产就可能导致人与黑猩猩之间的冲突。黑猩猩，而不是人类，是唯一用以实验疫苗的动物。每一只黑猩猩只能被用来做一次实验。如果疫苗大批量地生产的话，比如，若有1.5亿人口被认为感染了乙肝病毒，那就需要5万只野生的黑猩猩会被捕杀用作疫苗生产者的牺牲品。如果黑猩猩没有被派上这种用途，那就不可能进入疫苗的安全实验，进而也不可能进入

大规模的生产。世界的人口已增长到了40亿而黑猩猩的数量则减少了5万只。既然乙肝并不致命，那么更多的人口就应当找到其他办法以解决问题。

今日非洲国家是否要足够的荒野以保护野生动物物种的生存？这一问题目前已提到了前台。野生动物栖居的土地看来己难以满足非洲日益增长的人口压力。卢旺达就必须在让大象栖居于国家公园以及让国家公园用作农田之间作一种抉择。这种抉择从来都不容易。如果卢旺达的人口持续上升，如果粮食危机持续下去，如果保持大象成为这整个国家的责任，那么我们不得不及时而又不情愿地做出评判：卢旺达应当出于道德地考虑放弃对大象的保护。但恰恰在这里，我们认为，限制人口增长就成为人类自身的亟务，在现代化背景下，如何既能保持大量荒野又能解决粮食短缺问题，将考验人类的想象力。国际社会也应当在一种全球性濒危动物保护的总体框架内给那些贫穷国家提供帮助。

人类的权利

拥有智慧的人类（homo sapiens）是动物的一种，说到人类也就会说到动物。人类既是手段又是目的。更不用说，即使不顾人类与其他动物种类的连续性，也存在着一些大多数人类所缺乏的特征，但比较来说，所有动物则是缺乏人的特征。动物的同一的生命经验在于为肉体服务的，与之相反，人在生命经验上不断丰富，但却总是让肉体服从于其生活目的。这看起来与人类伟大的文明进化实践联系在一起了，个体间的巨大差异以及智力行为方面的新维度由此显现出来。因此，人类是动物的一种，但却不尽然。人类意识已经成为自我意识。因此，人类主要说来是目的，而手段则是次要性的。人类相互之间当然存在相应的工具性价值，并且对于其他动物而言也是如此，只不过以这种工具性价值来对待任何个体的作法都是不可取的。伦理学在强调人类应当以目的对待自己的方面是没有错的。错误在于，人们假装忽视这个事实：人类一直在寻求把彼此的目的当作手段并且试图在目的与手段之间形成一种绝然的区分。人类作为手段，不仅只是为了他人的福祉，也为了其他生命物的福祉。这不是纯粹

的感情用事。因为它是人类的一项义务。只是在人们过分夸大生命创造物的内在价值而失去了评价分寸的时候，看起来才有些感情用事。也只是在人们用远低于人类自身评价尺度的方式进行评价时，它才变成罪恶。显然，人类是在"相互利用"，但经常被忽视的并不是这种利用，而是对这种利用中包含的那些把手段也内在价值化的倾向缺乏敏感。当人们被这样对待时，显然会感到"利用"和开发都是一些令人不快的词藻，也要求说清楚。

在与其他动物打交道的过程中，如果我们初步达到关于某一特殊物种所享有的经验丰富性的大致的衡量标准的话，我们就能做的更好。当然这需要足够的裁定，比如认定海豚的内在价值要比鲨鱼大。很少有实践性的原因来考量一个进一步的问题，即在一个物种的动物与另一个动物的经验价值之间进行比较。然而，对人类而言，在不同经验及其类型之间进行比较是不可避免的。教育、宗教以及精神疗法都假定人类的一些经验类型是相互之间固有的。即使我们大多数人设定了一种经验，这种经验包含了相当数量的、从根本上说就是容忍非经验的经验类型，情况也还不是绝对的。在医院中存在很多人，他们更愿意选择死亡而不是选择一种看起来可以维持他们生命的活法。这一点看起来是毋庸置疑的：一些人类经验较其他动物显示出更多的内在价值。

但这是否意味着一些人是否较其他人拥有更多的价值？没有人怀疑，在获得社会意义上的计算价值方面，一些人总是比另一些人要强，但是在我们熟悉的诸如犹太教、基督教以及其他西方人道主义者的视野内，所有人类都具有同等的内在价值。这种平等性是建基于这样一种观点之上的，这就是所有人类个体的精神与灵魂之间都是不连续的。无论海豚的内在价值如何，如果它从根本上被认识到的话，它的价值也是有限的，但一定会多于比如蚊子的价值，而少于人类的价值，因为人类的价值被看成是无限的。人类的内在价值被认为是无限的（infinite），也是神圣的，而且在这样一种语境中必然是神圣的。简而言之，内在价值的比较问题不会提升到什么程度，因为人类的价值已被赋予了一种绝对性，在那里极少关系能够面向经验，至于构成内在价值的经验的丰富性

以及占有经验丰富性的能力，对于人类来说，两者却都是有限的。

很清楚，没有一个社会是按一种所有个体绝对服从的原则持续地存在着。人类社会的实际状况要远远超过上述情况。不消说，这种深深设定的信仰，在形成一种西方式的态度方面扮演了普世的角色，而在宗教和哲学已浸润其间的西方传统方面也持续地发挥着作用。进一步说，大多数在西方文明中最好的价值都是由它构成的。而很多面对世界上穷人需要的最纯粹的动机，仍然是源于这样一种观点，对于社会的各种平等主义形式的要求所施加的压力也出于此种动机。存在着一种几乎是戒律性的东西反对向上述动机挑战，但这种动机也可能会被某些极端的理论、诸如纳粹所抛弃，然而这种抛弃的结果现实构成了巨大的冲击与破坏正好证明了这种动机的合理性。主题还需要讨论。如果存在很好的理由来支持平等主义观，那就有可能在一个开放的论阈中予以表达。因为已经展现出来的人类生活观，实际上正是与平等主义传统背景及其状况相伴随。对这个主题的讨论显然是题中应有之义。

如果人类内在价值的焦点在人类自身的经验，如果这些经验对人类个体而言又各有不同，那么很清楚，人类的价值也是各不相同的，并且也能够得到清晰明白的表达。不存在一种实体性原因来让人们相信所有人都有等同的内在价值。这意味着什么呢？它本身是否向各种无人性行为的大门开放？显然不是。

从人类状况而来的伦理学首要原理：即尽可能有益于展开人类经验的丰富性。在潜能与现实之间总是存在着一条沟裂。每人都可能因遗传基因的限制而不可能获得全部的经验品质。这部分地是因为文化既有限制人、又有激励人的功能。我们被召唤既要在多种文化环境中开发这种潜能，同时也要发展文化以便人类获得更为个性化的发展。

两类人群需要引起特殊的关注。一类人群是，在其儿童早期发生的事情会持续地影响着他的一生并且特别容易受到社会环境的影响。儿童需要发展其习性与约束，这将对其整个成年有益。另一类人群是，有一类人，这些人虽被一种异文化环境所剥夺但仍然渴望成长，比如，在一种物化环境中，一些人使自

己避免了同化于一种我们现在称之为最小化教育的环境的差别，而社会恰恰归功于那些其行为有助于克服不利状况的人们。

不平等的是人类与生俱来的。每个人都是随独一无二的基因结构来到这个世上的，双胞胎或多胞胎分享着同一个基因结构。在才能方面，注定也是一些人拥有的多，其他人少，分布不均。一些人注定会带着一些基因上的缺陷，并导致在生活上的无能。其他人则注定会因为教育的被剥夺而发育不良。那么，按照这样一种在好坏方面先天禀赋的不同，究竟什么是我们的个体看法？

如果我多多少少是正常的，这并非我自身的努力的结果，有些人需承担巨大的负担，这大概也不是他们的过失造成的。患唐氏综合症（Down's syndrome）的儿童也有可能是我。其他人缺乏的、并且看来也不属于他们过错的事实，对我而言则改变了我已有的特征。如果我对这一人类一致性还存在着任何一种意识的话，那么所有的人都被召唤来分享这种意识。因此，一个共同体中的任何一个成员都有责任帮助那些被剥夺者。这正是正义的重要意味。正义并不要求平等，而是要求我们彼此分担命运。

历史让我们避免的主要危险是这一假定，我们获得的丰富的经验形式是唯一的，或许是最好的一种。最近，很多人或许在历史上的第一时间欣赏到了一种真正的多元主义。现在，这些人知道让东方人去采用西方式的样式获得最高的价值是没有必要的，与此对应，他们倒宁愿欣赏史前经验形式的独一无二的价值。在文化间与文化之内所获得的价值，其不同的水准现在看起来倒不是那么截然不同。这是一项巨大的成就，同时，在识别不同民族的内在价值方面也极有效地减少了风险。在过去，这种识别总是限定于文化、种族以及性等论阈之内。关于价值的终极平等的教条缓冲了有关价值优越性的裁定，但并没有避免掉这方面的话语嘈杂。今天人们可能希望更好的结果，以便从那些可依靠的证据中做出关于价值的裁夺。

断言所有的文化都可以成功地拓展丰富经验的实现，显然是武断的。能够断言的只是：每一种实现方式中的一些价值可能优先于其他价值，而且，没有

人能够实现所有可能的价值。而这本身并不能阻止我们见贤思齐、相互学习，由此转变对文化的理解。

基本上所有的文化都会形成批判性的判断，这些判断使得该共同体内部的一些成员被剥夺成长的机会。对于在成长能力方面有缺陷的群体，并因此被剥夺他们成长的可能性的行为的合法化的现象，人们已做出了相应调整，即使不是全部范围的。结果，在奴隶、农人、妇女、伦理学上的少数群体以及其他阶级等方面，就构成了一种事实上的和经验上的劣势。这种事实上的劣势看来已受到呼吁，并被产生它的实践确定起相应的正当性。现代世界的伦理学律令，是通过提供平等、在某种情况下则是补偿的机会来颠覆这种实践，这些被提供的东西本身就是长期以来被剥夺了的。

平等性在法律形成之前是一种要素性的要求，这种要求又推动了机会平等。作为一种正式的原理，它的运用领域很宽，但甚至在那些它适用于善的信仰的地方，也难以达到平等的目标，除此之外就只能在其他地方获得平等了。贫穷与无知远远不如富裕与尊贵受到法庭的青睐，即使穷人和下层人有所作为，他们也将无奈地发现，法律制度不可避免地喜欢那些有身份的人。没有政治上的平等就没有法律上的平等，但问题在于政治上的平等更难以获得。政治上的平权只是一个开端。不可避免的是，凡是有自由的地方，一定更有一些人比另外一些人更善于利用自由为自己谋利益。只要阶级不平等的情况存在，那些拥有金钱、空闲、并在政治行为方面有足够的经验与势力的人，必定会更多地控制政府组织。伦理学上的原理告诉我们，反抗性的力量必定会起而抗争，以阻止这种不公正的趋向。

这些从我们关于价值的理解中得出的结论，与人与人的关系所及的绝对主义观念的为基础的结论，并没有实质的区别，在其边缘处，则存在着一些区别。传统的绝对主义观念已导向人工流产以及是否对临终病人使用安乐死的判决。当人们生活被看成是神圣的或者具有无限的价值时，接下来就是关于毁灭的禁令。当然，资格条件总是引导性的，但原理仍在发挥着效力，而且它在面

对一些偶然性的、并被看成是对社会无碍的破坏性行为方面，还是值得称道的。另一方面，它强迫关于人工流产的讨论进入一种人为的区分中，这一区分使得讨论可以自由展开。

如果人的心灵具有无限的价值，而其他动物没有任何内在的价值，那么人工流产的合法性就成了这样一个问题：在什么时候以及什么地方胎儿获得了"灵魂"？在胎儿获得"灵魂"之前，胎儿根本没有价值，而在获得灵魂以后，胎儿变得神圣起来。问题是我们所知道的关于胎儿的进化，并不意味着存在着任何一种观点以解释整个转变的发生。确实，人们能够区分一种发展的阶段，在那里没有中枢神经系统存在——这都只是后来的事情，只是在有了中枢神经系统以后，我们才可以假定，从同一的儿童经验中可以分化出儿童在后来进化中出现的经验方式。但从一个人可以察知到的视角看，一只丰硕的鸡蛋已经有了一些内在的价值，而完整发展着的胎儿的巨大价值仍然不是绝对的和无限的。胎儿可以被看成是拥有权利，随着时间的推移还会拓展其权利，但这些权利要少于那些新生儿的权利，并且他们必然会与其他人的权利相提并论。那种认为母亲有绝对的权利处置其子宫内的东西的观点，还有那种把胎儿看成不过只是母亲身体的附属物的观点，都不可能在上述语境中得到支持。另一方面，胎儿恐怕也不应该拥有如同一位完整的成人那样的权利。把申请坠胎与杀死成人混为一谈，本身就反映了一个困难的话题。

当考虑到胎儿、母亲、父亲以及其他相关亲属的权利时，对流产的反思显然是伦理性的。这样一种反思从来就不会导致置活体胎儿于死地的冷漠方式。它当然不会支持一种面对怀孕的漫不经心的态度。如果并不想要儿童，怀孕大概能够得到避免而不是从一开始到最后都懵然无知。但问题是想避免时已经晚了，而父母与兄弟姊妹的权利就与胎儿的权利发生冲突，人工流产经常就被看成是一种较小的罪恶。因为相当多的人工流产都是发生在正常境况之下，其由社会提供的法律的和财务上的支持也就降低了穷人的特殊容忍力以及母亲的健康保障压力。

权利的问题并没有被胎儿的权利以及那些最密切的人们的权利所耗尽，还有更大范围内需要保护其兴趣的权利。在历史上，在很多地方，这些兴趣按照胎儿发育的正常节奏而增长，有时甚至与母亲的希望相悖。今天这种状况已改变了。世界只能支持有限的数量的人类的生存。大多数孩子的生命由其父母来决定，这样情况会更好一些。这样一种全球性的关怀并没有超出胎儿及其亲属的权利。然而，胎儿及亲属大概在影响公共政策方面已成为要素。

　　因为现代医学的发展使得人类的寿命得以延长，如果没有足够的医学保证的话，这些人早就死了。这些人中的许多人恢复了健康并且有益于其他人。这是非常了不起的成就，对此我们充满感激。但是医学的进步，时常使得人们在并没有获得足够的关于再生性的健康与有益的希望的同时推迟了正常死亡，这使得有幸活下来的人常常陷入一种无意义的精神处境。当病人希望通过某种方法得以活下来的时候，在那些资源看起来还不算过多的地方，我们的确不会拒绝这种延续生命的要求。但如果病人希望活着的希望只是反映出一种人类生活是神圣的并具有无限价值的观念的话，恐怕就必须要加以拒绝了。这里，物质应该在无绝对性的语境下进行讨论，因为具体情况总是十分是复杂的。病人在其准备充分时享有的死亡权利，应当与其家庭、朋友，还有大夫、医院以及整个社会的权利保持一种平衡。先前的那些危险的问题不能被忽视。但当所有这些情况被考虑时，我们的确应该给予病人的意愿更多的重视。当我们认识到死亡的权利时，我们向人的生活显示出更大的尊重，而在相反的情况下，我们可能只是出于持续无意义的苦痛而让生命苟延残喘。

　　进一步说，在一个人已经失去所有生命体验的情况下，仅仅延续其生命以保全身体的健康是不明智的。通过生命的运动去保持其外向的、可见的以及完全是可能是微不足道的存活意义，由此形成的关于人的生活的意义观，其实是对人的生命本身的轻薄。如果一个人的主要目的是挽救生命，他很可能就忘记了生活的目的。并不是呼吸系统、泌尿系统以及其他更小的功能使人重要起来。在这些机械式地保持着的功能系统中没有人的内在价值。如果人只是维持

一种躯体的生命而没有任何有关人生目的方面的可能性，那么每一次呼吸与心跳恐怕都不会有什么神圣的意义。人生活的内在价值取决于人的自我感受与自我体验的能力。当这种能力失去的时候，内在价值也就消失了。当不存在记忆、不存在前瞻，在任何一种人类感性的意义上也就谈不上生命了。塞涅卡，这位明智的哲人曾说过：享受应当享受的生活，而不是享受要求享受的生活。当然在活的肌体细胞中也存在着价值，但这显然是微不足道的。独一无二的人类经验其可能性并不是维系于这类价值上的。人类的经验其实还必然包含着苦难在内，也只有苦难，在其最终被融入人类智慧的视野内，体现到当下可贵的生命经验中。丧失家庭成员与朋友时悲痛总是难以自制。理性的伦理学将不仅要针对在通常情况下可以接受的诸如有关允许身体消亡的决断，而且还要针对这样做的道德职责。死亡是一种生命的自然的和必要的组成部分，因而，不希望受到阻挠的死亡的权利必然也是生命伦理学应充分考虑的要素。

生物伦理学

在有关人类关系的伦理学中，关于个体行为与权利的原理非常重要。然而，有关个体自身的原理并不那么充分。毋宁说，个体伦理学通过堵住有关我们的生活更多的依赖于社会、经济以及政治的事实，从而糟糕地把我们引入了仅仅以个体间的关联方式应对人类状况的模式。人们倾向于认为某一特定事件是使自己成为受害者的原因，而不是大环境导致的。正如个体伦理学在人类意义上并不充分一样，在我们与其他动物的关系也一样是相当不充分的。这正是舍帕德（Shepard）坚决要求抵制将伦理学从人类学主体拓展到整个大地自然部分的原因所在。所谓人类学的伦理学其边界可以在很多方面加以限定。

例如，完全有可能按照人类社会的规定遗传性地改变动物的品种，以致于它们变成越来越适合于生产诸如牛奶之类用于满足人类需要的动物，并完全成为肉制品机器。一场现代养鸡方法的展览出现在伯尔尼的市民面前，但不久前一些养鸡者则因为低廉的市场价格举行抗议。抗议就在政府最高管理机构的外

面举行。上千只小鸡被散到街道里，这下子过往行人可倒了霉。小鸡们挤在一起，在林荫道上、店铺以及小车四周到处扑腾、一片狼藉，交通无法正常进行。这无疑是因为违背了动物保护协会的第四条规则的结果，那里明文规定要求给予动物以食物，要"合理地给它们安排一种自然条件以使它们获得一种恰当的生存机会"。但问题是，鸡的存在价值经常被人类所选择好的诸如蛋及肉的产量，而不是从其正常的动物功能所规定。

在遵循动物保护协会的规则的同时开发荒野，也很可能会毁掉大量的动物赖以栖身的环境。污染从湖汉、江河一直到海洋，不断加剧，导致水生动物急剧减少。与人类对待单个动物的情况一样，在这个星球上也存在着对整个动物生命的巨大威胁。事实上，人类毁掉自然环境的结果触目惊心，在过去的300年间，有大约450种哺乳动物绝种。鸟类的情况也相当糟糕，大约有1000种鸟类与哺乳动物正濒临绝境。大量难以记数且无名的无脊椎动物的生存状况也不容乐观。与美国的动物保护协会相比，这些情况在《动物权利全球宣言》（1977）中得到了更为客观的表现。但是在这里，语境甚至滑向了对单个动物的片面的同情中去了。

回应这些问题就要考虑物种的权利，对很多物种来说，尤其如此，因而其物种的生存权利显得更为重要。单个的昆虫数量急剧减少。通过附属于种的方式显示其存在意义。生命似乎可以替代。这一点在鸡类中也有反映，如果一只鸡的死亡换来了另一只鸡的生命，那么它的死就不是什么大不了的事。种的生存权利远远大于单个动物的生存权利。

甚至于对于那些有着极大重要性的动物个体而言，比如黑猩猩，种的生存权利也是重要的。前面我们讨论关于用黑猩猩作疫苗试验的伦理学正当性时已介绍过，目前世界上存活下来的黑猩猩只有约5万只。对这一物种的威胁使我们更加关注单个的、还没有被大规模地用作疫苗试验的黑猩猩。其实，在这种情况下，就是人类自身的种的优势都是值得反省的。

种的权利的讨论可以进一步拓展到生态系统。但是，权利的增加并不是最

好的方式，这一方式使得我们能够获得一种面对生命环境的伦理指导。所有的事物都有权利因为他们自己的原因而受到善待。但我们不可能决定如何对待某个动物、物种或生态系统，它们远在这类被设定为值得耕耘的世界之外。世界的丰富性远远超出人们的想象，在这一意义上，生命之网的感觉、多样性价值以及人类与其他动物的内在生命关系，都会引导这一幅图景的形成。此外，考虑内在价值与工具价值的关系也是相当必要的。所有这些都可以归结为：如何强化总体的经验丰富性、最大程度地关注生命本身，而它们本身正是进化自身的演进（anagenesis of evolution）。关于这一点，有如下四个不同的视阈：

第一，回到前文明的生命

最大限度地体验丰富性的观点大概要回到人类从地球诸多生命物中分化出来前的状态。没有人知道分化是在什么时候发生的。数万年前人类的祖先就已在欧洲、北美以及世界其他一些地方生息繁衍。但是，直到开始养殖动物和种植庄稼，人们才真正开始作为这一星球的统治者而存在。人类向自然不断拓展，与此同时也开始了荒漠化的进程，而在我们这一时代，荒漠化则到了令人触目惊心的程度。在这个意义上，人类尚未拓荒的时代，自然是最富有生机的，那里巨大的原野被植被覆盖，生机勃勃，万物生长。人类世界则是这一丰富的星球的一个部分。在这一意义上，人与自然万物之间形成了一种内在的关系，以至于人性本身就必须返回其所赖以存在的生命系统中。

回到前文明的生命丰富性并不一定赞同人类可以在事实上回到洪荒时代。一些变迁、包括气候的变化已经发生，不可逆转。从我们现在的人口到地球环境在其过去的年代可以养活的人口之间发生了一场巨大的转变，这一转变牵涉巨大的生命考验，这都是古代人难以想象的。不过仍有一些人认为这场生命的考验不可避免，因为我们称之为文明的东西并不是可持续的。他们认为人类由于过度生育和崩溃，正在展现出一种旅鼠综合症（lemming syndrome）。他们希望当崩溃来临时人类能从这一灾难中学到些什么，并准备在世界上作为一

个部分而不是作为支配者而生存。

第二，最大限度地提高人类生活的数量

丰富生命体验的第二个视阈是我们应该在相反方向行动起来。在这一视阈内，所谓进化进程就是新物种出现并不断成为人类家养动物的过程，这些新物种也由此成为进化的承担者，并且随着时间的推移，它们极大地促成了自然的进化进程。这种进化最根本的变化即人类的出现。一旦出现这一变化，其他动物都相继成为人的工具，人自身成为目的。这就不用否定人具有内在价值了。但是，既然人类的价值从基础性的意义上看是一种优势性的规定，拥有更少价值的存在应当服从于更多价值的存在。进一步说，进化进程只是向进步的人类承担者开放。人性的任务是向整个星球征服和移民。人口的最大程度的增长是达到经验丰富性的方式。这马上涉及大量的人类成果对这一星球的原有事物的替代。一些东西失去了，但获得的要远远超过补偿的。一些动物将受到保护，但只是那些服务于人类生活的动物获得这种特权。这些动物的活动将受到限制，因为，行星最具效力的用途是提供植物并成为人类的食物源。在这一视阈内，当在那些在动物与人类之间进行选择时，理性的选择权总是在人那里。

这两个极端的观点其实有其一致性。但每一点恰恰就是另一观点的失误之处。第一个观点难以认识到，增进这一星球价值的最直接的方式是通过增长人口实现的。它将人类本质性的经验丰富性以及在价值标度方面的特殊地位都最小化了。它把超出于人类自然经验之外的超验性，更多地看成是临时性的越轨行为，而不是看成是目的性的和本质性的人类成就。按照先前章节讨论过的观点，这种观点认为人类文明的长期的进化发展只不过是在不断走下坡路，而不可能欣赏到这同时也是一种向相反方向的上升（fall upward）。

第二种视阈完全意识到人类进化是向上升的，但没有注意到它本身也在走着下坡路。它使得进化无限期地向前拓展，且没有以意识到，即使进化本身是可能的，也仍然有人要不断地忍饥挨饿。它夸大了人类超出于自然经验之外的超验

性与独立性。在这种情况下生命仍然是可能的，但将是一种相当可怕的贫困状态。如今地球上的很多人都仍然在温饱线上挣扎，说的正是这种情况。如果每一个人的生命都被看成是赋予同一的价值，而不论其潜能究竟实现了多少，正义当然就会得到实现。但如果人类经验在价值方面是各不相同的，那么随着人口的增加，人类自身在生命体验及其精神品质方面的性价比就会十分糟糕的。

第三，最大限度地提高生活质量

第三种视阈源自于对第二种视阈的批评，它要求最大限度地提高人类生活的品质，提高生活品质不可能通过提高人类生活数量的方式实现。一旦我们确定了什么是最高品质的人的生活，我们就可以设想这个地球可以提供的最适宜于生存的资源条件以及相应的人口发展限度。一些人相信，只要合理安排地球资源，现在地球的人口甚至于更大数量的人口仍然可以获得一个高质量的生活。其他人认为必须有目的地逐渐减少地球人口，以便稳定在一个较低的且适合于生存的人口数量上。

在这一视阈内，其他有生命的事物也是依其对人类有益的程度而被评估的。但与第二种观点不同，这一观点的拥护者更愿意强调各种各样的自然环境对人类幸福的贡献。因此，保护濒危物种以及扩展受保护的湿地的面积就被看成是正当的。与此同时，对不同的文化遗产的保护也被看成是面向一个更好的世界的的题中应有之义。

构想如此理念的生命模式是值得称赞的，但从经济生活方式的视角来看，它却不能让人满意。首先，它容易倾向于以生活质量的选择来压倒对生活数量的选择，实践后果就是在一个苦难深重的世界中保护舒适安逸的岛屿。心照不宣的设定就是：在那拥挤不堪、贫困破败的世界里生活的人，正是他们的死亡可以换来整个星球进入极乐而平安的世界。常常很少人强调节俭的重要性，也很少有人想出一种办法使得地球资源可以为更多的人服务。生活质量看起来太容易导向享乐主义。其他事物的价值，即使可以在字面上得到认识，它也不可

能被看成是一种对我们而言的要求，我们仍然要求外在事物必须为我们的生存做出牺牲。于是就提出了第四种视阈。

第四，最大限度地提高感性丰富性

最大限度地提高感性丰富性是指：在最小程度地影响到非人类生命的生存的前提下，最大限度地提高人类生活的质量。生活质量的观点本身是非常重要的，但它没有足够地考虑到其他生命的价值。这是一种不合理的理念。许多对人类精神的伟大探索都表达了对自然世界的敬畏。节俭并不妨碍体验丰富性的实现。因而目标就应当是，相当数量的人既知道如何舒适地生活，而且从总体上保持节俭，尽可能减少地球的压力。这既可以有助于废除贫困的目标的实现，也可以为其他生物提供更多的空间。更少开发性的农业以及精细的技术将会用以服务于一个中道且可持续的而不是奢靡放纵的社会。人类发展的每一步既要为更多的人、也要为更多的动物（特别是野生动物）留下足够的生存空间。在不降低生活质量的情况下达到这种结果将是了不起的。因此人类与其他动物之间的平衡将总是一项正义的事业。

正如上面所提到的，其他动物喜爱的空间，也正是对人类生活质量而言十分重要的荒野。这样一来，为野生动物创造生存空间并且还要牺牲掉我们自己的舒适与快乐，其实也部分地为人类可能获得的快乐所补偿。由人类支配的这些空间对人也发挥了功用。当然，这些功用也适合于动物的生存环境，因此，在不损毁自然环境的前提下，人类生产出了相当数量的食品与木材。事实上，如果允许回到其荒野状态，很多因为过度使用而沙漠化的地区实际上还是可以为人类产出很多的粮食的，但现在土地沙漠化的情况却相当糟糕。因此，在人类福祉与自然生态之间并不存在一种痛苦的非此即彼的选择。生命的和谐状况在热带雨林里得到了很好的体现。那些被毁掉以后变成二氧化碳而排放到大气中的比例，正好等同于相应燃料化石的燃烧量。正是所有民族中存在的共同的旨趣使得如此规模的森林保护成为可能。也正是在这种动物保护的旨趣中，动

物栖居于其间的生态环境也得到了保护。

每当有人试图发现满足其自身需要的生存方式时，这些需求同时也在支配着动物的生存方式。这两个目标的汇合显示了一个宽广博大的视野。但有时这两者之间的矛盾并不是受制于这两个方面。这种情况下伦理学上的要求只不过是人与其他动物生命需要的和解罢了。这大概意味着可以指派一位律师来代表其他物种的生命要求。

控制这一进程的两个事实是感性丰富性的数量与各种不同类型的感性。不管它们之间的关系如何紧张，这两方面的考虑从总体上讲是紧紧地绞在一起的。比如，我们从总体上都赞成让森林重新覆盖几近秃顶的大地，而秃顶的大地披上森林它就告别了不毛之地。在这里，我们假定，生命的数量与其质量是同时增长的。一定的沙漠对保护生命也起着重要作用。即使生命被另一个数量浩大且高级别的生命所代替，但独一无二的沙漠生态环境的消除毕竟不是值得赞许的事情。

将来会出现一种冲突，这一冲突发生在是否要关心保持人类文化多样性问题，还是关注濒临动物的生存问题。最近发生了一件事，美国政府同意为其他民族捕杀相当数额的鲸，以便于让一些爱斯基摩人保持其独特的传统。我们任务，这是为了获得小的收益而做出了太大的牺牲。如果爱斯基摩人已允许他们的捕杀行为，并且其他民族也没有提升杀鲸数量的限额的话，我们或许会赞成这一决定。这里并没有绝对的事情，但还是存在一条总体原则：从总体上看最大化的价值必须包括非人类世界的价值。

小结

不管伦理学原理以及论据在确定行为方面有何种限制性作用，它们仍然是十分重要的。仅仅为了摒弃伦理学和法律领域的人类中心主义，而对传统伦理学和法律体系进行批判，这种作法其实很不明智。需要做的是清晰地陈述为什么要反叛这种人类中心主义并着手构建并表明一种不同于这一理念的新的原理。

人类中心主义体系承担着为人类权利提供合法性的绝对主义论据。人类像所有其他生命物一样，既是目的又是手段。但这并不意味着我们并不像过去那样关心人的权利问题。其意义仅仅在于，人的权利的确证不是通过诉诸于绝对主义这种在过去的流变中已经被歪曲或混淆了的思想。

人类中心主义体系也需要把动物严格看成是目的和手段。这并不意味着给予所有动物与人一样的权力，其意思是说，恰当区分不同动物的权利由人掌握。这要求我们认真考虑：究竟什么样的生命特征使它们特别起来，我们对动物形成的一些粗疏的估计以致于对它们的特征的识别仍然困难重重。通过这种分析，一方面拒绝把生命权力向所有动物个体的扩展是合乎逻辑的，与此同时认定一些动物的确具有使之能够享有特许权利的特征。

但个体权利的讨论也存在一个更为重要的问题，其他人类对待其他动物的关系就不能在那样一种水准上考虑。即使如此，也并不像它现在的样子，假定这一原理可行，那么，由于对热带雨林的滥砍滥伐，成百千上万种物种就可能在后面几十年内全部毁掉。这就需要在全球基础上形成一个旨在保护野生动物生态环境的新视野与思维方式。联合国环境保护组织在1980年发起的号召形成世界范围的环境保护战略，可说是这种新视野的开端。总之，人类未来与其他物种的未来需要相互依靠、紧密相联，人类为其他物种做出牺牲的伦理学要求，未必能够使人类自己中止其当下的破坏性行动。但应当明白：一种责任伦理的确要求在人类旨趣与动物旨趣之间形成和解。

生命没有热情是可悲的，热情地面对生活吧，永远！

——哈特肖恩

崇拜是用一个人的存在去爱，这一理念在很多高级宗教中与另外一个理念是相关的，即我们应当去爱的正是爱本身，这是一种为所有生命的爱。在我的观点中，这并不只是美好的情感，用冷冰冰的逻辑上看，它乃是最理性化的对待这件事情的方式。

——哈特肖恩

那个沉迷于一件事情的人，一定有很多事情在等候他。而当他忘了这些事情的时候，他依然没有忘掉那件他所沉迷的事情。

——保罗·梯利希

第六章｜对生命的信仰

在前面第五章里，我们已剖析过一些理性的伦理原理，这些原理用于阐述人类如何理解与其相关的其他生命物的关系。但依据这种理性伦理思想，不可能把握所有生命的意义。人们显然更多地是受他们自己的世界观及经验的影响，而不是伦理学理论的影响。在前一章里，有关生命的反省导向了一个新的关于事物究竟如何存在的视野。正如怀特海所说，对于一个新的宇宙论而言，"我们如何设定宇宙学，我们就会如何设定宗教。"从生命物的生态样式来切入宗教看来是可取的。

在神经生理学家R. W. 斯皮瑞（R.W.Sperry）看来，现代科学中已呈现出新的宇宙学（"人类的创造者成为了所有进化中的自然物的相互依赖、相互交织的母体"）。另外一个思想深刻的神经心理学家J. Z. 杨呼吁"一个生命的信仰"，他写道："我们或多或少都清楚的把自己看成是一个个体、人类生活的一部分、一个完整的生命体。我们都有一种神学家蒂希利所谓"你的存在、终极关怀以及全身心思考活动的深度"。这就是我所说的深达于生命要义的精神体验，这大概是最切近于超越者的理解了，同时，它也是一种让我们理解生活目的的知识，是一种让我们识别自身弱点以及缺点的见识。这种东西激励我们去持续不断地改善环境并为此提供信仰。

我们大多数的关怀，甚至那些在我们自己看来是终极性的关怀，都只不过是次要性的关怀。它们不可能建构并充实生命本身。只有那建构并充实生命的关怀才是蒂希利所谓的终极关怀。当蒂希利说，最切合于我们的"终极关怀"的正是"无限关怀"时，我们是支持他的。我们知道由热情呼应着的终极关怀正是由我们的内心呼唤出来的。

我们相信J. Z. 杨的说法，即新的宇宙论召唤一种"生命的宗教"，如何正确地陈述这一点，也相当棘手。正如麦达瓦（Medawar）所说，"生命"是一个抽象的名词，并不是能够成为我们终极关怀的抽象。如果我们用"生命"来简单地指涉生命物的总体，那就很难成为斯皮瑞指涉的创造者。当J. Z. 杨说到"生命的核心部分"时，他其实已接近了这一点，但还是显得含混其辞的。在一些方式中，生命宗教必定能区分出生命的核心部分、生命的原则、源自于任何一种特殊样式、生命诉求以及个体生命物的总和等等。这样做应当由关于我们对这一星球的总的进化过程的知识所引导。在这一意义上，要从生命中区分出"生命本身"，并把它看成是一个抽象名词或作为一个对应于所有生命物的集合式的所指，且表明这一词语是一个核心性的宗教象征，我们不妨用life的头一个字母L来表示。

本书有关生命的观点在相当大的程度上依赖于阿尔弗德·诺思·怀特海，

尽管他并没有使用类似的语言，但那些看来更愿意选择一种宣称为"生活"的善待生命的严峻的哲学观，都与怀特海的著述有关，特别是与他的《过程与实在》有关。

这一章的第一部分将按照享利·列尔林·威门（Henry Nelson Wieman）关于创造性的善与被创造的善的区分的观点，展开生活与生命物的区分。这一区分将显示出理性决断的伦理生活的界限，而其途径就是呈现信任生活的重要性以及时下值得忧虑的诸原理。

第二部分将对由学生们演绎的生命故事作一些分析。

第三部分打算在更宽泛的范围内讨论，与诸如新奇的事物、习惯、身体性的生命、自然以及政治等关联的对生命的信任，其意义究竟为何？

但这仍然还只是在开放问题。什么是生活？仍然还是一个问题。因此，在第四部分，生活被描述为一种宇宙性的力量，其存在的条件正是体验丰富性的充分展开。

但这种生活也伴随着罪恶。因此，第五部分将考量这种罪恶以及东西方人如何回应它。对许多罪恶而言似乎最后都得要下一个定论。

第六部分将清晰地面对赎罪问题，这也是超越者存在的问题。怀特海关于超越者的各个方面的反省给我们一种罪恶无论如何也不具有最终的决定权的希望。这样一种把生活看成是超越者的理解，并不是圣经式的概念化的重复，而是对在圣经中、同时也是在生活中得到映现的超越者存在的忠实见证。

被创造的善与创造性的善

所有有价值的文明行为的其价值就在于它丰富了人类的经验——民族的、宗教结构、教育结构、科学结构以及其他一些文化进化的成果。如同我们关于未来的最好理念，它们都是被创造出来的成果，因为事实上正是文化环境铸就了人。我们大多数人将很大一部分忠诚献给了被创造的善。但如果是把我们自己奉献给被创造的善，它们是宗教性的结构还是民族国家式的结构？抑或干脆

是在我们与那些自己愿意献身于这种创造成果的活动中的人们之间设定了某种对抗。过于频繁的努力会出现相互敌视，甚至于导向一种可怕的极具破坏力的战争。

为什么不可能向被创造的善表达充分的忠诚，这仍然是有一个根本原因的。威门(Wieman)在区分被创造的善与创造性的善之间的差别时指出了这一点。被创造的善已经是被创造性的善创制出来的东西。这一创造性的过程，在过去是将成果带入存在，而在将来则是将新的成果带入存在。但当我们立足于保存或增加那些已经存在的成果的时候，我们经常会阻止新的成果出现。为什么这些成果将不会被看成是进步？我们总会提出这样的问题。比如，任何一种存在着的知识都是被创造的善。我们能带来一种知识，其存在对我们而言是通过与其他人互动的方式实现的。如果存在一种真正的互动关系，那么，作为结论的知识将会超越我们得以开端的知识。我们会相信这一过程本身产生了更为广博和深刻的知识。但我们并不知道在进化中这种知识究竟是什么样子。

所以，威门让我们服膺于创造性的善本身，而不是它所产生的特殊的产品。但问题是，除非我们能够区分它，否则我们就不可能理智地服膺于这种善。威门从事于一种严谨的探索以便于为我们描述这一善。他将其探索的界限确定在人类善的来源上。他发现，人类的善，源于并成长于人类之间的互动。服膺于人类善之源，即是创造性的善，就要推动并促进真正的人类互动。我们相信，这样一种互动有益于使新的产品进入存在。这并不要区分创造性的善，但它的确要区分，创造性的善如何在世界中开展活动。

相信创造性的互为过程是不同于一般的伦理学立场的。那些在伦理学方式中生活的人是被他们的判断所支配的，这些判断决定着什么是伟大的价值以及什么是最值得做的事情，接下来的工作即寻求实现这些产品的方式。在这一过程中他们也分享了新产品的乐趣。但他们没有意识到，他们自身的价值判断是其自身的创制性的产品，这一产品被创造性的善不断地加以转换。因此这些判断也不断固定化，并与其他的判断相对抗。而那些把他们自己的"正当"看成

是"一块肮脏的抹脚布"的人们，从来都没有对善满意过，正如他们体验着善，但也希望通过创造性的善来实现持续的转换。

在人类的层面上，威门对其关注于创造性过程及方式的限制是不幸的。它倾向于激起了人类整体从那些受西方伦理及宗教影响至深的地球之剩余者的分离，这种分离甚至在造成更为严重的生态危机方面形成了许多盲点。看来，我们更多地需要在伦理学上给人类以外的其他存在说些什么，以至于创造性的善在无论什么态势下都可以区分开来。但威门的基本主题已经确定。按照生态模式，最适宜于生命的生活方式是诚实与服从其中。原理的明确表达以及伦理学指导纲领自有其适应范围，太多的原理与指导大概会受制于一种生态模式持续性过程的转换。

被创造的善是与其感觉、思想、价值以及它们所创造出来的文化遗存、共同性以及直觉等等相互关联的活生生的事物。创造性的善与生活相一致。要信任与诚服的乃是生活本身。这乃是本章接下来要讨论的主题。

一个确信生命价值的人

确信生命乃创造性的善究竟意味着什么？在哪里可以发现这种生命？为了支持生命是与其他人类的有机的经验活动的相区别的人类活动的观点，并要获得一些确定的答案，我不妨举如下例子：一位出色的青年研究生经过四年的认真学习和研究，差不多就要完成其博士论文了。在这期间他全部陷入了对神经系统、特别是对高级哺乳动物的大脑的探索。他与该国家某一位著名的神经生理学家一起工作，这位科学家的工作使他进入神经动力的物理学与化学领域，并迷上这一领域。其研究远远超过了神经系统，并进入了生命自然本身的殿堂。至于所有这些新的知识是否能够用以对神经系统疾患的预防，他并没有形成清楚的概念。相反，他倒是稍稍有些担忧。他也不可能看到这一研究是否有益于那个问题，这个问题通常在神经系统研究的第一个地方就设定好，这是关于心灵与意识的自然性问题。那种兴趣是从早先那种深刻的宗教般的确信中跳

出来的，在那一宗教般的确信中，深刻的人类经验就如大脑记忆一样真实。他想探知二者之间的联系。但那一问题随即又消融于一个新的背景中，在这一背景中他又对神经系统中错综复杂的分子反应着迷了。然而，他的导师既对疾病治疗无兴趣，也对如何理解心灵与意识无意。他劝告学生继续手边的研究工作。最后，学生被告知，不管它是否导致对实践问题的解决，科学生产的知识都是为其自身而存在。

当他继续写作论文时，一个机会出现在他面前。在一个发展中国家的首都举行的一次神经生理学国际学术会上，他被邀请宣讲他的研究成果。在他的生命中，这是他第一次面对贫困、饥饿、压迫以及人性折磨，这些都远远超出了他的想象，与之相对的是西方式的富足。他动摇了。在这种情况下，他该做什么呢？在他面前出现了两种可能性。第一种可能性是现实的，即回到美国的实验室，完成博士论文，继续做基于同样经验的研究工作。这一选择自有吸力，大学生活享有很高地位、名望以及舒服的工作环境，因此，这种可能的选择显然前景光明。问题是，如果陷入刚刚遭遇到的新的生命体验的困扰是不是显得有点不理智？要知道那些新的经验会导致他完全改变其人生的方向，比如使他放弃学院式的研究生活。他大多数的同事会支持他的第一种可能性。第二种可能性满足了他关注穷人的愿望，但他却没有考虑到，这种可能性将会从整体上改变其人生方向。如果那样的话，放弃神经生理学进而从事和平事业，将是其当务之急，但那显然会中止他花了相当长时间而准备的职业研究事业。

其实还存在第三种可能性，这就是既接受新的洞见并且严肃地对待它，与此同时不用拒绝所有他已经投入的科学研究事业。这位研究生更多地考虑了这一可能性。这样做的时候他开始意识到，贫困与压迫的原因并不只是因为少数人对多数人的贪婪与强迫，还有社会、经济以及政治结构方面的原因。他开始注意到，他所浸润其间的科技自身并不具有免疫能力。他所研究的大学实际上由一些大财团投资，这些财团拥有获得大学研究成果的优先权。其中一些成果被在发展中国家开设的一些跨国药业所支配，他们为富人大量生产镇静类药。其

动机看来并不是要缓解人的痛苦，而是赚钱。有时当一种药品在美国市场上被禁用时，却能在发展中国家的市场上销售。学生在科学上学到的东西，其实际情形看来并不是那么纯粹。

他对外部世界持续的关注让他很快地完成了博士论文。他获得一个博士后研究的机会，从而继续他在神经系统方面的研究。他所在的大学当局也同意了其在神经生理学领域开展研究的请求。而在其另一半时间里，他致力于在一个更宽的世界里探知科技的作用。实际上他在附近的另一所大学里研究诸如经济学、政治学、哲学以及神学。他正在较从前更深一步地追问：什么是生命的真正目的。他实在不能确定他的事业的皈依。他清楚地知道，与单一的神经生理学相比，他需要更多的对于生命的理解。在一个可选择的领域，所有这些显然减少了他先前那个工作的机会，但就在他拓展其生命的理解时，其他人将获得发展。对他来说那将是一种真正的牺牲，但他觉得值。他相信他的直觉，生命的内涵要比它作为职业化的专家队伍所关注的专业领域要丰富得多。正是基于这一直觉，他坚持了下来。

这一例子中新洞见与旧理解的对比，为拓展和深化我们学生的思想提供了一个很好的案例。思维方式是在转变、而不是在对抗中不断形成和更新。正是这第三种可能性，恰当地呈现出生命的活生生的状态。相信生命，就是让挑战与威胁这些世界中存在的要素，参与到我们的生命体验的活动中，这就需要我们相信，这些要素能够与我们过去的生命体验一起，共同进入一种创造性的交互活动中，也需要我们相信，新旧张力的可感觉的结果会实现综合化创新，而这种综合本是不可能被前定或筹划的。

这样一种信任是危险的。我们的例子中，学生不能问心无愧的继续他的实验。如果他与同事分享了新的体验，他在他们眼里将丧失地位。如果他的新价值观在市场意义上与旧的价值观不同，而且他按照新的价值观处事，那么就会忍受职业性的痛苦。信赖生命不可能意味着：一个人相信其生命能够支持其个人的方案并保证其成功。如果那就是他的目的，他就会被奉劝通过屏蔽所有那

些具有威胁性的日子从而很好地控制生命过程。这是一个广为传颂的人性策略，但它导向了停滞和死亡。与先前那种对抗态势情形差不多，它也趋向于形成成功的经验。不过这样一种对抗已失去了热情与张力。通过使新的生命最小化，从而削弱了生命的力量，以此避免了生命体系的崩溃。

假定我们的学生让其生命不断焕发其内在的创造性的转换力，并且也按照新的生命理解判定其职业生涯，情况就会出现一些变化。我们不妨假定：在这一过程中他已经成为非常有活力的人，而且，作为对照，他会回过头去把先前的生活看成是相当枯燥乏味的。不过，现在对生命理解的新的威胁出现了。因为对他而言，对生命的新的理解是最重要的，这样他就会全力以赴，抵抗所有的批评，并试图把他的见解传达给其他人。总之他赋予自己一种特殊的被创造的善。他再次倾向于屏蔽那些有可能威胁这一见解的理念与感情。而且，即使他与其他人本身就在分享关于生命的理解，而且这种分享活动总是在为他们的综合化创新提供一种机会，但他的目的还是要把他们转变到他的观点上来，而不是激励他们独立成长。总之，作为他的新理解的"被创造的善"实际上成了其忠诚精神的役使对象。这样，关于"创造性的善"的新的状态就被堵塞了。但这并不是唯一的可能性。他也可能会转而意识到，其最初的错误并不是很多，以至于形成了一个确定的观点，从而并没有向那大概能够完成转换的视阈真正开放。由此，他发现了一些新的见解，这些见解是清晰的且较以前的见解高级得多——当然不能看成是最终的真理。他将与别的一些人分享这些见解，激励他们重新思考其生命意义，不过他将由此服务于生命，而不只是以教化方式存在。他将切实地迎接新的挑战，从而使他进入更为伟大的创造性转换活动中。

相信生命

学生的故事描述了什么是相信生命及其蕴含的意义。它强调任何一种基于人生成长而来的经验都是可靠的，而任何一种活生生地反映人的生命的缘由都是服膺于人的生命目的的。一个加入了嗜酒者互诚协会（Alcoholics

Anonymous），在与别的成员的互动中清醒过来，这种情况并不少见。这样一个人也处于一种风险之中，因为他把嗜酒者互诫协会的准则和在其中取得的进步看成是最后的善，他的未来也停滞了，但问题在于并不必然存在这样一种结果。这里我们还会考虑到那位女科学家的例子，她拒绝一份收入可观的军需品的工作是因为她料到了此项工作的社会意义。但就是这样一个人，也在这一决断的过程中被创造性地转变了，这个人实际上处于自以为正当且自以为是的风险之中。不过她大概会发生某种转变，即通过向新的挑战与机遇开放的方式，从而不断地拓展其感性及其理解活动。

事实上，在这些戏剧性的例子中最闪光的是人类体验的弥漫性。一种连续性总是源自于我们过去体验的思想、感情以及心愿，我们总会把这样的连续性带到前台。当下的体验其实是从那些过去体验中选择出来并加以协调统一的结果。如果此种统一性是由既定的意图控制的，那么身体以及在更大意义上的周围环境的大多数可能起作用的要素，将可能会被屏蔽掉。只有那些适合于我们自己的想像以及个人的目标的东西才会被承认为体验。当然，这有些夸大其词。在把自己孤立于自然环境方面，我们从来就没有成功过，尽管我们中的很多人确实想方设法在这样一种显示新思想的方式上安排我们的生活，但是，在理解与感性方面可能的突破以及包含着新领悟与洞见的视阈，并没有出现。但在任何一个时刻，都存在着一种新的可能性，它会突破当时所给定的总体性。那样一种可能性不会是那些已给定的东西的全部内含，因为那简直就是不可能的。但它会引领一种新的样式，它会考虑到那些给定的、不同于新奇事物的要素，但这些要素混合在一起是不怎么协调的。比如，高兴与痛苦看来并不相互排斥，但它们并不相互需要。在一种更富于自我意识的体验中，二者相互依存，从而丰富生命的整体内涵。这种新奇性，作为无法预料也不可控制的可能性，就是生命的状态，有了这样一种状态，才有可能顶住生命停滞的压力。可见，如果我们相信生命的话，我们会变得更有生命力。

在每一个片刻里我们都正在安排我们的体验进入一种视阈，这一视阈不仅

只是为了实现一些当下价值，而且也是着眼于未来。有时我们特别把当下的体验最大化，试图以此控制未来。我们现在试图确定，什么样的未来是存在的。我们希望未来与我们现在所认可并赞赏的价值是协调的。事实上，我们不可能以这种方式控制未来。当我们现在所期待的未来真的出现时，总会对过去、包括现在处理问题的方式提出一些什么看法来的。但我们可以对此设置一个很重要的筹码。一位父亲不会以极其强烈的望子成龙的心态，来确定他儿子未来的职业选择。但这位父亲大概会形成一个痛苦而又困难的反面决断。换句话说，我们会在任何一种情况下安排自己朝向未来，以便为未来丰富生命的可能性，并在以后的体验中强化选择的自由。这是我们一定要做的。也就是说，如果我们相信在将来会实现的可能性将超越现在能达到的视阈，如果我们相信这些可能性最好地实现了自由，而且在那种境遇下给定的存在本身就是尽可能丰富的，那么，我们就将这样地来安排现在的生命，以便于生命在未来实现其新新不已的转换。

新奇是生命的馈赠并伴随着总体的变化，但重要的是不能由此混淆新奇与生命。新奇是指向变易的特别类型的可能性，它与宇宙中巨大的变化背道而驰。总体上看变易在物理世界被描述为熵。如果条件允许，生命其实是被一种局部的、且逆向于变易的德行所决定的。进一步说，即使在人类生命体验中，更多的变易也是远离生命的。这样一种变易对生命而言并不是中立的，相反，它指向生命的反面。

当一个人拒绝新奇时其变化会反映人类世界的熵法则。生命体验在内涵方面的范围与质量，以及生命体验在强度与丰富性方面的水准都会下降。但一个人纵情于各种各样的生命体验时的变易，也会表现为熵。一方面是发展出不断增长的、能够融合彼此对立的要素，这些要素使得人们适应于创造性的生命活动，但另一方面，一个人也经受着各种各样的难以融合的生命体验。随着生命体验在内涵方面的范围与质量的下降，生命体验的强度与丰富性也在减少。信任生命注定不是相信任何一件看上去都是更好的事物，也不是要相信不同的体

验的增长本身就赋予了我们以生命感。

创造性对习惯与规则很少显示出公道。习惯与规则既支撑生命，也反对生命。无论我们强调信任生命，还是强调依其既定的样式而生活，习惯与规则已经扮演了一个具有很大负面效应的角色。的确是到了该考虑生命的适合范围的时候了。不妨以走路为例。当一个婴儿学习走路时，生命表征为力量，也表征了感觉上、控制欲上以及思想上的新奇。婴儿全身心地投入到这一创造性的转换中。这是健康的，也是善的。如果一个人从来没有学过步行，他生命的可能性就是短缺的。但如果走路的过程用去了一个人全部的生命与精力，生命本身可能会被耽搁。作为创造性转换的开端的东西，也会转变为一个人的习惯，并深深地置入于其身体经验。通过生命的不断更新的创造性转换过程，我们获得了自由。

艺术家通过一种困难的法则并以获得艺术自由为由来习得规则。《公共祷文》第二卷在论及和平时指出："奉献是完美的自由"。自由常常是律令剩余的结果。但蒙蔽了我们的规则也通过实践成为习俗，并造就了我们的自由。谦恭的方式、对其他人情感上的关切以及对自然环境的感性体验，都是以对生命的有意识的回应方式而开始的，并且会成就所谓"第二自然"。当这样做的时候，他们就给生命提供了一种新鲜的丰富的材料。只有当我们自满于过去的成就、浅尝辄止而不是着眼于未来时，才有必要去更新观点，以抗御那些津津乐道的习惯与法则。正如怀特海所说："在那些书籍与名人们经常述及的公认的真理中存在着一个深深的迷误，这就是认定我们必须培养一种考虑我们正在做什么的习惯。确切的情况可能正相反。文明的进步并不是在我们如何考虑、而是通过拓展一系列我们能够实施的行动而实现的。"但怀特海应该同意麦达瓦（Medawar）在另一个意义上提出的值得强调的观点。麦达瓦说："文明的进步也是在理性思想的范围内促进本能的行为而实现的，也即通过使它们以更为理性的、恰适的和协调性的方式而实现。因此，学习就表现为两个相互交织的过程：我们学习是为了使深思熟虑的思想'本能化'且自觉化，与此同时我们

学习也使得自觉而本能化的过程成为有辨别力的思想的主题。"在后一个过程中，生命更多的是最完整地在场的。

相信生命并不是要采取被动的立场。在我们看来，让生命做该做的事情并不简单。它会尖锐地反对意欲付诸行动的一般形象。这是对控制的放弃。但放弃本身就是一种行动。向别人开放我们自己并让挑战进入我们的生命体验是一种行动。让我们的防御积极地投入到被转换的方面也是一种行动。拒绝引诱、形成一种源于生命内涵的新的综合，并达到一种限定了我们未来生命的终结点，也是一种行动。那个最积极的人并不是积极地等待着发生某种事情的人，而是在事情的发生过程中就能积极参予的人。

在我们这里，生命的在场并不只是在人类的生命体验中，也在我们的身体细胞中。生命是从有活力的卵细胞进化到目前这个样子的。生命过程治愈了我们的伤痛并使我们从疾病中康复。当然，生命并不可能阻止灾祸、病患以及残疾。这些情形通常是在特别的境况下发生的，但它们会极大地限制生命行为。被人类的干涉所控制有时能改善人的生存状况，并使得生命实现其日常目的。在身体意义上信任生命并不是被动地让生命"事件"完成其过程。

信任生命的态度容易形成一种与我们的身体相关的差异。在西方文化的深层发出一种疏离，这种疏离远离人与其身体与生命的本来关联。我们把我们的身体看成是被使用和控制的客体，而不是作为与我们自己同为一体的连续性的整体。笛卡尔关于人的身体是由灵魂充填着的机器的观点表达、深化并加重了这一趋向。把身体看成是活生生的细胞集合体，这一集合体有着社会一样的整合功能，通过它把人类的生命体验深深地关联起来，这样一种观点使我们摆脱了某种客体式的态度。我们每个人都是这一集合体的一部分且担当着相应的角色，而这一角色存在的理由正是其他人的生活。生命内置于诸多社会细胞的劳作中，但人们不免紧张、焦虑和受约束。当生命不可能完全放松细胞时，使得我们个体体验丰富起来的劳作也是受限制的。如果我们快乐地伺候身体，让它享受食物、锻炼，且劳逸结合，整体的身体共同体也会反过来把我们伺候得很

好。欣悦和活力就可能从身体中涌出来，进而激发我们的生命体验。

如果把我们关于身体的理解从机器转换到活生生的生活，我们面对药物的态度也会发生变化。我们将较少地操控身体性事件，并服务于这些事件。我们将从预防药物以及公共医疗方面关心我们自己，而不是疾病的治疗。这将涉及减少兴奋剂、镇静剂以及迷幻剂等药物的作用，也涉及去除弥漫于我们周围空气、水以及食物中的有毒物质。我们将更多地知道自我保健。如果有可能，在对药物的选择过程中，我们将更愿意选择那些能够增强身体抵抗力从而杀死有害细菌的药物，有害细菌既可以杀死有害细胞，也可以杀死对人有益的细胞。

信任生命导致一种在对待其他的生命物方面从控制到支持的角色的转换。只要有可能，就应当有理由让宝贵的荒野超越其被控制状态，有理由让那些野生动物超越其被置身于人类家畜以及宠物的命运，有理由让生物学家的精力直接转向生态学的理解，而不是成为研究和操纵生命有机体的实验室专家——这一点是绝对有必要的。

在这一星球上，信任生命就是相信人本身。没有人能要求另一个人完全向生命开放，但从总体上说我们都愿意真实地活着，在这种活法中我们能相互分享、开启命运并承担责任。生命是内在关系之重要性的升华，而生命的生态学模式则提醒我们应该相互分享。建立在尖锐的个人主义之上的政治性或经济性的社会结构是适合于建立对生命的信任。自由并不是从他人那里得来的，而是相互之间的事情。

作为一种回应式的用途，自由大概会涉及未来社会形态的构想。在这部书中也提出了很多这样的方案。信任生命须考虑每一个旨在安排未来世界的建议，并避免其中可能出现的危险。任何一种试图一劳永逸地解决社会问题的社会建构都是注定要失败的。若没有新奇的、富于想像力的设想，既有的理念会变得相当沉闷。信任生命召唤一种新的社会观，在那里每一代人都能自由地展现其自身的优势、拓展其新的体验，并超越前一代人的希望。这是令人吃惊的，

因为变易的世界本身就是一个不稳定的世界，一个它自身就可以毁灭自己的世界。但想要通过设定一个在那里人们可以永享太平的乌托邦来超越未来的生活，看来并不安全。这"完美"的世界看来不过是地狱，正是因为它禁止自身基本结构的变易。最好的社会并不是人们一度宣称的理想国，而是一个过程，在这一过程中，生命自由地实现其创造性的转换。

信任生命并不是要确保所有东西都完好无损，更不要消除这一星球上所有生命的冒险。信任生命的意思是让我们相信：如果发生了上述事情，将是因为我们没有足够地信任生命，因为我们听信了其他的声音并按照其他鼓噪者的观点行事。那也是可能的。生命并不会把她自身强加给我们。它不可能防止我们选择僵硬、封闭乃至死亡，它不可能防止我们沉缅于客体世界甚至也不可能防止我们忽视主体心内世界及其本性。但它确实给了我们两个选择。因为生命，我们可以跳出这些深深的、甚至有灾难性后果的陈规陋见。因为生命，我们甘冒风险以先行探知那横亘在我们眼前的命运。但是，我们并不知道我们是否将做些什么。

作为宇宙力量的生命

什么是生命？相信生命就是相信生命具有一种能力，即在任何一种新的环境下能够实现创造性转换。可以确信，这样一种能力会被激起，并且其现实化将会导向一个更为丰富的未来，从而避开那些眼皮子底下的意图。那么生命本身是否就是这些丰富性的总和或者是那些通常意义的概括呢？

事实也许并非如此。我们曾被生物学家告知，生命事实是一个抽象的名词，它提示了一种活生生的存在。生物学家正确地指出，生命不是别的，正是构成生命事物的整体，换言之，生命乃是由一种非现实的可能性构成的事实生命。生命是一种超越性，这种超越来自于尚未成为现实的中道的德行。在那里，当下正是过去的产物，看来并不创造什么新的东西，熵的控制也没有受到干扰，但也是在那里，在某一个当下，过去转变为一种新规则的元素，因而生

命又是在场的。

生命只存在于我们的星球上。但可以假定，如果在行星以及其他星系中的某一个星球上一旦有生命存在的条件，生命必然会奇迹般地存在。在此，对生命的观察人们可以察知宇宙的规律。自然就其所能实现造化，宇宙的目的是造就不同的神奇形式以及经验丰富性。沃丁顿称这种经验的丰富性为"进化的演进"（the anagenesis of evolution）。世界的进程并非集中于某些偏僻的欧米伽点上，关于宇宙的目的论不过就是随着时间的推移创造价值。

作为在熵中其指向更高序列的宇宙规律的生命，它的活动能力是极其巨大的。当条件允许时，它能为这个星球带来生命形式，增加它们直到它转换整个地表，通过控制人的智能进而再一次改变地球，也许在其他星球上创造类似的奇迹。只要进化不断发生，就有理由相信它能不断将单调乏味的物质转换为有生命的东西进而培植精神。

生命的力量并没有限定于清晰的生命物上。事实上，在生命与非生命中并没有确定的边界。人们会想到，生命总是竭尽全力，追求尽善尽美。但是在宇宙的巨大区域，这种努力又是微不足道的。只有在一些特殊条件存在的情况下，生命看来才可能像在地球上那样演绎出令人叹为观止的乐章。

现在，大家都认定物理学家提出的宇宙"大爆炸"在"各地"都在100亿~200亿年以前同时发生。本质性的自然以及宇宙的发展演进在洪荒的最初一瞬间就被决定了。按照温伯格（Weinberg）的说法，在1‰秒的时间里，自然的温度是如此之高——高达1000亿摄氏度——以至于没有物质元素、原子乃至原子核能够聚合在一起。在爆发中奔涌而出的物质组成了各式各样的粒子。在最初3分钟结束的时候它处于冷冻状态以至于能够让基本粒子形成核，并脱出氦和重氢。只是在数千年之后它才冷却下来，让电子参与核变并形成氦与氢。在引力的影响力之下，气体开始浓缩，进而形成银河系及其星丛。然而，构成行星的那些成份是在最初3分钟里形成的。在这3分钟内，粒子间的特别压力在最初会阻止分化，并达到其临界点。

在宇宙中，所有无氢的氦气在微秒之内的差别，已得到确认。没有氢气就不会有重元素，这些重元素是由氢核的聚合物形成的。这些重元素，如碳和铁，对生命至关重要。只是在能够导致超新星爆炸这样的强烈的万有引力的作用下，这些重元素才通过宇宙实现其聚合分解。而一系列在特有的分寸上发生的宇宙爆炸事件终于形成了一个氢的宇宙。超新星的爆发导致重元素的形成，这一点对于生命在这个星球上的进化来说至关重要。在这个意义上，我们人类是孕育在白热化的星系中的。正如前达尔文主义者想要看到超越者之手如何设计宇宙之钟，一些人也希望在这些超行星的巨手之下看到这一宇宙的奇异序列。我们的生命观念导致不同的结论。必须进化到合适的自然物质环境，有机体的生命才可能成为现实。此前可能存在数不尽的宇宙，甚至于与我们的星球同时就存在着一个"死寂"的宇宙，正如在那些已经耗尽其生命力的不同形式的有机体中存在着数不尽的经验一样。在宇宙中存在着了不起的法则，但这不是某种独裁者任意裁夺的法则。生命依照环境变化从而发挥其影响，在全部历史中其可能性变得具体清晰。

　　宇宙的进化是法则在连续的创造水平上的进化。看起来，宇宙的进化是为聚合和法则而战，它坚决抵制无序与混乱。韦曼（Wieman）曾有一个关于宇宙的美妙构想，当时他把宇宙的进化看成是在连续意义上实现的法则与稳定性。有一段时间，也许是在200亿年前，这时粒子向原子的聚合并没有获得相应的稳定性。电子、质子以及相应的物质向原子的聚合已获得相当的稳定性与机体能量，而且，通过宇宙变化所释放出来的震动与张力，也维持了有机体的整体性。而且，基本粒子聚合为原子的有机体边界现在也已经被洞穿了。

　　在生命机体中，原子与分子进入细胞的更加复杂细微的联系，并不是如此稳固而确定。在这里不相称的情形出现了。但不管怎么说，在活生生的细胞中存在着一种法则与稳定性，使得它们能够抵制许多自然环境的震荡与变迁，而它们在300亿~400亿年以前的海洋里一开始就是这种状态。生命在细胞水平上的边界现在已经消失了。经过数百万年的进化，细胞的有机体进入到一种复杂的

生命有机体状态。存在着一种稳定性，然而不像处于分子状态的原子组织以及组成原子的基本粒子那样安全，但仍然是生命进一步演进的充分基础。

生命于是表现为个体的、意识性的并且以人类社会共同体方式存在的有机体形式了。在人类的水平上我们发现，现今建立于人与人之间、人与自然之间的相互依赖之上的互助合作，是严重缺乏的。已经完成了的整合是最不彻底和最不充分的，而进一步的整合就成为最急迫的事情。韦曼于是对此发问：为什么？混乱与无序难道在人的生命方面是如此的普遍和危险？在韦曼看来，这是因为人的生命迄今为止仍是宇宙中前进性的发展演化序列中的前沿阵地。也许在宇宙中尚存在着远在人类社会之边界以外的生命疆域，但我们对他们一无所知。以我们的知识所及，对于更富有整合性的创造活动而言，人类社会是最富予开拓精神的。这里提示了一种崇高的价值，与之相比我们曾经在存在视域内逗留的那些价值都要低一个层次。这里，现有的宇宙探索到了巨大的可能性领域，而这一领域迄今为止尚未展示其价值，宇宙的冒险尚待进行。正是在这里天堂与地狱如海市蜃楼般灵光闪现。

在宇宙的漫长进化进程中，曾有那么一个时间，这时电子向原子的聚合正处于宇宙向一个更高形式突破和进化的临界点。随后，又有一段时间，这时原子向细胞的聚合以及随后细胞向复杂有机体的聚合，又分别构成有机体以及更高级的有机体形式的边界。而高级有机体经历骤风暴雨式的突变，最终才形成所谓人类社会的类群形式。最高贵的聚合形式是精神的集聚，即信仰。韦曼说，信仰是人类对最具创造性的宇宙间万物竞争的承认，是生命个体对宇宙朝向进步方向的敬畏。因此，具有信仰个体一定是身体训练有素、自律意志极强的人，他处世不惊，从容面对各种危险及骚动，在公共生活中显示出更为丰富而深刻的洞察力和决断能力，这样的人能够通过更富于激情与整合能力的生活表现，转变人们的日常生活经验，使人生意义更为充实丰满。我们应该拥有所有这样的生活，如果我们将遭遇宇宙整合过程的突变性力量，那么上述所有这些要素我们都需要具备。而且我们也能拥有这些要素，因为生命本身就是天赋之

源。所有这些我们也能够拥有，因为生命乃天赋之源。无法回应生活的召唤不只是一个人的失败，而是宇宙的悲剧。

在宇宙某处，从总体上存在着不同的条件从而使得生命形式各个不同，也许，甚至在太空，或者在完全不同于我们地球的空间领域，其生命的多样性也是如此。这样一种可能性是无从知道的，但如果全知全能意味着某种不需要考虑环境境况的能力，那么生命就不是全知全能的了。将来的某一天这一星球或许不再为人类提供生存条件，生命也不可能防止那种不测发生。

生命仍然是理想的力量，而且是惟一的能创造价值与自由，且能应对危局且总是善始善终的力量。的确，除生命之外，任何一种力量都可以侵蚀自然法则，只有生命创造法则。如果通过世界我们可以预知那深不可测的自然法则，那么生命就是世界的创造者。生命在宇宙的大混乱中产生并且带来了自然法则，但它本身并不产生大混乱，混乱是不可能创造出来的。生命通过新陈代谢而创造出来，而被代谢掉的那些东西则被抑制住了。生命才是创造者。

生命与邪恶

生命即创造，这种主张伴随着一种识别意识如果这是无生命的宇宙，就不会有痛苦、病患、罪恶、不公、压迫以及死亡。正是生命把所有这些经验带入世界。一些人认为给予生命的价值太高了，对他们而言生命本身就是魔鬼，没有生命，地球自然就拥有和平。

然而，大多数人认为这些关于邪恶的惊世骇俗的说法，不可能走得太远。我们分享着生命的生活价值。我们的抱怨只是我们不能够享受生活，而不是相互交恶乃至于仇杀。在没有奴隶制以及种族灭绝的情况下，人们也遗憾地发现自由并不那么容易实现。

我们断然拒绝使这种我们付诸于生命目的的邪恶永恒化。因为生命的原因我们拒绝了太多人类已经做过的事情。但是被我们看成邪恶的东西不能从生命中完全分离出去。生物为地球资源而竞争，最后都会消失。我们大概想知道生

命为什么在进化过程中会采用其他的策略。不管存在什么抽象的可能性，生命都承担了巨大的消耗及代价。

　　进一步说来，受难和死亡是其全部，人类也在所难免。如果我们肯定生命，我们所肯定的也必然是包含了某种连续不断的死亡进程的生命。生物学家能够知道生命的成熟与死亡吗？或者生命知识一旦被掌握就会加速整个行星的死亡过程？在这个意义上邪恶乃善的内在部分，至少在世界上以及在生命过程中是这样。即使我们能够想像这一行星上的将来的生命可以免除邪恶，那也仍然存在着使这一完美世界最后消失的邪恶。生命对这一行星的整个冒险必定终结。对所有生命之邪恶与善之复杂性及其不可分性的意识，在东西方的宗教传统中起着重要作用。在印度，主要的宗教性的天赋通过寻找从奇异的生存体验中得到解脱和表现。一些印度教圣人则通过婆罗门确证宇宙的终极动力，他们寻求各种生存苦难的解脱，以此识别到一个人自己最深刻的自我及灵魂，除此之外什么也不是。另一方面，佛佗则相信这样一种形而上学式的推测是无果的。他执着于一种关于受难原因的心理学分析，并把人的生命体验确证为物欲与企求。他向人们显示，只要清心寡欲，中止物化，我们就会从苦难中得到解脱。后来佛教徒鼓励人们通过辩论而摒弃欲念，与婆罗门教相反，佛教认为不存在婆罗门，不存在自我，只有虚空。对他们而言，虚空的现实化正是从苦难中得到解脱的不二法门。

　　在以色列，对邪恶的回应完全不同。旧约中的大量论证都对生命的长寿予以祝福，但同时也接受死亡乃生命的终点的说法。对特有的邪恶的不满则被一种关于未来的更好的允诺所回应，这种关于未来的期待大概来自于圣经所谓"希望之乡"（Promised Land），也可能来自于放逐之归途。但一旦过了既定的时间，在历史中可以得到克服的特有的邪恶感，就会让位于对这种邪恶的历史性的识别，以发现它究竟在何种程度上构成了我们的历史性存在。这样，希望也带来了新的形式：一个启示的王国，死而复活、个体不朽。在不同的形式中，可以期待无论何故以及不论在何处，都能形成一种明确的生命，在那里，

邪恶会深深地影响整个西方的历史。

现代许多西方人道主义者认为，既不需要获得东方式的受难之苦的救赎，也不需要西方获得一种确定的善。他们相信，在没有一种宗教幻想的情况下，只要谋求一种当下价值以及相应的正义，人类就可以有意义地活着。的确，他们认为，只有当精神摆脱了来世的目的与期望时，人类才可能自己掌握命运，并且带来一个更好的世界。

结果就变得很不确定。一些人用他们一生的经历从事公共服务，他们并没有明确意识到他们会服膺于任何终极目标。伯特兰·罗素就是一个典型例子。但其他一些人则由此变得愤世嫉俗。文化史也由此记录了那些暴戾之人自残自毁的劣迹。在终极意义上收回信心，并不会导致人们将他们的精力抛投到历史的转换中去，相反它倒是引导人们看到这样一种努力是没有什么意义的。

有些机敏的研究者相信，超越所谓事件的变迁并没有意义，随着生命在死亡意义上的必然终结，人类已不可能找到一种行动的激情。结论就是：除非一个人相信生命能够达到其自然终点而不是消失，否则对生命的信任就不可能延续。

生命作为超越者

生命其最核心的宗教符号是超越者，本节将专门讨论关于超越者的信仰。然而，超越者并非是一个游戏性质的词汇。这个词汇蕴含着重要内涵，以至于只要一个人想要解释其意思，读者就总是要把其他的意思融入其中。也许有一些人，这些人并不相信可以通过超越者实现理解，他们大概乐于考虑生命信仰的恰当性。也许还有一些人，这些人马上就会说：绝对的控制只可能是超越者，当然，这些人也乐于承认绝对控制本身仍然是生活。

然而，我们还是要直接来谈谈超越者。我们被要求提出这样的问题：我们是否相信生命能够获得其目的，而不是无缘无故的消失。这就是说，我们面临着

一个如何拯救自己的问题。谈到拯救必然要说到超越者。超越者问题总是与邪恶体验以及邪恶是否存在最终含义密切相关。如果有一个人克服了邪恶，那么此人就值得我们依赖甚至崇拜，此人就是超越者的人身化。

本章对生命的迥然有别的描述沿用了阿尔弗德·怀特海的宗教观。而且，大部分观点都是基于怀特海有关"超越者之原初本性"（The Primordial Nature of God）的学说。在怀特海看来，超越者对世界上每一重境遇及其可能性的应对及其正视，本身就是有序的新奇事物的来源并因此使规则充满神奇性。在《过程与实在》（1978）的最后一部分，怀特海转而提出所谓拯救问题，他所面对的是这样一个问题：世界上所有的事物都会衰落枯萎。于是在书中他剖析了超越者的具有推论意义的自然本性：任何在世界上终究要毁灭的东西在超越者那里依然保留着。

怀特海的超越者观可以恰当地称之为生命观，这不仅是因为超越者在世界上的内在性是生命给予的法则，而且因为生命给予的法则本身就是活生生的。一种没有生命力的法则是不可能确定并且解释弥漫于宇宙间的生命物。的确，超越者是生命在生态学样式上的尽善尽美的例证。这样的生态学样式有自身的特色，因为它确证生物都是与环境内在相关的，就是说，它们的存在本身就是由环境内在地构成。在不同的环境中生物是不同的，顺带提一句，没有一种生物竟然只存在于一类或另一类环境。

西方传统的有神论完全是在另一条理路上把握超越者。亚里士多德以其第一推动者的理论铺就了这一理路。对亚里士多德而言，被其他的事物所影响并因此依赖于其他事物，显示了此事物的不足，这样的不足不能归属于最后决定着所有运动的善。这样，超越者乃通过全知全能的力量推动所有事物的存在，本身是不可能被任何事物所推动的。因此，亚里士多德的超越者是纯粹的运动本身，这种纯粹的运动本质上是沉思和凝视，而沉思与凝视活动的唯一的客体即超越者。这种完全自足自为的神性看起来完全不同于超越者。圣经的善看起来与事物的生命历程是密不可分的，这些历程诸如受苦、回报、希求、行动、

创造、补益乃至于成为人类。当然亚里士多德式的善仍然使教堂里的思想者们入迷，基督正教也采用了这样一种永恒、超越以及自我存在的神圣说法，在这种说法中，存在以其自身的理由而成为存在。尽管他们并不否定超越者对世界的知与爱，但他们并不教导人们相信这种知与爱是无限的并且真正对超越者发挥作用。在超越者与世界之间并不存在真正的相互作用。按照这一观点，世界上的万事万物都是由超越者引起的，但超越者并不因此对世界发挥相应作用。现时代对于超越者信仰下降的部分原因，与这些被广为接受的思想特征相关，然而这些思想在圣经中则没有丝毫的表露。

我们同意怀特海的观点，即这种关于超越者的观点是十分不正当的。它把圣经中活生生的超越者刻画为一种仅仅具有外在联系的客体。真正的完善在存在方式上，不仅不会把所有事物排斥在外，而且会包含所有事物。超越者的初始本性包含着超越者的整个可能性的领域，无论在宇宙中是现实的还是不现实的，都是如此。超越者如此趋使可能性，使得它们得以在合适的时机成为现实。正是这样的安排为各种奇特的可能性建立起了有效的实现机制，从而使得生命在世界中的存在成为可能。但正如所有生物一样，超越者不仅对其他事物有所反应，而且也在其神圣的自组织系统中考虑其他事物。作为结果的自然界乃是超越者对于世界之幸与悲的最完美的回应。超越者不是世界，世界也不是超越者，但超越者包括世界，世界也包括超越者，超越者使世界完美，世界也使超越者完美。没有离开超越者的世界，也没有离开世界的超越者。二者当然有所不同，但没有超越者世界就不可能存在，没有世界超越者也不可能存在。不仅我们所处的星球而且整个宇宙都可能消失，或者被别的东西代替，但超越者仍将继续存在。但既然超越者像所有生物一样只是完美地体现着某种内在关联的原则，那么超越者的生命也有赖于它所包含的人类的存在。

但一些读者可能会反对这一点。即使所有这些都可以被确信，也不适合叫作超越者的生命。他们大概会坚持，超越者必须被确信为合目的以及博爱的存在，然而我们并没有说过什么使生命能具有如此的属性。这是一个重要的挑战，

它引发了对于生命是有目的性的和博爱的这一观点的回应。

生命是有目的的。的确，它被其目的所定义。生命并不是对事物当下状态的绝对无视，但宇宙为生命设定了终极价值。宇宙制约了所有生命的行动，并且通过这一活动使整个的生物过程从属于地球。但这很容易被人误解。生命并没有特别明确地针对人类的创造性。在地球上生命并没有因为进化进程而设定目标。没有一种写进我们生命因而迫使我们清醒认识的关于未来的计划，不存在这样一种计划。生命针对价值而实现，这种价值是丰富的和活生生的经验。在一定的尺度上，它实现了价值，几乎所有的生物都是如此。但它旨在超越那些琐碎的价值从而获得更为丰富的经验。要达到这样一种结果，生命需要不断创造和开启丰富性，从而使得一些生命物在生命的选择过程中呈现出更大的智力优势并富于感知能力。生命在海豚中实现了价值，在人类中也是如此。而且，虽然我们不可能猜测其具体形式，但生命有可能已经在别的星球上实现。

生命不只是它本身的目的，而且也是生物的所有派生性目的的根源。在此，目的涉及到事实与价值以及实在与可能的区分。正是生命将其尚未实现但最具吸引力的可能性展现在物理世界之中，并成为这一世界中的极品，生命是宇宙中纯粹给定的存在。动物的目的，特别是人类的目的，已成为进化发展的代表。不过在人类那里还存在一种确定生命的至上性的自由，这样的自由经常会反过来威胁到星球本身，人本身也由此成为地球的最大威胁者。

尽管并不存在所谓进化的目标，生命都会在任一个时刻为每一个整体提供其特有的目的。目的即意味着在某个场合必定获得相应的价值。这并不是抽象的目的，但在每种情况下又都各各不同。在这个意义上生命是十分个性化的。对每种生物而言，生命的馈赠都要求充分考虑到个体的特殊性与可能性。生命乃爱欲的最高例证。然而即使如此也可能被误解，确切地说这是因为所有生物在其具体的特征方面都被可爱地把握到了，但其中有一些人类通过爱欲才能理解，但这样的特征并不适用于所有生物。我们要求一种只关注于自身的爱欲，不仅只是关注我们具体的特征，而且好像我们自己莫名其妙地就是某种特异性

的存在。因此，这种爱欲只喜欢我们自身，但我们的目的却要反对它者。生命喜爱所有生物，恰恰因为这一点，在我们无法避免的竞争性的生存处境中它并不偏袒于任何一方。生命既支持狐狸也肯定兔子，既支持猎人也肯定猎物。生命肯定竞争中的所有参与者，因此也就无所谓肯定了。这种爱欲是所有爱中最私密性的和最特异性的。与同此时，这种爱欲又具有令人敬畏的无私性。因而，它其实是非个人性的。对耶稣而言，对个体性超越者的完美的爱，也是通过这种方式体现出来的：太阳无论是照在正义一面还是非正义一面，太阳都是太阳。

在许多动物那里，个体生命从属于类群，甚至于个体的目的盲目地服从于类群的保存与进化，或牺牲掉眼前的意图以让位于未来。然而，这同时也凸显了人类个体的生命。对我们而言，生命的目的恰当地肯定了人类社会、类群甚至于整个生物共同体的善，而人类生命的目地则更多地包含着享受的直接性，无论现在还是将来，个体人格都能够实现其伟大成就。在这个意义上，生命的爱对我们而言仍然是个体性的。

生命作为超越者仍然是一个真实的象征，在某种程度上，它并没有突出或补偿超越者之个体存在的完满性。这就转到了怀特海关于超越者作为结果的自然本性的观点。只是当自然的原初意义实现时，我们才能把超越者把握为意识。只是在结论性的自然中，超越者才知道我们、爱我们并且在我们个体性的生存中补偿其丰富性。怀特海写道：我们还需要苦苦思索如何在思想上最终战胜邪恶。

"在现今这个世界上，终极邪恶比任何毒药都要深重。它确定在一个事实上，这一事实就是，过去的已经过去，时间获得了永恒的在场性。当下时代的终极邪恶比任何别的邪恶都要深重，它认定过去的必然是永远枯萎掉的，客体化就包含着被消灭，现在的状况并没有过去状况的十足的直接性。这样一来，时间的进程使过去蒙上了一层与众不同的面纱。其实，在当下的世界中，由这一进程所承担的损失是一种经验性的事实，因而过去不过是抽象意义上的现在。但是，过去为什么必定是整体的经历，就没有任何终极意义上的形而上学能够给予解释了。"

怀特海相信，超越者像所有动物一样，不仅采取行动而且也被其行动所影响。他接着写道："超越者这种继发性的本性正是他对世界的判断。当超越者直接进入他自己的生命中时，他也就拯救了整个世界。这是一种具有亲和力的判断，这种判断什么也没有丧失，因而也就谈不上去拯救什么了。"而在伽利略式的关于基督教的起源方面，他也发现了同样的元素："它沉浸于由爱所缓慢、悄悄地操控着的世界中的微弱元素，它在基督王国的当下的直接性中，而非外部世界中找到了目的的存在。"

圣经见证了希伯来人以及犹太人对于超越者的不断变化的理解。基督神学再一次推出了关于超越者的相当不同的教义。今天已没有人能简单地相信圣经中的超越者了。无疑我们不能假装这样去做，那会断言一系列关于超越者的不同观念。只不过，在完全不同的世界观的语境中重复圣经的理念，并不是如在圣经中已经呈现的那样，在精神上以及动力性上显得忠实，而是——这是我们更加关心的——忠实于我们这个时代会给予我们同样的自由。按照保罗所言，这样一种忠实乃是他想带给那些信徒的。无论如何，我们必定以圣经般的忠实关心我们生命的连贯性。我们宁愿像圣经中那样的见证中获得恰当的连贯性；我们相信存在着这样一种见证。

尽管圣经使用了许多神的肖像，我们仍然赞同，肖像并不比生命更具有核心价值，但它与"精神"与"词语"有着更为密切的关系。在希伯来人的理解中，超越者的"精神"与"气息"，就是超越者的生命。正是"呼吸"注入我们身体中，从而我们也变成了生命物。我们把它设定为另一种方法，并且说这是在我们生命中固有的并且使我们表现为充满活力的神圣的生命。圣经注意到，作为生命给予者的精神，既在生物学的意义上活跃，也丰富了人类经验。我们也由此在这两方面坚持生命的同一性。不仅在身体上、也在精神上获得活力，这的确是神圣的生命。没有比基督教经文更能使我们注意到生物学与心理学上的生命之间的区分，只是经文有时候也暗示精神不是超越者，而是超越者送达或给定的，犹太教徒及基督徒之类则相信被超越者送达或给予的事实上就

是超越者。圣灵就是超越者。超越者就是精神。如果是精神使我们充满活力，我们会公平地说是超越者使得我们活着。如果精神就是内在于我们的真正的生命，那么超越者就是那个生命。

在圣经中，超越者的第二幅壮观的肖像是世界。超越者"说话"，于是就有了词，人们是被超越者的"词"所创造。那个词就叫做先知，先知标明了我们的存在。它把形式给予了信徒的生命。看起来，正如精神一样，词也是从超越者那里分出来的，是图像般的存在，但实际上又不是那样。超越者出来，词语就出来了。听到词语意味着体验超越者的在场。在约翰的《福音书》的开场白中，这一点是丝毫不含糊的，在那里，词语从一开始就与超越者同时出场，而且随着万物的创造一起显现的词语，还是超越者。而且它断言："在超越者之中的是生命，而生命则是人的光。"正是这一个词，在约翰式的筹划中，在耶稣那里释放出活力，以生命命名并且在宇宙中赋予鲜活的生命性。

小结

本书到处充满着推测性的分析。的确，使科学摆脱推测的仅仅只是依靠一种模式，这种模式产生于更早的和过时的推测。我们在20世纪60年代就已看到，这种旧的范式对年轻一代的思维方式并没有产生什么作用。我们也不会被现在这一代心平气和的年轻人所误导，从而推断思想的传承样式已经恢复了其令人信服的力量。如果学科或学者气质的共同体不能专心致志于富于责任感的推断，那么将有数以百万计的人受占星术所蛊惑的，而且，无论东方还是西方，都会有很多人无知地割断与自己悠久文化传统之联系。本书的努力则在于，无论在科学还是在宗教方面都希望有益于为人们形成一种家园的意识。

本章中推测方法用得很多，超出了任何一种方法。我们认为，宇宙学与宗教需要这样一种超越科学模型的阐释。但是有责任的推测并不是想入非非的。它要求具有个体经验、科学知识以及科学理论的坚实基础。

在其活生生的意义上，我们已得出了生物与生命之间的基本区分。前述我

们已经做了这种区分，即区分被创造的善与创造性的善。真正属于生命的乃是要求拒绝锁定于任何被创造的善，这时我们让自己通过新的经验与知识得以进行创造性转换。这实际上是陈式化的关于偶像式过度崇拜与一种可信的忠实之间的区分。但这种可信赖的忠实并没有因此损害生命的重要性。

我们已经进一步说到转变并且使我们获得自由的生命。我们已经确定生命存在于整个寰宇，而且，在无论什么样的条件下，生命都能够创造奇迹。通过对于已经发生的事态的解读，我们已经描述了生命力及其效能的本质。我们也看到，能够创造把我们自身带入存在的善的生命，同样也不可避免地带来冲突、苦难，甚至注定要走向死亡。对我们所有的生命的爱而言，死亡都是最后一个词汇。

在这个意义上，我们到达了世界上大多数最深刻的宗教思想的开端。面对苦难与死亡我们该说些什么呢？他们是生命的不可避免的伴随者，这是事实。但是，如果在最后并不只是个体而且是宇宙本身必然面临着死亡而不是生命，那我们又如何面对这样一种事实呢？难道我们要放弃我们关于生命的信仰？难道我们将面对宇宙晃动我们的拳头？难道我们将自身托付给宿命的必然？难道我们将醉生梦死？难道我们将通过冥思苦想或种种神秘体验得到解脱？难道我们将采取由愤世嫉俗或对人类的行为完全冷眼旁观？或者，难道我们不管任何事物而只相信生命？这都是些靠科学知识可以有助于我们把握、但却无益于回答的问题。它们是宗教性的问题。一个人可能拒绝有意识地提出这些问题。但在一些更深层的心智意义上，那些清晰地看到这个的人，一定是靠答案而活着的人，尽管他们没有意识到这一点。

我们发现自己愿意选择相信生命。那不仅意味着我们试图开放自身，以使得生命能够承载、伴随并且穿越我们一生。它也意味着我们生活在一种期待之中，在那里死亡并不是最后的词汇。形成生命的法宝将趋使我们对生命采取"无知"的态度。在这方面，怀特海的思想意味深长，令人信服。这是这一章、也是本书的最全面的推断。在他自己思想的互文中，这成为一种理性的和

正当性的推断，尽管在这里正当性不可能完整地生产出来。但对我们而言，忠实于生命意味着要更多地确信生命，生命最终不可能像信念那样被击败，所谓信念不过是我们依照其必胜的样式可以准确加以陈述的东西。

生命无论如何都要超越死亡，这种信念不会安心于承诺任何发生在我们星球上的事件。他们大抵很快就要导致灾祸。但生命的忠实并不意味着深深地关注到在我们自己的生命以及我们以后的世界会发生的事情。在这一星球上，生命的未来在很大程度上取决于眼下这一代人如何回应它的危机与挑战。以什么方式并在什么地方，我们相信生命将获得胜利？甚至于生命本身将从这一星球上消失？但在最大的价值评判中，那可能是生命意志，然后此后什么也不会有。眼下，人类的召唤是面向生命的回应，这样一来，星球上的生命大概可以从死亡的威胁中解放出来。本书的其他章节正是要表达这样一种召唤。

如果科学与伦理学总是分开来的，那么伦理学就总会处于滞后状态。

——于尔根·莫尔特曼

第七章 人类生命所受的生物学操纵

作为理解自然的来源的生命，已在前面章节中得到分析，生物学已被刻画成一种关于生物进化的生态学模型。生命的理解不仅对人类机体、也对非人类的自然事物提供了一种远景式的描述。从这一意义上，我们发掘出了一些伦理学的内涵，并且随之在忠实于生命的前提下讨论了整个生命定向。

这种态度出于对生物的敬畏，并且面向被生命本身所塑造的存在敞开。这在许多方面要求拒绝被操控的态度。然而这并不提倡被动性。向生命开放意味无处不在的生命活动，听从生命的召唤并付诸实践。显然，这包含着使环境及其有机的社会结构有序化。它包括使用药物以抗击疾病，用外科手术来修复身体中的病变与故障。但这些操纵性的行动要求充分考虑面对生命策略以及生态平衡方面的相互关联。今天，分子生物学、遗传学、生理学、行为生物学以及生物化学技术，已经展示了相当广阔且基础性的控制人类生命的前景。而新的可能性又对生命控制技术提出了尖锐的质疑，由此提出了大量前所未有的伦理学问题。

在准备思考这些问题方面，本章第一部分将引出相关的伦理学考量，这些考量都是在本书先前各章已经提出过的。我们不是独断论者。所有的生命操纵技术本身并非罪恶，但如果任其发展，也不是没有问题。我们尝试提出一些指导性意见，这些意见可以运用于本章各部分提到的一些很具体的案例。

第二部分将处理一些伦理学的问题，这些问题，是由于医学研究以及器官移植之类医学技术的缺乏所引起的。在这些情况下，一些生命可以得到挽救，而另一些生命则必须牺牲掉，那么问题是：如何在责任意义上做出评论？

人们不仅可以通过高级的医疗技术得以存活，而且还可以通过化学的或电子科学的方法保存其生命经验。有那样一些可怕的关于控制的可能性，也有一些富于快乐经验甚至于从生命操控技术中解脱出来的仁慈可能性。第三部分将处理一些因新的可能性而提出的伦理学观点。

正如更多的是从遗传性疾病所知道的那样，这样一个问题持续不断地被提出来，即在多大程度上我们能够干预病婴的生命。如果人类的状况可以通过减少遗传性疾病的方式而得到改善，是否能够通过遗传控制从而有意识地展开人口优生实践？第四部分将面对这些关于优生学的消极的或积极的问题。

第五部分与第六部分涉及一个令人不安的领域，即众说纷纭的遗传工程领域。它使得遗传工程在改变生命细胞的遗传成分以及由此产生新的生命形式方

面成为可能。它在农业以及遗传性疾病的治疗方面也获得了或善或恶的运用，并引起巨大的危险。在这些问题上的伦理学反思仍然处于初始状态。

贯穿这些章节的伦理学问题成倍地增加。首先，如何对待科技发展产生的问题？其次，受到鼓励的科学技术是否真的保持其正确的方向？这些问题并没有反映出人类生存或生物在总体上的生态学理解。在这些情况下，我们要求公共资源改变其既有方向，更多地支持并引导科学事业。

生命伦理

在前面章节中已精心描述的生命的生态模式，提供了一些原则，借此规范那些有关生命控制的混乱的伦理学观点。下面有关生命的生态学模型的一些方面与由生命伦理学提出的问题有关。

·价值与权利

所有的生命都存在价值，但并不是所有的生命都存在相同的价值。价值由感性丰富性及其感性丰富性得以评估。按照每一种生命形式及其生命体验的不同，从最简单的生命形式到最高级的人类之间存在着很多价值层级。自然，我们只知道我们自己的感性，不过，在第四章中，我们曾把价值归之于全然归属于不同层次的生命感性。伦理学的需求意味着我们要提供并推动感性丰富性。然而，伦理学问题并非如此简单，除了从属于经验的内在价值外，包括人在内的所有生物都还存在着工具价值。这样一种价值，并非他们自身的价值，却涉及与它们相同类属或不同类属的价值。生物的这两种价值是生命受到推崇的基础，从中形成一定的责任感。

经验的内在价值赋予权利。赋予经验的能力的个体具有享有这样一种经验丰富性的权利，这种经验丰富性本身也是它们能够获得的。它们拥有使其生命得到尊重、并且在可能的情况下也得到保护的权利。这样的权利不是绝对的。唯一绝对的是尊重生命本身。在权利的论阈内，存在着与内在价值关联着的层

次。伦理性的行为将考虑这样的层次，并竭力使之得到识别与尊重。

如果我们以伦理的方式去促进经验的丰富性，与此同时我们也被召唤去推进一种自由地回应于环境的能力，而不是被动地受制于环境。基于生态学的模型，伦理学要求我们尊重并鼓励形成一些自由决断的能力，这些能力属于人们依据其自身力量得以推进的经验丰富性。

· **平等之谜**

我们意识到人类种族存在着经验冲突性方面的能力差异，也意识到内在价值方面的差异。没有一种对所有的人类生命都适合的绝对价值。人类的实际经历与其能够经历之间的沟裂，对于每个个体生命而言是如此之大，以至于在内在价值能力方面的差异很少在实践中得到关注。这些差异在伦理上的决断的确变得十分重要，对某些人而言，在其生命的开端或终结处，甚至于在其尚处于胎儿状态，他们即处于某种终端性的病理状态。不管是在遗传上、还是在文化上，人与人之间都是不平等的（在这个意义上人类生而不平等），但无论如何，伦理上的行动必须要忠实于一种人人生而平等的理念。任何一位来到世界上的人都应该最大限度地获得发展其才能的机会，使其个体生命经验得到足够的丰富和展示。

从这项最后的原则中找到了理解其他问题的门径。因为我们是不平等的，因此正义要求我们分享彼此的命运。生命的成本，尽管是这样一种不公平的配给方式，但也被所有的存在所分享。在任何程度上，当我们从其他人的生命感受中提升出来时，我们对生命代价的分享，都是在面对苦难和焦虑时而出现的沉重的和难以忍受的负荷，也是面对如此众多不幸生命时的难以化解的心灵状态。

因此，一种区分可以由此做出，这种区分的一端是我们负荷或分享的重量，另一端是我们每一位都可能期待它以适当的样式成为我们能力与才干的负荷者。来自遗传或来自环境的负荷都会压迫我们，但是无论如何，我们要为我

们自己的决断与行动而负责。我们几乎从来没有成为环境的牺牲品，因为我们总是负责任的存在者。总有一些事情是我们可以自由地去做的。我们也总能采取某种立场。我们不能因为我们现在的样子而去简单地责备我们的遗传基因或者我们的父母亲。我们是他们遗赠给我们的存在。进一步说，人类既可以接受也可以超越遗传。人类自然的这一方面，亦即人类超越的能力，在人类对其生命奥秘的求解过程中变成了一种重要的要素。我们希望它得到更加丰富的认识与把握。人类中的一些人大概也知道如何更少地陷入悲伤，而让更多的精力付诸于竭力改变生活现状。

为我们自身而做出的决断能力是这样一种能力，它能恰当地为我们自己的兴趣而伴演恰当角色，也能增进别人生命的丰富性。这些他者主要是那些离我们最近的人，他们是最容易被我们的行为所影响的人。但我们不能在那里界划边界。我们的行为可能影响那些将来的生命个体。事实上，他们深深地介入到未来之中。我们对于尚未出生的未来世代都是负有责任的。

伦理学上的价值、权利、分享以及责任感，受生命的生态学意义上的理解深深的影响。我们不仅只是一个个由外部因素而相互分割的个体，而是由相互的关联所构成。一个人的福祉就是所有人的福祉，一个人的苦难就是所有人的苦难。当然，生命的这种相互连结，最明显地体现于人们所熟悉的家庭以及朋友圈，这是极其重要的。这种私人性的公共体也应得到足够的尊重。当这样的公共体成长和繁荣起来时，我们也成长和繁荣起来，并体验到经验的丰富性。但对这些共同体而言是没有边界的。用约翰·多勒（John Donne）的话说即："不要问钟为谁而鸣，它就为您而鸣。"

·风险伦理

生命是一种冒险，而冒险就必然包括风险。未来不可能被保证。事件的意外发生与环境的不可预测性同步。改变的缺乏大概会提供一种安全性，使得我们一些人感到可以依赖，但这样的安全性也伴随着一种代价，即失去了对生命

未来的丰富性。当然，而对空难性事件的风险必须面对。如果人们改变工程时做了可能涉及风险的事情，那就得负责任。伦理学要求预期的利益要超过风险所招致的代价与危险。人们愿意承担眼前的痛苦与危险，因为得到了一种承诺，如同经历一场痛苦的外科手术那样，即可以在随后就获得较负出的痛苦大得多的收益。但人们的确需要对前后作出评估。冒险不符合伦理，忽视风险的存在也不符合伦理。

·症候的处理及其原因

经常对付邪恶这样的顽疾有两种处理方法。一种方法是治疗受害者及其邪恶病症，另一种方法是消除导致邪恶的环境。前一种方法把世界观表达为沉入个体之中，在那里个体只是偶然性地处于与他人的关系中。这一说法倾向于那些有病的或正受到伤害的人。它直接介入如杀死病菌或外科接骨这样的物理性的治疗活动。即使在个体的治疗中，也是倾向于处理次要系统，而且在此过程中会忽略掉病人在心理与生理组织方面的内在联系。结果是一套机械化的处理模式，那里展示着伟大的技术成果，展示着一般情况下难以达到的了不起的科学成就。简单地谴责这种处理邪恶的方法，或者鄙视其成功，都是不明智的，正如同拒绝奠定在机械模式之上的理论科学是不明智的一样。但是，指出其限度并且误导其所提供的能量，则是完全不明智的。

在更为充分和更广的意义上，第二种方法可以包含第一种方法的元素。这种生态学方法在整体意义上看到，机体作为一种功能是与其环境关联在一起的。机体的健康取决于一种健康的环境以及健康的生活方式，使得个体与环境之间形成一种协调关系。这提示人们，生命的主要目的应当朝向形成一种尽可能健康的环境及其活动方式，而不是把自己限定于一个有限的和可有可无的系统中。在生态学方面朝向人类健康的工作，与以往那种药物性的实践而言，在控制方面要付出少得多的努力，而且这种生态层面上的工作将会更加适合于支撑生命策略。此外，这一工作也通过成功性的控制实践从而将伦理学方面的问

题提上前台。但无论什么样的方针被披露开来，它都只能是"被创造的善"。这样的"善"可能被检测和应用，但也只能表现为对事实的有限的把握，事实本身仍是迄今为止可以接近到的东西。所以这些方针应该为修正和变革而保持开放性，这种修正和改革是按照新的洞见、观察以及批判分析从而做出的。

稀缺医疗资源的公平配置

如今，随着昂贵且精心设计的医用资源技术的发展，新问题也出现了。自然，即使它们非常有用，但这样的资源也不是对所有人都容易得到的。那我们就要问：究竟是谁应该有理由享用这样的资源？

今天，有超过2万人好好地活在这个世界上，而他们在历史上的任何其他时间都早已死掉了。他们本来已经丧失了肾，但靠着人工肾脏仍然活着，这种人工肾脏即一种人工透析机器，这种机器从血液中抽出有害有毒的物质，以实现肾脏的功能。直到1960年，人工肾仅仅只是在可逆的尿毒症中才被使用，在那种情况下，人工肾代替一只有缺陷的肾，一般就在几天或者几个星期，直到病人的肾脏从尿毒症中恢复过来，发挥其正常功能。在很长一段时间，如何使用这种机器存在着一些技术性的难题，后来这些难题在技术上被克服了，以至于人工肾与人体的其余机能之间协调起来。从那以后，所有有必要做人工肾透析的病人都需要每周2~3次做一次8~10小时的透析，既可以在医院做，也可以在病人的家里做。这项新治疗方式为病人、病人家庭以及医生带来了一系列伦理的、社会的和经济学的问题。

1960年，当时人工肾脏技术还只是在诸如法国、美国以及英国等极少数的国家运用。问题是有成千上万的病人存在。谁将成为未来的幸运者呢？谁将成为幸免于死的人？医院系统建立了一个委员会来确定谁有权利享有这种稀缺的资源。委员会的委员们不得不做出苦恼的选择。是那些尚未成家但又才华横溢的学者们享有这种资源？还是那些处于社会底层为养家糊口而奔波的人们享有这种资源？幸好这样一种特殊的问题不存在。至少在工业化国家有充足的人工

肾脏，其至于可以满足每一个人的需要。但第二个问题接着出现了。在法国，每位病人一项肾脏透析治疗的年费用是2万美元。每年有2000位新病人需要这项不断进行的治疗。假定人们期望每位病人通过这项技术还增加10年的寿命，那就意味着2万病人将在未来10年中接受此项治疗。这涉及到一项40亿美元的开支。当一个国家的健康负担不可能如此增长下去时，那么40亿美元就必须从其他健康开支中支出。这就需要确立优先权，而且相应的决定不能整个地偏向当权者以及经济学家。但当我们不得不选择是否要花钱帮助这一病人而不是其他病人时，就必须做出困难的伦理学决断。

1959年，第一例肾移植获得成功。从一位捐赠人那里移植一颗肾脏要冒一定风险，风险的几率是健康年轻人的两千分之一。因此这是一个较小但却不能忽视的比例。其他唯一可能的肾源来自于死去的病人。很明显，不仅捐赠者还是从死去的人那里获得肾源都是有限的，而且现在大多数西方国家都普遍存在着肾源短缺的问题。因此问题变成谁有权利从稀缺资源中获益。那些通过人工肾而维持生命的病人当然希望肾移植。但如果病人可以在人工肾的帮助下或多或少地使其生命处于正常的机能，那么肾短缺的问题就相对缓和得多。所以医院在标准确立上就要排除一些肾移植申请者。那么，是否存在着其他可供选择的标准？赫尔穆特·蒂利克（Helmut Thielicke）主张，任何一种为病人的选择并且为所谓"稀缺医学资源"而做出的"医学标准"，"都已经倒向了直接侵犯人的尊严的功利主义"。进而，建立在任何标准基础上的决定都只有很少的区别，区别不过在于运气罢了。其他人也辩论说，随机的选择是决定谁将活谁将死的唯一方式，这时并不是所有的人都能活着，在这样一个基础上，这种方法也为机会的平等提供了可能。其他方法会威胁到与对人类尊严之尊重悠关的信任关系，并且这种态度也是对于别人的期望，由此病人得以信任医生。对这种信任的威胁，从首次心脏移植的时候竖立在现场的广告牌上就已经显示出来了，那里写道："手术要小心哟，基督徒巴纳德在看着您呢！"这与抽奖完全不同，"谁先到谁先得到服务"显然吸引着那些个倾向于此方法的人，而抽

奖系统就在那里工作着，抽奖者就总能在一段时间内、而不是突然间形成决定，并抓住可能的运气。

肾移植的费用要比人工肾脏的使用低得多。尽管如此，问题还是存在，即，到底应不应该把一个国家的医药资源投入到器官移植中去？在印度的一些医院里肾移植手术的开展，需要提供给病人一定的费用，这笔费用或者能够让病人康复，或者能够偿还所借的贷款。一个人可以通过贷款或者由朋友及其其他慈善途径得到帮助，从而完成了肾移植手术，但病人随后会发现，如果要让新的肾脏维持其功能的话，每年为服用药物也要花掉不菲的费用。于是，病人只有再一次求助于朋友及慈善组织，以偿还这些费用。如果一个人本人富有，或者有富有的至交，或者他有能力从各种渠道弄到钱，就能获得一颗新肾脏。穷人则什么也得不到。发展中国家的稀有医药资源应如何运用于其医学服务？谁能成为被帮助的对象而且谁又是因为缺乏帮助的支持而被舍弃掉？发展中国家面临的这类伦理学问题从根本上说与富裕国家并没有什么差别，但对他们而言情况要更加严峻。

除非能够精确地计划出每个人对人类经验所做的贡献并形成可选择的答案，我们就不可能有解决这类问题的理智的方法。如果美国一家大医院在两位肾移植需求者，即一位带着5个孩子的普通劳动者与一位没有家庭需求照顾的职业人之间选择了前者，我们认为这家医院做出了正确的选择。如果这位职业人还需要照顾许多其他的生命个体，那么我们的选择或许还有所不同。在形成这样选择的时候，我们的确既要考虑生命个体的内在价值，也要考虑其工具价值。正如第五章已经阐明的那样，这些价值针对不同的个体而有所区别，无论如何当我们为此烦神时，其实我们已经承认了这种事实。在生死这样一些极其重要的事情上，我们从来不能确信自己是否做出了正确的判断，但是既然我们必须做出决断，那么我们就应该依我们的意愿运用自己的理智。

我们目前面临着昂贵的医学设备不足的局面，在这种情况下要对上述伦理学难题提供满意的答案更不可能，而这种不可能性使我们在一个更为基本的层

面上考虑问题。我们现在把资源花在开发人工肾脏以及肾移植方面，但如果我们把这些钱用于减少肾病以及在突然事故中出现的肾脏损害，是否值得呢？这一问题对于那2万位通过机器治疗现在还活着的病人而言是很难说的，因为他们是这一治疗的直接受益者，但我们的确需要记住其他更多已经死去的人。本来，在很多情况下，如果痛苦的可能性能够被控制，如现在澳大利亚的情形一样，他们的死亡原来是可以避免掉的。

我们的社会更加适合于英雄式的成就，诸如治疗病患、处理受害者或者改善症状，而不是改变社会以及其他的生存环境，以阻止住其他人变为病患的牺牲品。预防医学要比治疗医学要少更多的钱，而且对于社区成员的健康更为有效。比如，1970年，澳大利亚因意外而出现的小汽车事故，每辆车经评估其损失是7000美金，每年这样的事故是73000起，加起来对于社会来说就是一个天文数字。而澳大利亚通过强制性安全带使用法的实施，已使得交通事故减少了15%，其中严重的事故发生率也大体在这个幅度上。

高发的癌症据一些人讲，70%~90%是由环境因素导致，这些因素涉及了一些不健康的生活方式以及习惯，诸如吸烟、嗜酒、过量营养以及遭受工业危害。这样的评估建立在高致癌国家与低致癌国家在生活方式上的差别基础之上。住在日本本土的日本人的肠癌和乳腺癌发病率都较低，而住在美国的日本人在这两种癌症上的发病率则要高得多。日本妇女很少出现乳腺癌，但是当她们搬到美国去之后，乳腺癌的发病率就上升了。这之间的差别是由于日本与美国在环境以及生活方式的不同所造成的。是否正是西方生活方式上的元素导致了这些癌症的高发率，还没有得到确认，不过饮食方面的不同常常被怀疑为导致癌症的重要因素。数以亿计的费用每年都花在癌症的治疗以及癌症的研究方面。只有很少一点钱用于癌症的预防上。预防包括帮助人们学会区分哪些是危险的生活方式，并能通过个性化教育来改变人们的生活方式。个体通过这样的方式可以大大地增进其个体的健康。但在社会中也存在着一种很强的影响力来抵制对健康生活方式的改进，正如烟草公司的广告所宣传的：活动的效应却是

适得其反。这样一种抵制往往会抵消那些试图通过改善生活方式来增进健康的努力。

一项对加利福利亚州高达7000人的健康状况的研究表明，个人习惯对于保持健康是至关重要的。身体的健康与长寿状态与下面7种生活习惯息息相关：

——每晚保证7~8个小时的睡眠；

——每日的三餐中夹带一顿快餐；

——每日必吃早餐；

——保持较理想的体重；

——避免酒精过度；

——一般的身体锻炼；

——不吸烟。

那些保持了所有这7项生活习惯的人，其健康都能保持在30岁左右青年人的状态。但是，调查表明处于这个年龄段的青年人倒没有保持这些生活习惯。而且，人们身临其间的社会环境以及广告宣传仍然在误导人们保持那些不健康的生活方式。任何一位已经收入旨在促进健康生活方式及其教育过程影响的人都深切的感到，来自于社会以及传统方面的阻碍力量该有多大，即使改造的对象是年轻人，也一样会遇到非常大的阻力。

我们面对的是在昂贵而稀缺的医学技术资源下的生存问题，因此我们无法避免去面对特殊情况下的伦理决断。但我们总能避免被拽入一种心理定式，好像只在那里我们才能讨论问题。我们应坚信，主要的任务是预防，而不是治疗疾病，而且在所有涉及资金及资源方面上首先都须这样考虑问题。

由于如此多的精力都直接面对治疗而不是预防，于是就形成了这样一种状况，不公正的医疗服务遍布世界各国，并已经成为全球性的焦点。当一个富裕国家需要花费很多费用用于器官移植以及尖端的医疗技术时，穷国仍然缺乏最基本的医疗保健。如果直接面临一种严峻的选择，即一个是花高昂费用为某位病人做以及移植，另一个则是通过医疗手段使50个孩子摆脱严重的营养不良，

人们会毫不犹豫地选择后者。然而现在我们自己却做出了相反选择，并且还自欺欺人地对自己隐瞒了这一点。在医学研究及其国际性的费用开支方面的转变，可以根除现在困扰着数以百万计的病患，特别是那些热带地区的病患。正如卡拉翰（Callahan）所说："如此众多本来可以避免的病患存在于世界，实在是一个根本的错误。"避免这些的确需要根除的病患，并不需要动用如此多的技术手段，而是要对形成人类健康的人与自然环境之间的关系类型引起足够重视。

甚至在富裕国家也存在这种情况，很多不可能从高端医疗技术中获准的人，也不断患上那些本来完全可以预防的疾病。比如，在美国严重影响穷人的病患就有维生素缺乏、缺铁性贫血、蛋白质缺乏性疾病、晚孕代谢性血毒症、肺结核，肺炎和风湿热。可预防性的疾病，特别是那些发生在妇女及儿童身上的疾病，更多地是发生在那些教育程度低下、严重营养不良且居住条件恶劣的人身上，而不是发生在那些安逸享乐的中上层人士中。在澳大利亚，慢性支气管炎与冠心病的流行程度，在低收入人群中的流行是在高收入人群中的2倍。

由人工肾脏与肾移植而尖锐突显出来的问题，只有通过一个总体的办法才能解决，这就是把卫生保健与能够克服分配不公的措施。即消除贫困联合在一起，把健康与健康问题密切相关的经济问题连带在一起加以解决。一个更加健全的社会当制订一项政策，使病人的治疗能够持续下去，在那里人们不必在人工肾脏与肾移植之间做出痛苦决断。但问题是，这样假设的前提是一个基本正义的情景、而不是整个社会系统并不公正的极端表现形态中的。

对人类感知经验的操纵

几年以前，神经生理学家德尔盖多（Jose Delgado）被引入一个斗牛场，他必须面对一头正等着他的公牛。他以传统斗牛士的方式逼近这头公牛。公牛用前足扬起一阵灰尘，看起来是要准备攻击。但恰好这头公牛安静地躺在了德尔盖多的脚下。周围的喧闹的观众有所不知，德尔盖多实际上先前在这头公牛

的脑中置入了一个电极，电极进入公牛大脑中的一个区域，这个区域一旦被触动，公牛的攻击性行为马上就被抑制掉。德尔盖多自己则携带着一只无线转换器，这东西可以向置入公牛大脑中的电极传输信息。因此德尔盖多所有使公牛平静下来的工作就是按一下按钮。德尔盖多对公牛所做的工作，不过是那些难以控制其攻击性的人已经做过的事情。当一个人感受到急迫的外部刺激时，或者当他能够被与外部的控制连通起来时，具有这样一种功能的人其实也就按下了他自己的按钮。

德尔盖多评论道：当电极被放到脑的其他部位并且发生作用时，兴奋感就会随之产生。评论提到一位其脑部曾置入这样一个电极的病人，受试的这位病人当时傻傻地笑了，病人说他当时的感觉真是"非同寻常"。不过这听起来很滑稽。反复的刺激使得病人变得更加絮叨并伴有轻快感，德尔盖多说，很多经历了这种电极置入试验的病人并没有感到不适，因为电极只是在他们大脑中，受其影响，病人的行为本身并没有觉得有什么不妥及不适。在很少的情况下，因为电极被安放在大脑的兴奋部位，病人就有机会通过按压电钮以刺激其大脑，以获得轻快感。这种程序被说成是具有治疗价值。但这种处理方法显然超出了治疗学的范围了。一个人可以从总体上想像兴奋技术，正如如今用于某些特殊的精神体验（如吸毒）的目的而享用一整套的药物一样，或者仅只是为了大脑的兴奋或沉寂。几年前有一个关于类似体验的报告，这份报告提到那些将电极置入大脑中的人，实际上是想获得人的脑波对于外部客体的主动回应，而且他们宣称只是想进入一种禅宗所谓顿悟状态。这种状态，通常要求很长时间的冥想训练才能达到。

除了电极置入外，还有不少方法可以控制人的精神体验，比如精神性药物、神经性外科手术以及如同抗干扰治疗的心理训练。对于这些方法的任何一种，目前都存在着相当多的争议，几乎无人怀疑，人类对这些方法的掌控，改变了其他人的行为及其经验。医学上集中关心的则是这种方法如何减缓病痛。通过一种强有力的国家或其他的组织形式，医学也为国家提供了一种对持不同

政见者以及其他一些人群的控制方法，从而达到了奥威尔在《1984》一书中描述的政治控制效果。

在此，我们要提到在精神性治疗以及心理控制方面的一个典型案例。这一案例是由若列斯（Zhores）与罗伊·麦德维杰夫（Roy Medvedev）在他们的《疯狂的问题》一书中讲到的。在有了在苏联的那一番作为生物学家与活跃的持不同政见者的经历以后，Medvedev被强迫送去接受精神病学检查，而且被指患上了"无症状精神分裂症"。一次在医院他被威胁服用精神病药物，特别是盐酸丙咪嗪，首先是要求口服，然后是静脉注射，都是强制执行，他再怎么抗拒也无济于事。最后他还是被释放了。其他的人就没有这么幸运。有断言称一些人被服用或注入了大剂量的氯丙嗪。也有一些断言，说是在西方国家有些被关押的人，他们因各种各样的原因受到精神性药物或心理控制等的治疗，而且这在监狱中被看成是可供选择的管理方法。无论如何，精神性药物都是在病人中被运用得很广泛的，并不是治疗病患而是起神经镇静作用。这方面的一个典型案例，即布莱恩·克拉克（Brian Clark）在其剧本《究竟是谁的生命》中所刻画的情形。

没有人知道，通过精神药物以及心理控制而达到的对生命体验的改变，在很大程度上依赖于药物以及控制过程。无疑，各种各样的"洗脑运动"做了太多的改变人的行为的事情，但还是剩下一种基本的信念，这种信念确认，激起创造力的行为能力并没有被改变。无论如何，在任何形式下，如同惧怕像机器那样被控制起来一样，人们总是惧怕行为被机器般控制起来的原因的。这种惧怕行为本身是合法的，从方法论上它是针对试图改变一些人类特有的大脑设置及其功能。另一方面，以为整个社会都已被精神所控制的科幻式的特定想像，大概是没有什么根据的。认为在一个可以预见的将来这些控制方法就会在普通大众中运用开来，这是极不可能的，这部分地是因为，传统的大众说服以及情绪转移等方式，看来仍然是更为有效的和更有影响力的方法。希特勒通过旧的心理手段就转变了成百万人的态度与行为，这意味着他根本没有诉诸于那

些现代的行为控制术。然而我们今天看到，媒体特别是电视，已经对人们的行为产生了深远的后果。

电视在引起暴力方面的负作用，已经成为大量研究、甚至包括两个主要的政府委托性研究项目的主题。谋杀案件的发生率在美国呈快速上升之势。从1960~1974年，谋杀案的发案率增长了1倍，既涉及到案犯也涉及到受害人的最可能的年龄段，成年是在20~24岁，而青少年则在15~19岁。电视暴力部分地是正在成长的年轻人的主要的作案经验。有一个估计报告认为，在5~15岁，平均每位美国儿童将通过电视看到超过13000人被杀掉的场面。而研究结果认为，小孩正是从他们在电视及电影中看到的方式学到犯罪方法的。这份评估报告导致一个提案，即提出从晚7点~9点的这段"家庭电视时间"内不允许上演暴力画面。至于对不健康的抽烟习惯，仍然存在着一种顽强抑制的传统。工业化的兴起本来是反对这样一种例行检查制度的原因，其动因往往在经济方面，而在反对例行检查制度方面无所作为，经济利益助长了不健康的影视文化的蔓延。例如，在美国，在电视网络上发行的极为重要的电视图片，花7600万美元才有权放映42部新近开放的电影，这些电影中包括《教父》和《教父II》。但NBC只支付了700万美元即获得了《教父》的独家放映权。电视是一种巨大的商业企业，这一企业的基本顾客正是年轻受众。

人们大概宁愿看到控制人类体验的能力从来就没有开发出来，因为这些能力对人类的伤害经常是要大于正面作用的。但这只是一种无意义的冀求。千百年来，人类已经通过诸如酒精之类的药物控制其生命体验。而且，有史以来，人类就开始通过说教以及洗脑活动进行相互之间的精神控制。控制的意义已经伴随着人类的历史。疑问也由一代又一代人逐渐往下传递。然而，新的控制方法同时也向新方法提出尖锐的问题。我们知道，身体能量的不断增长显然使得个体生活更能保持活生生的生命状态，以此抵御健康上可能出现的病患，然而，身体控制方法提出来的问题，其对人类生存的威胁程度更根本。

当人类行为的特殊控制方式已产生了负面效应、并且这种效应其危害远远

超过了其可能的益处时，不难确定，这样的控制方法并不会强化人类生命体验。人类此前通过其他控制方法来试图达到有益于增进生命的健康体验，但似乎都不怎么见效。在这种情况下，通过精神药物以及电刺激法，人类似乎能够达到更健康的精神生活，然而，究竟达到一种什么样的状态才真正有益于实现恰当的生命体验呢？这实在是一个让我们没有信心的问题，因为严峻的现实给出了相反的答案。在这种情况下，是不是就不应该鼓励社会政策，免得使这些可能发生严重负面效应的精神控制方法变得更容易。人们有理由怀疑这种能够轻易获得生命体验的生命的真正目的。例如，通过精神性药物或电刺激获得的欣快感，并不是我们认为的那样，达到了一种特别的高峰体验。这种感觉大概类似于一个人突然陷入谷地时的生命体验，不期而遇而又必须接受。因而把这种感觉看成是高峰体验，实在是一种错觉。一个人很容易就会发现一些贮藏着精神性药物的小诊所是值得去的，到那里去能得到精神上满足，而且满足感是如此强烈，以至于对体验丰富性的追求本身就可能会流产，实际上这不外乎是陷入吸毒的精神状态。这种情形也适合于解释那些老的烟酒嗜好者，也适合于解释这种精神控制方式的现代变种。体验的丰富性关涉着自由理念的提升以及生命感的开拓。在这方面，无论精神性药物还是电刺激对大脑中枢所带来的欣快感，都无益于体验丰富性的真正实现。

至于宗教式的开悟所导致的精神控制，这种情形要更为复杂。尽管前述我们关于对体验丰富性的追求并没有关注到这类宗教启悟，我们也不能否定，这类宗教启悟提供了某种非同寻常的和有价值的生命体验。其价值部分地内在于宗教体验之中，但是更多的则属于在一个人随后的生命活动中可以得到映照的生存状态。如果这一内在价值及其生命的结果能够通过控制的方式获得，那么，这样一种控制的形式就不应该受到鼓励。我们对这样一个非常尖端的问题所作的肯定性答复，其实是迟疑不定的。但我们的确有理由怀疑，事实上，任何控制方式都是可能的。

我们甚至于可以推想，某种宗教启悟本身牵涉到对大脑某一特别部位的激

活，而且这同一部位的激活也可以通过其他方式达到，那么事实上发生的启悟体验活动就不能简单地看成是这种活动本身的副产品。任何一种生命体验自身都包含着将过去从其生长活动中剥离出来的努力。启悟的情况也是如此，在那里包含着了不起的规则约束和丰富的生命体验。启悟与过去的关系是对照和让渡性的，因为价值就以不可逆转的力量在新时刻的直接当下设定了自身。新的体验是某种祈求的履行过程，而且其价值部分地是可以实现的。而在规则约束活动中，大脑的直接刺激则不可能产生较过去更多的新体验的丰富性。

进一步，这一点对我们而言也是靠不住的。在推论性的体验中达到的启悟效能，可以通过呈现启悟的方式从规则约束中区分开来。但这都是有待于通过未来调查才能确定的有价值的成果。由此，这样一道门径必须预留出来，以向可能性的发现的开放。这种可能性的发现是指，某种宗教般的启悟及其效能，不过是集中于大脑中的某种特别活动方式的副产品。如果这样的话，那么为了现在还在沿用的长久与困难的精神控制程序，用宗教启悟去替代那刻不容缓必须停止的精神控制，就是有意义的。但我们前面那种不支持启悟方法的肯定性回答是具有合法性的。因为如果事实上启悟具有这样一种精神控制特征，那么它所得到的评价也不会很高。一种能够得到回应的可靠的自由并不是这样一套能够刺激大脑就可以发生的事情，如果启悟转而通过这种方式成为主题性的精神调节活动，它大概也会缺乏作为体验丰富性的重要元素（即可靠的自由）。

有那么一些人，他们相信人的生命是从痛苦中提升出来，因而是关于愉悦的持续性的生命追寻。保罗·蒂希利谈到，他从来都没有碰到一个这样的人。我们也没有遇到过。正如蒂希利接下来所说，人只有在失去其人性时他才是真实的，这种丧失既可以通过彻底的精神瓦解，也可能是通过精神病。一般人能够牺牲快乐并且因为某一原因比如为某一他所喜欢的人或物从而承受痛苦。"他之所能够漠视痛苦或快乐，是因为他并没有专注于其快乐，而是专注于他面对的忠爱之事，他与事情本身结为一体。"当这样一个人漠视痛苦或欢乐时，

他或她自然能够发现他自己乐在其中。那种体验只是在我们被趋使着面向人或事时才能出现。在这里，我们所要面向的人或事，只是因为它们是其所是，而不是因为我们是否能从它们那里获得什么的人或事。这样的体验自然就属于享受了，因为体验达到了我们之所是。这种享受的反面并不是痛苦，而是伴随着相对的空虚和烦恼。空虚与事情、人以及意义等的缺乏，甚至于就是自我的缺乏。这样我们就试图逃出自身以及自我的孤独状况，却没有发现我们自身与世界的真正的关联。空虚式思考问题的方式实际上是进入到一种生态学的真空，而这种真空恰恰是由商业性的娱乐方法所设定的。但这显然不是创造性的、经常能与游戏联系起来的快乐，而只是通过占有娱乐并使得快乐不可能切实发生的简单的快感满足，是属于那些阴暗的、烦乱的、贪念性的感官享受。

否定那由精神控制产生的最充足的体验，并不否定这种方式本身也形成了一种障碍，且使得丰富的体验可能被转移。当发生这种可能时，就可以断言一个人的主观心理希求并不是合理的。一位明显处于失控并且攻击性十足的人就需要考虑的例证。这样冲动当然构成了负责任的自由以及与他者丰富关系类型的障碍。这样的冲动会导向破坏性的行为举止，而出于他者安全的原因，这种举止必须要得到控制。通过按电钮的方式使得这样一种冲动性的人压制住其冲动，显然比把他推向囚笼或吸毒式生存状态要高明得多。因为这样做，在其行为本身的可能方向而言，是提高而不是限制了他的自由。

但强调人的自由的主张仍然是合理的。因为不能确定这种攻击性的冲动必定只是通过电极方式才是可控制的。在总体上不可控状态的断言中是否就没有所谓自欺欺人的想法？难道真就没有一种社会支撑形式以及个体性的律令？通过提高个体的自由能力的方式就可以有效地控制那些看来不可控制的状态？难道并不存在一条通过巨大努力可以获得体验丰富性的道路等等。这诸多方面仍然有其他的例证来证明：社会喜欢动用控制法来应对危机而不是一味追求开发某种社会生活的更健康的类型。但如果是这样的话，那么例证本身也只是标示了科学技术力量的错误方向。

这样一种错误方向的结果，在奥尔都斯·赫胥黎的预言小说《勇敢的新世界》里被描述出来了。卡斯写道："在那里我们遭遇到人的某种糟糕的生存处境：社会已被同质化和固定化，社会本应该得到令人满意的管理，人们也能依其本性表现其创造性，但在那'新世界'里我们看到的只是猥琐不堪的人性，那些人贪得无厌、行为放荡，他们操纵着各种器械自以为无所不能。他们不读书、不写作、不思考、没有爱情，如同行尸走肉、放任自流。诸如创造性与好奇心、理性与激情，都好像只是在某种未发展起来的或者说是已经被毁坏了的形式里才存在。总之，那些人已不再是人。确实，我们的技术真有些像他们那里的样子，技术也许在事实上已在治疗精神分裂症、减轻精神焦虑、抑制攻击性精神症，因此我们也像他们一样从人类自身解放人类，只是这大概并不是以人性本身为代价。最后，大概有充足地理由相信，拯救人的根本存在的代价，正是人本身的废除。"

　　由于并不希望排除所有对体验的控制，因此就必要确定一些指导方针。最重要的限制条款是，这种精神控制工程必须能够使人自由选择或拒绝，必须赋予人们这样的权利，正如他或她也能够自由地选择或拒绝其他一些医学建议一样。如果控制工程超出了能够形成理性判断的范围，那么一种负责任的决断必须由监护人做出来，监护人可以是父母或对病人最近的亲属。

　　所有这些，说起来容易做起来难。最常见的是医生在治疗过程中会变得相当绝对，他们很少给病人以机会，让他们知道失败可能包含的风险。既然存在着众多的可以解决问题的控制方法，那就有一种集思广益的办法以达到特别的后果，就有可能集中性地形成另外一种特殊后果，与此同时也忽视了某种控制方法可能包括的其他后果。病人在治疗过程中经常并没有在治疗的负作用上得到警告。比如，在一些性病的令人厌烦的治疗案例中，不知情的病人就是通过一种并非性病的感觉推断整个治疗过程的。他或她本可以有充足的理由询问医生最后的状态是否比最初的状态要好，而社会也有充足的理由重新审视将社会成员走向如此性状况的性标准问题。

消极的优生学、积极的优生学与克隆

遗传知识可用来控制人的遗传组织的办法有两种。消极的优生学，主要是指这样一种生育理论，此生育理论认为应当通过减少共同体中有害基因的办法，进而减少遗传性疾病的影响范围。消极优生学目前在很多国家采用，更为特别地是在发达国家，因为在发达国家里，随着传染病的下降，遗传性疾病越来越被假定为重要的疾病。积极的优生学则是指这样一种生育理论，认为应通过增加公共体中"值得要"的基因的影响范围，进而在人们及其那些特定个体中增加"值得要"的基因的可能性。积极的优生学有点像在家养动物中进行选择性饲养。

消极的优生学可以被看成是人类在没有外部干预情况下的自主生育能力的拓展形式。130份样本中有一份最后会出现生育结果，这时母亲意识到她已怀孕了，因为受精卵再也不把自身吸附在子宫上了。25%的样本不可能存活下来，而剩下的又有1/3的样本被确认属于染色体异常。当然，在这些生下来就是活体的新生命中，1%存在着遗传性的缺陷，并且构成了社会性问题。已确证，有超过1600种人的疾病是由遗传性缺陷引起的。其中一些是十分罕见的遗传病，而其他的如遗传性胰腺病、镰刀型红细胞贫血病，则相当常见。在先天性眼盲和先天性耳聋病人中，有一半都是因为遗传性缺陷。

在减少遗传性疾病的影响范围方面，究竟可以做些什么呢？现在的研究使通过对形成人类细胞的文化来识别其中一些疾病成为可能。通过研究染色体以及组成细胞的酶的数量与结构，也有可能检查出一些遗传疾病。有些遗传性疾病，也可以通过采用特别针对遗传性疾病的生化学检验方法，对尿液进行检验而检查出来。这种检测技术可以分为如下三个层面：

第一层面，针对成人，不管是结婚的还是未结婚的，都可以通过这些技术进行自我检测。但在某些情形下，对妊娠怀有心理预期的父母可以由此知道，在什么样的情况下他们的孩子将患遗传性疾病。

第二层面，羊水诊断是一项识别性的技术，通过它可以预先识别那些已经

存在严重遗传性疾病的胚胎。羊水从正怀孕的羊膜囊中流出来。通过对从羊水中提取的细胞的分析，就能得到关于特异性遗传疾病的证据。如果胎儿被诊断患有严重的遗传性疾病，父母亲就能够决定他们是否采取流产之类方法中止怀孕。选择对有遗传缺陷的胎儿采取中止孕娠的办法，可以防止有严重缺陷的孩子的出生，进而减少家庭以及社会在这方面承担的负担。

第三层面，新生儿在出生后的进行检测有益于发现一些确定的遗传性疾病，这也使得这些疾病从一开始就能得到有效地治疗。被叫作苯丙酮酸尿症(PKU)的遗传性疾病就是一个众所周知的例子。受到此病侵害的病人因为缺乏一种生物酶，因而在临床上表现为痴呆和智力严重不足。然而，如果这种状况从病孩一出生就得到诊断，那么，病孩就可以从开始就通过服用一种特殊的食品从而及时地补充这种生物酶，这样，病症也能够得到有效地控制。在美国，差不多每个州的法律都要求婴儿从一出生起就必须要检查是否属于苯丙酮酸尿症。

一种叫作泰–萨其斯（Tay-Sachs）的遗传病是可怕的白痴症的初期形式。它的造成是由于双倍的隐性基因控制了一种活性酶。这种病人据说是双倍隐性基因的同质结合。正常人都只有其中一种基因，但因为他们通常又是基因的携带者，因而也被说成是基因杂合体。这看起来与泰–萨其斯分辨不开。但是，生化学检查技术就有可能将携带了基因的正常胎儿与因感染了双倍隐性基因的胎儿区别开来。

这种泰–萨其斯的遗传病其预后十分悲惨。它最后导致神经系统退化、智力退化、血液恶变直至痛苦地死去，大多数发病是在3~4岁。该遗传病的发病范围较为集中于同一个族群，并能够通过对有缺陷的胎儿进行生化检测检查出来，进而可以实行人工流产。在美国的德籍犹太人中，每900对夫妇中就有一例这种遗传病。据估计，300万的美国犹太人中，每年30岁以下的人中有33人产生这种可怕的遗传病。30岁以下美国犹太人在这种疾病上的全部花费，包括对基因携带者的生化检查、出生前的诊断、在可能感染上这种病症时的中止孕

娠，加起来已估计接近600万美元。为990例可能在30岁以后出现泰–萨其斯病症的病人所花费的医院费用加起来大概有3500美元。这种疾病对整个人口的影响范围大概只有1/10，但区分单个的受感染的患儿的花费及其努力却是巨大的——远远超过了从中可以获得的益处。

不幸的是，这样一种以及其他的检查方法仍然存在着一些消极作用。即使不考虑这一事实，即这种基因的携带者并不是致病源，但一些人在他们被告知他们是携带者时仍然感到了巨大的烦扰。结果，一些关于泰–萨其斯遗传病的检测性生化技术已经被放弃了。在俄亥俄州的代顿，"当地的一个咨询委员会强调说，在那72个异质接合体身上付出的精神心理负担，远远超出了预防单个泰–萨其斯病症的开支。"一种负责任的生化检测技术必须充分考虑到，这一检测技术方面的信息可能对检查对象产生一定的心理影响，并且所获得的信息本身还要保持一定的私密性。在处理对心理产生的负作用以及隐私性需要方面不能提供足够的办法，这样就直接违反了专业职责。专业性的职责条款包括商议、教育以及讨论程序。在泰–萨其斯这样一种遗传病中，一种检测性的生化检查技术政策值得推荐吗？患病婴儿及其家庭遭受了巨大的痛苦，绝望和因治疗耗费的大量资源的巨大苦恼取代了治疗效果。因此，向这样的病症提供生化检测技术是值得的，也是负责任的作法，而且确信这样的判断。我们的确不喜欢堕胎，但我们也认为，面对一位已没有可能开发其人性能力、除非更早死去不然就只能活受罪的胎儿，谈论他一定要尽可能活下来的所谓绝对权利是没有意义的。那些有可能属于此种病症的族群，大概只能服从于一种特殊的约束与检查，尽管这种约束和检查会令他们感到不便甚至不快，但这样做总比我们前面谈论过的让公共健康受到更大侵害要强得多。体验的丰富性将有益于所有有益于消除这种特殊的病症，除非这种病症极为稀少，以至于所涉及的费用及努力对于应对其他健康项目更有意义。

然而，我们还是不相信这样一种决定是由像我们自己那样的人恰当地形成的。如同社会的其他成员一样，我们必定有权利表现自己的观点。但是，比如

德系犹太人他们自己就是那些最应该被关心的族群，他们是否要选择采取大规模去根除泰－萨其斯遗传病的方式？或者选择把这一问题留给每一对夫妇自由地决定如何来处理这一病症？或者积极地反对介入这种原本可以由他们自己决定的"自然"进程。

这并不意味着我们不能在那些我们本来能够做到的方面开展说服解释工作。如果个人正在考虑是否应有意将一位残废的儿童带到世上来，我们大概要敦促他不要这样做。C.H. 华丁顿教授曾对此以强烈的语气讲道：

"如果我有意地伤害了一个孩子，我就是一个怪物，而且社区将把我关闭起来。如果一个政府把1000个孩子面向墙壁一字排开并且射杀他们，那么一件政治性的大屠杀就发生了。但如果我在四种确信系残疾儿的危险中选择了一种，那么我是不是被看成是某种坏运气的目击者，或者干脆轻率的令人无法容忍的赌徒？"

那些反对对怀有严重智力缺陷的胎儿进行堕胎的人，也可能被问到他们关于现在出现的据说是通过服用药物的方式预防自然流产的态度。如果真可以这样做的话，那就将涉及大量正在增长的先天性智力缺陷的儿童，因为很大数量染色体异常的胎儿都自然地流产了。

我们有意从一开始就讨论一种遗传性疾病，这种疾病使得生活不可能正常进行，并且到目前为止不可能治愈。我们现在考虑一下糖尿病，这是一种允许正常生活并且通过胰岛素可以得到有效控制的疾病。的确，在一个社区里面糖尿病的比例越高，那么相应的治疗费用就越高。糖尿病也具有遗传性，而夫妇们大概也想到过收养孩子，但他们看来更愿意养他们自己的孩子，这种想法在道德上无疑是可以接受的。

在上述这些极端例证之间有很多种类的疾病，它们不像前者那样会造成持续性的损害，但其严重性又常常甚于后者。我们总的判断是，在一个充满了从遗传上即是健康并需要父母的孩子的世界上，夫妇们一定会非常犹豫是否要把一个可能带有严重遗传病的孩子带到这个世上来。在大多数的情况下，夫妇将

会通过种种经验类型慎重地决定，而不是去冒怀上畸型儿的危险。但是我们更加确信，决定一定是由那些与孩子最亲近的人做出，特别是母亲应该享有最大程度的自由以决定其身体是否有能力怀上以及如何生产一个孩子。

夫妇们应该考虑他们所肩负的生育的责任，这一点事关整个人类社会。有遗传问题的基因不仅影响我们的孩子，而且影响整个种族的未来。生物的生态学模型显示，尽管我们最主要地是由我们的亲属以及同我们最亲近的人的血统所构成，我们也不可能对这个亲属圈与外界进行严格的区分。我们的成长实际上是彼此相关的。即使是由那些与孩子有最亲近的关系的人做出的决定，整个社会也有权力鼓励尽可能广泛地把我们所有人的决定反映出来。在极端的情况下，社会可能被迫去否定那些最有关联的人的偏好。

何谓积极的优生学？即通过相应的培育环节优化生命品种的生育科学。优生学是一项在植物培育与动物饲养过程中得到广泛运用、并促进农业与家畜业发展的科学。非常清楚的是，关键并不在于提高动物的生命质量，高产谷物及其植物能够抗御病害及干旱，都是优生学的产品，产奶量高的牛及产蛋量高的鸡，也是如此。积极的优生学并没有在人身上进行实验，尽管纳粹曾通过采用一些残酷的骇人听闻的方法尝试过在他们看来可以优化种族的实验，并带来巨大的灾难。虽然有相当一些积极优生学的鼓动者，但人们不可能真正听从这样的鼓动。

近期，积极优生学的坚定的支持者是美国遗传学家密尔（H.J. Muller）。他主张男性的精液应当优先考虑人工授精，以此提高社会对精液的利用。夫妇将被鼓励从丈夫的精液中选取优等的精液，以提高生育质量。同理，妇女也可以捐献卵子并贮存在卵子银行中。受精卵也可以重新被植入代孕妈妈体内。

另外一种增加积极优生学运用价值的建议，是取出优等个体的体细胞然后克隆，并移植到母亲的子宫中。这一技术目前已经在青蛙中得到检验。其实，青蛙实验也很困难，但因为它不需要将孵化蛋移植到母体中去，因而较人类的克隆而言依然容易得多。由此程序推想开来，莎士比亚与达·芬奇这样的天才似

乎也可以复制出来。这一程序将为选定的目标提供相当便捷的路径，相比之下，选择性的生育还是有些麻烦。并不存在一个本质性的证据表明已经出现了克隆人，但从技术上而言，是完全可能的。

对积极优生学存在着生物学方面的抵制。首先，积极优生学的基础程序将会减少人类种族在基因上的多样性。将来究竟会发生什么目前并不是很清楚。基因的分化已在进化过程中扮演了关键角色，并且适合于将来。因此，许多遗传学家不愿意推荐本质上会减少基因多样性的生物工程项目。其次，很少有人对密尔描述的基因的多种特征感兴趣，这些特征诸如"智力、道德品质、体质以及天赋"。与此事实相关的一个事实是，并不存在这样一种完美的基因类型，这就是说，并不存在一个有着完美基因结构的生命个体。每一个人，无论天才还是一般人都携带有一些无论如何都用不到的基因，当然，这些基因因其特殊的组合也可能生命的危急时刻发挥重要作用。第三，对积极优生学一直存在着一种质疑，为了达到一个既定的目标，基于少数几种特征而进行的选择性的生育是否是有效的。不过，一位动物饲养员依某种程序喂养母牛以获得高的牛奶量或饲养小鸡以多产鸡蛋，这是一回事，为达到优等的生育而进行的优生术，则是另一回事，而且这一程序还是一个缓慢而低效的过程。

伦理学方面对积极优生学的的抵制是不可忽视的。如果我们确实知道如何养成智力、艺术能力或者道德品性，我们自然就会如法去做。在我们从那些方向进行努力时，我们确定这些品质真是如此重要吗？相关的问题是如此培养是否真的有益于增加生命的丰富性。事实上答案不得而知。有些证明甚至主张，至少在一些情况下，在这样的特征与经验丰富性之间应当存在着一种消极的关联。天才托尔斯泰在其盛名时不知所措地困于他名之为"生命的镣铐"的体验中。他拥有了富裕、名望、知识和影响力。然而他质问道，为什么村民们在自己闲暇的生活中就一定没有托尔斯泰所享受的生命的丰富呢？我们确实不能断言村民的经验就一定比托尔斯泰更丰富，但可以肯定的是，托尔斯泰比大部分村民奉献给人类更多的丰富性，而经验的丰富性却很少同遗传特征相关联。

通过积极的优生学或者克隆以获得优生的观念，是基于人类经验的非生态学模型之上的。它最大程度地看到了人类通过遗传而展开的生物学特征。当然，我们的遗传组织影响着我们的关系，但是在我们生长和生活的社区是更为重要的。如果一位带着托尔斯泰基因的婴儿降生于某一座小山村，他可能将形成与托尔斯泰完全不一样的另一种人生。任何增加人类经验丰富性的严格的程序，都必须分享一种环境，在那里人们可能相互鼓励，人尽其才，是其所是。

基因工程

除消极的优生学与积极的优生学外，基因工程是第三种方式，通过这一方式实现了基因有机体的有效控制。这样的方式主要涉及细胞以及其他微生物，在这一过程中，在控制哺乳动物的基因方面已经获得了一些成功。这进而使一些人相信，终有一天遗传工程可以拓展到人类身上，而且这一天并不遥远。

第一章我们已经对DNA在细胞的生命化合过程中的信息作用作过分析。这种信息指定了猫或狗的详细方面，如皮毛颜色，外型等等。DNA通过提供所有的信息来指定其参与细胞活动的所有的化学环节。

基因工程一语涉及DNA的直接处理，包括转变细胞的基因信息，还有DNA的重组。在这一过程中，DNA分子的长链随着特定的酵素而切块。由此产生的DNA片断与适当的DNA"向量"重组并再次植入人的机体。这样，作为细胞的遗传结构就得到了控制，新的结构就可以增加，或被剥离。

第一次成功的DNA移植是在微生物中实现的。从那时起，DNA片的移植便在哺乳动物的细胞中展开了。比如，斯坦福大学的保尔·柏格（Paul Berg）课题组就成功地把兔子的基因移植到猴子身上。另外，胰岛素的合成也是一个典型例证，还有试管婴儿技术。实际上，DNA移植研究的实际用途相当广泛。而且，带有胰岛素基因的细胞可用以制造胰岛素并用以治疗糖尿病，还可代替时下从猪和牛的胰脏上获取激素的昂贵且乏味的生物技术。

有缺陷的或隐性的基因可以用正常的基因代替掉。镰细胞贫血即可以采用

基因治疗。目前正在进行一项实验，即从动物身上移植骨髓细胞，待形成血球，然后插入有DNA编码的细胞中。如果细胞难以吸收附加的DNA片段，它可以再移植回动物身上，这十分有益于血液病的治疗。

基因工程的益处看起来十分巨大。那为什么从公众到科学家都对这一研究持疑惧态度。首要的疑虑是通过微生物并产生新的微生物的实验，有可能导致新的病患，并有害于人类或生态系统。从实验室跑出的新的微生物可能会导致灾难性的后果，在人群中快速扩张，人群也得不到免疫，一个基因工程的环境也将可能是一个严重污染的环境。

这些疑虑已经给世界范围的基因工程实验带来限制，人们采用措施限制微生物逸出实验室。在这方面，一些人仍然抱怨措施不够。同此疑虑有关，一位有恶意的人或群体，也许会故意生产有害的微生物进而威胁国家，微生物也会成为恐怖主义者的工具。

第二个疑虑被一些遗传学家表达出来了，这就是，如果基因工程被用到人类身上，将会导致人类本身成为"基因工具"从而成为有害于人类的方法。这一疑虑已经从某种不确定性发展为对基因将承担人类未来的重要角色的忧虑。基因库已经被消极优生学的实践所否定。凡是涉及有害基因的去除，都很少受到抵制。就积极的优生学而言，抵制的声音要更为强烈一些。如果广泛地应用开来，积极的优生学将减少那些不是特别有害的基因的发病率，从而降低机体的免疫力。基因工程一旦广泛地运用开来，将会从方式及其他各个方面影响基因库，而在其他种种方面也会遇到不少问题。

第三个反对意见更加一般。它担心基因工程是依照赫胥黎的《美丽的新世界》来造人的。一些人有那么一种不那么容易表达的疑虑，即我们应该接受来自于自然但又不干预自然的东西，而当其中一些可能性看起来变得很可怕的时候，尤其应该如此。

第四种反对意见认为，基因工程中的研究与开发，从人们赖以获取福祉的地方掠走了稀有资源。这一意见在医学方面强调，对病人症状或受害人身体的

治疗要远远优先于去除主要的诱因。比如，金（King J.）这样评论道："基因工程技术将集效于一种后果，即总是忽视在第一地点招致损伤、病变、癌变以及放射病的人物。"我们的问题并不在于我们的基因，而是在于社会的再造方面。因为正是在后一方面，个体的基因可以防止受到不必要的损害。这是一种已经讨论过的对于基因工程的总的拒斥态度，昂贵的医学技术的开发往往是稀有的，并且总要剥夺其他人的基本健康。

第五种反对意见认为，从经济上考虑，基因工程在农业方面在微生物与植物上的研究与开发是不恰当的。正如金的评论："工业化国家的开发热潮将被设计为，集诸化学肥料、杀虫剂以及土壤生态系统的持续破坏为一体的资本性的密集农业。而对人类及其自然资源的起到实际的保护作用的，事实上很可能是来自于不那么强势的技术。"他进而指出，现有的菌株已被印度、中国与巴基斯坦等国用于将粪肥与废物转化为用于烹饪的清洁的燃气。残渣也是非常不错的肥料来源。在那里，基因工程通过菌株为人们提供了必需的能源。

其他一些人则希望明令禁止基因科学研究。他们说，在这种研究应当承担的使命方面，基因研究都已达到了极限。他们寄希望于防止事件进一步扩大的实地调查，以确定基因工程的意外事件必须同时显现在基因工程的申请报告中。这里的道理也在于，就像当某人了解到原子弹是可以被造出来时，他就应该立即停止研究原子一样，一旦清楚基因工程的严重后果，研究者将作何种打算呢？！已有大量的文字反映了基因工程中的问题，从中人们可以看到，技术对于健康的危险实际上是混杂着较大的哲学问题，这就是究竟是运用还是放弃知识的问题。而一些人反对基因工程的观点，则实际上是很便当地借用了在意识形态层面的结论作为支撑。

我们借此集中于对于批判性的伦理学问题的探讨，并提出这样的问题：基因工程在提高人类经验的丰富性方面是否有潜能？基因工程允诺：通过对基因病患的控制可以减少人类的痛苦，或提供一种化学性的生命产品或通过生产植物以提供生产能源等，都将是积极的。除了上述的可能获得的益处之外，我们

还应该考虑到付出。原则上必须承认所有的创造性的优点都应有相应付出。因此，我们可以进一步表达所批判的问题：我们应该为基因工程所允诺的收益支付多少？采取行动之前我们还需要形成一个判断，即上述五个方面所涉及相应的费用。对危险及其费用的估计相当困难。这不可能仅仅由专家来做。如前所述，单独向专家提问就如同问纵火犯如何同消防队竞争。这并非要将任何罪恶都归之于专家，并要求其他人来进行评估。进一步说，那些将要受到新的进步影响的人应该参与到关于这件事情的讨论中，这是一个原则。这一点正在逐渐被大家所认可。例如，密西根大学在准备建造一个用于研究性的防范设备之前就广泛的征求了意见。来自全国的专家聚集一堂，针对这一临时草案的利弊展开讨论。教师、学生以及整个安娜堡社区的成员都对此项研究表达了自己的担心和关注。稍经推延之后，校方投票通过了此项目的开展。

哈佛大学政策研究委员会曾举行过一次听证会，主题是哈佛大学的一项已在实施的有关生物学实验设备的建设。听证会引来了很多公众并引起了康桥市市长阿尔弗德·伊·文鲁西的关注。DNA重组的研究被纳入了市政府的视野。后来又经历了两次听证会，听证会显示出分子生物学家在本市开展DNA重组研究方面的深深的沟裂，委员会投票中止了一项具有极大毒性作用的实验，并建立起一个公民评鉴委员会检查有关项目并提出恰当方案。康桥实验评鉴委员会由八位本地居民组成，这八位居民由城市议员来选定，8位居民既不是坚决反对项目的人士，也不是可能执行相关项目的生命科学家。他们推荐研究项目置于城市治理过程，但他们要求项目遵循更为迫切的安全性，这一要求高于来自于国家健康学会的标准已经被居民们普遍的接受。

确有很多本质上危险的技术，但技术在应用过程中的危险性不是不可避免的。如果对技术的可能的滥用是可以被预计的，那么才谈得上对其干预的可能性。然而，这样就足够了吗？

我们面对着一个困境。DNA重组研究已经搁浅，但它涉及如此广泛且允诺多多的计划又不可能中止。最好的办法是唤醒防范意识并加强保护措施。在一

定程度上这是有可行性的。如果在一些地方承诺并且采用的高度安全的标准能够在任何地方实行并且一直持续的话，那么就可以理性地考虑将具有危险性的研究计划处于某种可控状态，进而激发创造性。不幸的是，如此通用且恒定的标准几乎不可能使得持续进行的研究暂停下来。以盈利为目的使得美国不可能制定出常规性的标准。如果高标准将对西方世界的工业化产生彻底地影响的，那么我们几乎可以推断，这类商务用生物科学技术的研发将在第三世界国家铺开，因为在那些国家及地区这样的规则尚未形成。无论如何，对于上述情形目前其实没有更好的方法，因而无论对于工业化国家还是第三世界国家，需要做的都是要求严格的监督与预防。

　　同时，重要的是再次强调导致这种状况的那些价值观与承诺并非来自于那些对于生命的生态主义的态度。按伊斯利（Easlea B.）的意思，这属于创造了一个更加美丽的世界，在这个世界中，人们将发展得具有自我意识，更能决定自己的生活，并更加人性化。科学的目的，如同弗朗西斯·培根所言，并非人的不动产的信条。在其《伟大的复兴》的结尾处，他讲道：

　　　　"最后我愿意提出一个总的警告，这就是人们考量什么是知识的终点并追求知识，求知既非由于精神压力，非为争论高低短长，非为建立优越感，非为利益、名头、权力等等，或为这些次等事情中的任何一件，而是为了实现福祉、增益生活、完善人格以及达到基于慈善目的善治。这样一种力量，乃是源于天使的自然动力，源于人的求知本性，源于仁慈的自然流露，从容与静谧。"

小结

　　当今人类生存于这样一种处境，他们更面对前所未有的伦理难题及其决断。科技进步为人类的生活创造了越来越大的可能性。毫无疑问，其中一些发展提高了生活质量。但是，新的知识也伴随着巨大的邪恶。

　　最坏的特征之一是新的知识可能只是有利于世界上的极少数人。贫富之间的沟裂在增大，富人枕于享乐、花天酒地，穷人则忍饥挨饿、病体恹恹。这种

状况令人认识到科技力量已被误导，而且，从情势上看，误导本身也正在加剧。来自军事及工业方面的利益的需求以压倒一切的态势控制了科技的发展，即使在那些控制不那么明显的地方，科学家以及工程学家们也时常锁定于高度复杂且有影响的问题域，而不太可能关心来自于普通大众的些微需要。比较自私的人才管理方式，莫过于让一位天才去完成一件狭隘的事务。曾有那样的情形，那时科学不过是追求真理道路上的一种孤单的行当，并没有引起人们探索的热情，在这种情况下，对科学进行批评其实是不合适的。但是，在我们所处的时代，科技已成为我们主要的社会工程，问题则不可能被回避。

服务于人类需要的生物学将会成为更少操控且更富于感性生命的生物学。这将是这样一种生物学，在其复杂的有机自然联系中确定其生物过程，而不是从其活的自然环境中抽象出单一的生命元素。简而言之，这将是一门更加生态的生物学，它教给人们如何在带来更多的健康以及生态多样性的意义上丰富其他生物以及人类自身的生命意义。

但是，人们现在不可能离开由操控性的生物学主导的研究活动。情形有些像小汽车。当小汽车出现在世界上时，没有人打听其在人类生活方面可能产生的费用，实际上，只是小汽车成为在今日发达国家的普通消费时，才会产生小汽车消费的费用。如今小汽车越来越多，那么，关于小汽车费用的知识是不是就影响了人群对小汽车的拥有程度？看来并不是这样，即拥有小汽车消费的知识并不影响对其的实际拥有，即人们并不是因为拥有关于小汽车消费的费用的知识才去购买小汽车的。

人们刻板地依照每年的交通事故中的死亡受伤情况支付交通税费。每个人都认为这是防止交通事故死亡的最好主意。但当一些人说他们想要废弃公路交通死亡费用时，他们即说没有这项费用。既然给出了持续性的款项，人们即推想这是供人消费用的。人们估计，为了保证经济的持续运转和他们生活的便利，每年在交通事故中丧生的人数大概有几千人之多。

这样的危险小汽车的拥有者是完全可以知道的。每一个节假日都会有一个

交通事故死亡的准确的评估。现在，交通事故的费用听起来高得惊人。现在到了这样一个时候，即自由地驾驶私家车将应有若干交通治理上的限制。我们也需要想像一下，当我们不再需要私家车的时候，我们社会区的新的组织方式会是怎么样的。从事后看，唯一可做的有意义的事情是按照事故前评估的新技术以决定究竟应该赔多少钱。

与此同时，在处理事故的当时人们必须要面对伦理问题。基于善或恶而控制生活的能力不断提高，但我们必须面对由此出现的伦理性问题。在这么做的时候，人们应当坚持由生态学模式所确定的价值。人们应当坚持个体的自由以及选择的共同体应当受到尊重，人们当坚持彼此之间以及人类与其他创造物之间的密切关系可以被意识到，所有生物及其经验的内在价值都应当被考量到。我们行动的完全的结果也应当被考虑到，因而并不只是在意向与希望的层面。人们当坚持科学与科技的能源及资源应再次定向，转向一些相对疏于操控的的领域来更多的用于防止疾病，从总体上提高人类总体的生命质量，而不是任由科技把人类引入某种总是冒着各种危险的处境。

这并不是说危险从来就没有发生。这本身乃是一种问题的警示线，正如怀特海所言："未来的事务总会面临危险。"文明的最主要的进步体现在这样一些过程中，这些过程包含了发生于社会中的方方面面的进展，唯独将对于社会的损害的方面排除在外。同时，无视后果的情况下采取行动是非常愚蠢的。在这方面，法国伟大的生理学家克劳德·伯纳德说得好："正是科学教导我们怀疑和在无知的时候克制自身。"

面对现实，我们需要形成一些相当新颖的观念，一些较过去思维习惯的革命性的变革，科学中使用的研究方法及工具应当使这种概念变得益加清晰，如果人类想要持续存在下去，就必须共同信守这样一种观念，即：从自然规律上看，整个地球具有无法逃避的相互关联性。

——芭芭拉·沃德

第八章 /一个正义的和可持续发展的世界

第七章讨论了有限范围的伦理问题，这些问题从对生命自身的研究和此研究触发的技术生发开来。即使在此有限的范围内，也无法将其与更广泛的全球性非正义背景之下的问题割裂开来。这一章提倡用科学，尤其是生物学，通过将其效能重新定向，以来处理基本的全球性需求。从生态学视角对这些需求进行考量，人们就会马上发现，此类问题不仅关乎社会公正，同样也关乎生态可持续发展问题。如果生命的生态基础继续瓦解下去，那么一国内部和国家之间财富的重新分配也就没有多大的意义了。

尽管我们已经意识到了这种研究方法的局限性，也意识到了由之产生的对于全球性问题的研究的必要性，但第五章关于价值和伦理的讨论主要还是在个体层面展开的。在应对全球性问题的过程中，首先要考虑的仍然是提高人类和其他动物个体体验的丰富性。对人类而言，这首先意味着使生命物种的潜质得以持存。但是，由于全球化为我们提出了一些新的目标，因而需要更多的原则和方针。

世界基督教联合会认为人类社会最应该在三个方面提升自己：那就是正义、参与性和可持续发展。我们认为，"参与性"可以包含于"正义"之中。简而言之，我们选择"正义"和"可持续发展能力"作为关键词。本章前两部分将分别讨论"正义"和"可持续发展"的意义。

只有意识到现状与目标的差距，我们才能够明白这场讨论的重要性。据此，第三部分将就一些事实进行探讨，以显示现时的做法存在多么深远的不可持续性和非正义性的特征。

对这些现状的领悟包括对于在发达国家世界中的"增长"的观念的摒弃，但大部分人目前还不接受这一点。事实上，另一些人提出了一种表面上符合逻辑的备选方案：他们提出，如果有足够的能源和革新的技术，就可能建设一个普遍繁荣的未来；他们进一步认为，用之不竭的能源可以解决所有的环境问题。这些观点几乎总与对核能的倡导相联系，认为核聚变能源能够源源不断地提供适应需求的能源。在第三部分，这种基于无限增长的意识形态将得到解释和拒斥。

本章和第九、十章频繁把"发展"一词连同"发达的"、"发展中的"等形容词一起使用，但这并不意味着"发展"的意义该被当成一种既成规范；相反，我们应当严厉批评那些主张以某种发展模式为主导的想法，也要批评从中衍发出的规范性的判断。本章提倡的内容与呼吁"解放"的人而不是呼吁"发展"的人有更多的共识，然而，发展的话语不可回避。1975年在墨西哥城召开的联合国国际妇女年会上，参会代表提出了发展的目标：让个人和社会的幸福

能够取得持续的进步，使其福荫全人类。从人类存在的生态学模式来对"发展"进行考量是较为妥贴的。

正义

人们时常把正义和可持续发展看成非此即彼的两个方面。那些强调正义的人经常把可持续发展看作来自现存社会制度受益者的呼吁，从而总让人觉得这些受益者是在企图分散人们对其内部权力滥用的注意力。然而，越来越多的人开始领会到，虽然两个原则在现存社会架构下的关系时有紧张，但它们实际上唇齿相依：正义与可持续发展，失去一方，另一方便无从谈起。一个社会，于正义而不顾就会滋生怨恨，这样的社会只能依靠暴力手段进行掌控，这样的结构自产生之日起便不是稳定的。但同样确定的是，一个只寻求正义而忽视其行为对未来所产生的影响的社会不可能真正获得正义，因为这样的做法将非正义施于未出生的子孙后代——剥夺他们获得体验的丰富性的机会，甚至让他们无缘经历同样的生命历程。如果把正义的概念充分地延伸到未来正义视域，可持续发展就可被纳入正义之中。但是，因可持续发展直到今天依然处于严重的被忽视状态，我们需要将它分离出来并作为一个独立主题进行探讨。

对这方面的一些关键词的进行定义是极为困难的，幸好它们可以不经准确定义就可被人们从多种角度进行有效的理解。但我们仍然有必要就关键词的意义、与之相关联的问题以及可能产生的误解提出一些评论。

正义的概念可以看作是"好社会"概念的近义词，在这个意义上它暗示了所有人类事物的有序化，却没有回答什么样的有序化才是良好的。柏拉图展示的那个独裁主义的且等级森严的社会也可能被认为是正义的。持另一极端观点的人则把正义与平等的意义近乎等同起来，在他们眼中，财富、文化成就的差异消失、权力消亡就等于实现了社会正义。平等，无疑是一项重要指标，但我们同样可以想象一个"正义"的社会，它几乎不提供让人丰富体验的机会。绝对平等是空想的概念，正义不需要绝对平等，同时罗尔斯也讲到，正义要求我

们分担彼此的命运，并给每个人平等发展才干提供机会。

强调此种意义上的平等不同于坚持在国家间平等地分配财富，这一想法有其值得赞许的一面，但在实际应用中容易受到更深层次问题的困扰。我们可以比较一下伊朗和斯里兰卡的情形来看这个问题。在国王的统制下，伊朗的年人均收入达到了1250美元，远远高于大多数发展中国家的收入水平，而斯里兰卡的年人均收入一直处于130美元左右。某些观点襃扬伊朗的成就，认为它显示出国际财富更公平的再分配，依照这样的视角，斯里兰卡则是该怜悯的对象了。

然而，单凭人均收入作为衡量发展的标准，已被证明是远远不足的。因此，美国海外发展理事会提出了"生活质量指数"，该指数以婴儿死亡率、预期寿命以及文化水平为基础。指数在0~100内变化，依此指数，伊朗只有38个点，而斯里兰卡则高达83个点。伊朗遵循的是典型的复杂工业化发展政策，这导致了国内财富分配不均，对提高大众生活质量也无甚裨益。伊朗的婴儿死亡率居高不下，预期寿命和文化程度则维持在低水平。与之形成对比的是，斯里兰卡是穷人的"福利国家"，普及卫生保健、控制疟疾、改善营养等带来了死亡率的下降，年均婴儿死亡率在1979年降至50‰，这在贫困国家是一个相当低的数字，因为发展中国家的平均比率是140‰。同年，斯里兰卡预期寿命是68年，逼近发达国家水平，远高于发展中国家的平均水平。斯里兰卡的教育不仅免费，而且选择自由度甚大且向所有人开放，有法律规定最低工资和养老保障计划；土地改革后，农民的土地使用权得到保障。最引人注目的是出生率的下降：斯里兰卡出生率从1950年高达38‰下降到1979年的16‰，这一显著回落的最好解释是该国的社会经济政策。

其他一些国家，中华人民共和国和印度喀拉拉邦，在实质性的生活质量上虽然也取得引人注目进步的，但其人均年收入仍在300~400美金。国民生产总值颇高（大约人均1000美元）的国家或地区是台湾和韩国，促成上述进步的主要是关于土地的再分配、赋税、劳动力、资本利用、食物补贴和教育卫生事业低能耗体系及其机制的建立。而机会平等化则不仅提高了生活质量，还大大降

低了人口出生率。

有些国家对平等的考虑另有体现：它们并非等到做出一块巨大的经济蛋糕才采取行动，而是已经着手解决大众的直接需求。这并不能保证国内的财富平等分配，当然也更不能确保整个国家在全球经济领域能得到公平的分配，但是与经济指数衡量出的人类需求相比，它们应对的需求更加基本，因而体现了对正义、平等的更为敏锐的感知。它同样提供了一种情境：处于此发展模式的国家中，人民作为一个整体能够从未来所需要的经济发展中受益。

但正义不仅仅是平等问题，独裁主义的政府也可以违背人民的意愿强行推行平等，这样达成的平等还不是正义。正义需要鼓励而不是压制人的自主思考能力，以使人们能够参与到那些决定自己的命运的决策中。

自力更生谋发展要求人民的参与。很少有国家在生产能力上可以完全自给自足，但是，只要这种发展给予它所服务的个人以取得成就的机会空间，所有国家都能够自力更生。要让这样一种发展成为现实，就要让每个人全力参与，以使自身能力的开发与国家资源的开发相辅相成，在这种情况下，自力更生的反面——即对于别国的依赖，则几乎已经促成了外界对本国的剥削。印度经济学家帕玛（Parmar）写道：

如果贫穷和不公正是经济生活的主要因素，那么穷人的潜力必然是战胜这些因素的主要手段。如果发展中国家的人民在自己的社会经济种种限制中培养出了一种尊严感和身份感，他们就能够战胜这些阻碍。可以设想，只有得到更多，只有趋近富裕国家，我们才会有尊严和认同，而那些着意营造模仿性的价值观及其框架的新型奴役，则会使人逐渐丧失人性。许多发展中国家在过去20年间的发展狂热都被带到这个方向，而它们亟需从这种桎梏中解放出来。当发现自己潜能的力量，人们的参与就会发生效力，甚至可以说，这是无权者的权力，从最有效的资本中激发出来的精神，乃一个社会最宝贵的资本。它会使我们步履坚定地在人类发展的大路上向前迈进。

蕴含平等、参与性和个人自由等原则之"公平"概念，可以当作本质性的

元素被纳入正义（justice）这个概念中。个人自由与参与性紧密相连，参与意味着人们有发表异议的自由。很多人认为现在没有正义，因为他们还是政治压迫的受害者。莫尔特曼（Moltmann）说："除非全部人获得了自由，否则那些自认为已获自由的人亦非真正得到自由。"更不用说诸如恣意逮捕、酷刑、政治原因等造成的"消失"，未经审判的长期监禁、非经司法程序执行死刑、政治谋杀等种种悲剧还在现代世界上演。1979年大赦国际年报披露了阿根廷在未经审判或控告的情况下将数千人投入监狱，1976年的政变到1979年，有数千犯人"消失"。孟加拉国的监狱里有超过3000名政治犯。1965年印度尼西亚所谓的"9-30"运动后仍有数千人因此身系牢狱，其后又有包括学生在内的中央政府反对者为寻求更高的省级/区域自治而遭到扣押。未经审判的监禁在南非甚为常见，越南有50000人在囚犯营里接受"政治再教育"，大赦国际1979年帮助民主德国220名政治犯，几乎所有人被关押的原因都是违反了禁止非暴力人权运动的法令，该组织的报告指出苏联有300人因非暴力人权运动遭受收监、流放或投入精神病院的惩罚。没有一个大陆上的国家能够幸免于来自人权方面的侵害。

正义至少包含个人自由、平等和参与性这三大元素，以此三者为标准，今日世界有数量庞大的人群正在承受着严重的不公正待遇。

可持续性

可持续发展能力的涵义较为容易表述：即能够无限期存在的能力。全球背景下，可持续发展能力的概念在其与环境危机的关系的意义上被使用。1966年肯尼斯·鲍尔丁（Kenneth Boulding）将挥霍式的"牛仔经济"和"飞船经济"相对比：牛仔经济铺张挥霍地利用资源的方式，视之取之不竭；飞船经济利用资源的手段适应可用资源的有限性。罗马俱乐部的《增长的极限》（1972）、戴利的《迈向一个稳定的经济状态》（1977）、亨德森（Henderson）的《光明前景》（1978）等书也提出了同样的主张。他们将

"稳定型经济"和"增长型经济"作对比，认为后者有朝一日会崩溃，因为地球资源是有限的。"稳定型经济"、"静止型经济"和"平衡型经济"等说法缺乏积极含义，第三世界国家也会不接受。1974年，世界基督教联合会召开了一次以可持续发展为主题的会议，提出了"可持续发展社会"一词。"可持续发展"一词的使用强调了维护地球支持生命存活的系统、保护倚赖此系统的资源的必要性，这实际上主要指生态的可持续发展。而当说到社会架构和政治制度与生态一样有可持续发展时，它有着更为广泛的含义。据此，资本主义和社会主义作为现存的政治制度都是可持续的政治制度，这个说法是站得住脚的。

像正义一样，现实世界里的"可持续发展能力"是相对的，本章所讲的可持续发展社会指向"不确定的未来"而非"无限的未来"。我们很擅长预测可以延续长达数百年的社会形态，虽然从进化的角度那只是白驹过隙。

把可持续发展能力与稳定性经济相联系会使某些人误以为可持续发展就意味着静止。恰恰相反，只有变化才是可持续的。第三章已经指出，即使变化和运动仅仅停止那么一瞬间，一切生命就会终结。然而，从不断变化的根基中，生命却获得了其稳定形态。可持续能力中的稳定和变化的关系非常复杂，自然是我们的好老师。

百万年来，围绕地球有一层生物圈，该生物圈内部以既神奇又复杂的方式维持着其延续所必需资源。大气中的氧来自植物，空气、土、水中的二氧化碳从生物活体和火山而来，所有的氧气分子、水分子和二氧化碳分子在活体生物的参与下循环往复。由于分子的运动，自然的全球社会生生不息。

地球系统内部，自然创造了许许多多可持续的生态系统如雨林和珊瑚礁，此间动植物种类繁多，不仅没有耗尽环境资源，反而使之得以延续。一个自然界动植物群落，如热带雨林，有一个事实很少被注意到，那就是它基本上让其中所有作为资源的材料都被循环利用了，除去水与二氧化碳，唯一来自外部的资源就是太阳能。

热带雨林的树木和其他植物高效地从土里汲取矿物质，转化为自身的组织，

它们的枝叶落入土地或被动物啃食而死亡，被微生物和苔藓分解，最后重新成为无机化合物，再次被植物吸收。整个过程快速高效，以至于流淌在未被人类活动侵扰的亚马逊雨林的水流在成分组成上与蒸馏水并无二致，它们被称为"黑水"，几乎不含任何矿物质，与携带被侵蚀地区泥土和矿物质的所谓"白水"形成鲜明对比。比如，"黑水"大尼格罗河在马瑙斯与亚马逊河支流的"白水"汇合。这些不含矿物质、不含生物的水因为过于澄澈，看起来就像黑色，之所以水里没有生物，是因为供植物生长的无机化合物在水到达河流之前就已经被岸上植物的根吸收走了。

戴利谈到，动词"生长"意味着"出现并发展至成熟期"。生长的观念中包含成熟的概念，成熟之后，物质积累让位于物质存续。每一种动植物的种群或群落都有一个生长（增长）阶段，随之而来一个不增长的成熟阶段。增长期的每一株植物、每一头动物把外界资源转化为自身的组织，体型变大；一旦成熟，个头就定型了，于是它们以较低的速率消耗资源，其目的不是生长，而为了保持业已成熟的官能活动。大至整个动植物群落也是同样道理，每一片雨林从一粒粒种子开始，变成一株株幼苗，最后长成一丛丛灌乔木。生物量的增长把愈来愈多的太阳光能收入系统供生长，等到雨林成熟，能量主要用来维持成熟群落的存续。当然还有大量种子仍在生发，但是在激烈的竞争中大部分的种子并无见天日的机会，我们今日所见的成熟雨林已经到达生长容量的极限，但它却能生息不绝百万年，这正是一个充满活力的可持续发展的社会。

在相对持久的生态系统中生长出数以百万计的新生命形式，它们也获得了比较稳定的结构和行为形态。但是整体地看物种图（图8.01），我们会看到经济增长和地球负载容量之间的相互关联：增长导致的环境恶化带来负载容量减退的后果极其显著，因为二者不断地调整适应环境变化并改变着环境。主要通过冒险和实验的方式来获得经验会使变化的速度尤为显著。

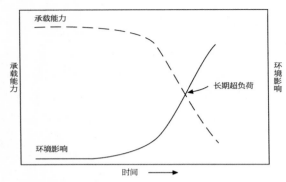

图8.01 表示的是经济增长与地球的承载能力之间的互生关系增长导致了地球环境承载能力相对减弱方面恶化。

　　可持续发展的社会尊重地球的极限。地球的有限性体现在三个方面：对于诸如木材、食物、水等可再生资源的生产能力有限；如化石燃料和矿物质等不可再生资源的储量有限；它为生命系统存续提供的无偿服务（如污染吸收能力）也是有限的。

　　这三点限制决定了地球的人口负载能力。由于工业化（图8.01），人口和经济增长双重作用减弱了地球的负载能力。假设，现在人类对自然的需求只占全球生态系统负载量的5％（当然，这是大大低估了的粗略数字），根据《美国重大环境问题研究》，人类对整个环境的影响以每年5％比率递增，这样考量，环境需求将达到饱和点。

　　发展的纯粹动力、社会对环境恶化的滞后反应，让世界体系有过度发展超出长期可持续水平的倾向，其不可避免的结果就是崩溃。对我们而言，基本可行的选择体现在图8.02：人类历史漫长的时间里经济增长都非常缓慢，工业革命后曲线急剧飙升直到今日。第一项政策选择是直接转入高水平可持续状态，如果没能做出这样的选择，过度发展会引起曲线降至新的稳定可持续状态，而本来这种状态可以通过谨慎计划和及时行动达到。也可能降到更低水平，略等同前现代的农耕式生活方式。人类站在文明的十字路口，现在就可能开始创造一个正义和可持续发展的世界。人类可以具有策略性地进入人类生态史的转折时期，其重要性可与新石器时代的革命相提并论。但是，人类尚未做出决断。

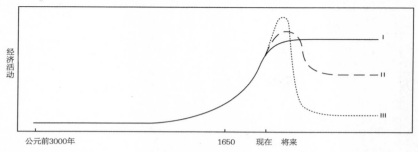

图8.02. 整体上的世界生态史图，其过去、现在与将来

Ⅰ，直接转入高水平可持续状态；Ⅱ，迟滞地转化为低水平的可持续状态；Ⅲ，回到前现代的农耕式生活。即使地球的承载能力不会随经济增长而减退，这样的未来也必定将于2036年到来。

　　生态灾难史就是一代代的人类忽视环境极限，用不可持续发展代替可持续发展的历史，这一代人的特殊性在于他们的行动具有全球性规模。

　　世界可以被形象化为一个有入口和出口的容器。拿人口来看，入口是出生率，出口是死亡率。稳固的非增长态人口，要求出生率死亡率相等，两者都要尽可能低，年均11‰上下，除了人为地制造痛苦，高出生率和高死亡率没有任何好处。相应地，考量世界物品或物质财富，入口是物质生产，出口则是物质消费，人口和财富的稳定化问题很大程度上是生态学问题。传统经济体系鼓励一定时期物质材料生产量的最大化，而可持续发展的状态则是一定时期生产量的最小化。

　　可持续发展的社会里并非一切都是恒久的，它会发展，但发展不基于量的增长。稳定型经济同样可以增长，把它与增长型经济进行区分不是拒绝增长，而是着眼成熟。发展中国家的经济尚未达到成熟，因此增长很重要。但这样的增长所树立的目标应当是满足实际需要，然后停止，而不是把增长看成是自身巩固的系统。

　　即使在无更多理由扩大产量的成熟经济体里，创造性的变化仍是需要进行的。约翰·斯图亚特·密尔很久以前即阐明了这一点：

　　几乎没有必要讨论稳定的资产、人口状况是否有益于人类的进步。因为在

这一问题上存在着，诸如各种精神文化、道德与社会进步，还有生活艺术的推进的空间及改进的可能性等等，心灵总不会停止被各种正在发生的艺术所感染。工业化的艺术或许表征着一种认真且最成功的培植形式，其间唯一的区分乃是代替了非目的性的服务且有益于财富的增长，即便如此，工业化的改进也将在节省劳动力方面产生其合法的成效。

基于这些思考，我们可以得出关于可持续发展的社会的一些特征：

- 人口能够较好地维持在地球承载能力之内的水平。人口的多少当由该社会的经济习惯和社会组织形式所决定。
- 对食物、水、木材等可再生资源的需求能较好地维持在全球供给能力之内。
- 污染物的排放速度不能超过生态系统吸收污染物的能力。
- 矿石、化石燃料等不可再生资源的使用速度不超过能够增加的可支配资源技术进步速度。
- 制造出的产品使用期会更长，耐用性会代替内在的易损耗性。最大限度实现材料循环利用。
- 社会稳定要求稀有品的均等分配，其成员普遍有机会参与决定自己所处的社会的事务。
- 重视生活，而非物质；强调质的增长，而非量的增加；强调服务，而非物质产品。

不可持续发展和非正义的世界

可持续发展的农场拥有的动物头数不超过农场的承载能力，过量放牧牛羊则是不可持续发展的。一旦过度放牧，农场环境就会发生恶化，最终土地会沙化。同理，整个地球承载生物体（包括人类）的能力有限，有时某地区兔子或蝗虫繁殖的数量超过承载能力的临界点，它们的数量就大量锐减。但是基本上在整个地球范围内，人类的数量都在持续攀升，而没有如动物（如兔子、蝗虫）数量变化曲线显示出的典型的阶段性回退。

没有人能确切说出地球对人类的承载量，这个数字与人类由何种类型的社会构成、个人对自然环境的需求状况有关。莱斯特·布朗（Lester Brown）警告说，我们已经错过了几个关键位置。"如果1970年人口增长到36亿时停歇住，就有可能避免人均渔获量的减少；在38亿时止歇，人均粮食产量还可能继续增长。"布朗意识到了"迅速停止人口增长的最大困难"，但他同时又指出："这一困难必须与不及时行动所酿成的地球主要生态系统崩溃的恶果放在一起考量"。他进而提出了一个稳定人口增长的方案，即在21世纪人口总量控制在60亿。可是，要实现这个野心勃勃的目标，并为如此庞大的人口营造一个正义与可持续发展的世界谈何容易。

不仅人口在增加，人的胃口也越来越大。人类是地球资源的消费者，从农业革命起，人类的消费欲望就在膨胀。工业革命之后又是一个消费量的剧增阶段，因为人类学会了如何得到大量煤、铁等不可再生资源，并将它们投入工业使用。结果，在工业化的世界中，人们的收入增长，购买力增加，消费量增大。麦多斯对一个美国人一生对资源的消费量进行了估计：

9800万升水

28吨铁和其他金属

1200桶汽油

29000千克纸

10吨食物

10万美元公共开支一个美国人大约抛弃：

1万只不回收瓶子

17500个易拉罐

27000个瓶盖

2.3辆汽车

35只胶质轮胎

126吨垃圾

9.8吨空气污染物

对这些数字进行数学运算，就能回答地球可否供养1980年按此标准消耗物品的43亿人口了。结论令人咋舌：如果全世界人都按美国人的速度消耗资源，石油储量仅够维持6年，木材、铜、硫、铁和水的年消耗量会超出已知储量。美国人的资源高消耗不能为全世界所采用。这就是所谓的"不可能定理"，然而，这一理论至今未被驳斥。

这就引出了一个显而易见的正义问题：美国和其他"富国"的人使得其余人无法享受同等的生活方式（或速度消费），这是否在道德上过得去？在一个财富分配更公平的可持续发展的世界里，如果一国的公民消费和污染的速度快到无法让世界上其余人同等接受，那么这个国家就过度发展了。瑞典经济学家冈纳·阿德勒—卡尔松（G. Adler-Karlsson）呼吁"倒置功利主义"，即"以苦难最小化的方式组织社会"，他坚持"假如苦难依旧影响广泛，增加业已富裕者的物质财富就没有任何价值……除非每一个人都得到了生活基本必需品，否则人们都不应当增添自己的财富"，这使得"对物质资源需求减少而对我们的道德资源需求增加"。

纵然这对鼓励期待更大个人财富和把人生的意义建构于这一期待之上的社会是一个基本挑战，这个挑战并非毫无关联，它只不过显示了这一变化仅靠足量的个人行动还不够，整个社会都要随之而变。

如果世界人口都像现在美国人一样富裕，这就会超过地球的承载能力，那么或则这个世界极小部分人富裕地生活而一大部分人受穷捱饿（如现状），或则富人减低消费速度让穷人增加一些消费。然而试看现时的世界经济体系的运作方式，似乎只要让所有穷人富人同时增长财富就能解决非正义的问题。无视地球承载能力的极限值就是生活在自欺的幻境当中。诚然，技术进步曾经将这个极限值稍微加大，但不可能倚靠技术让极限成为无限。事实上，目前许多证据显示，技术带来的污染活动反而使地球承载生命能力降低了。技术的权宜解决手段成为技术陷阱。人类及其熵变是反生命的合力。人类活动正飞速消耗世

界范围内可探求的矿藏、化石能源和淡水。根据列奥提夫、卡特和佩特里向联合国提交的关于《世界经济的未来》的报告(1977)，21的最后几年人类消耗的矿藏量将是整个之前的历史消耗量总和的3~4倍；报告预测，2000年后，某些矿物的储量紧缺形势将会变得极其严峻。贮存于化石燃料里的能量以与日俱增的速度被转化为大气热量和二氧化碳，可能对未来生命造成难以估量的影响。

再来看看地球的可再生资源。人类无比依赖地球的四种基本生态系统：草原、耕地、森林和渔场。它们不仅为我们提供所有的食物，而且还出产出除矿物和石化产品外的所有工业原材料。证据显示，这四类生态系统的全球人均生产力已经到达峰值并在下降，尤其是渔业，1970年是捕获情况的峰值，还有林业，森林面积以每分钟20公顷的速度消失，一年消失的面积相当于一个古巴的面积。世界上所有大河上都筑有水坝，为的是有更多水源灌溉农田，这就打开了一个潘多拉的盒子。淤泥不再每年沉积在尼罗河谷平原，那里的农民只好以化肥取而代之，每年成本多1亿美元。灌溉之后地下水位上升，盐分堆积，肥沃的土壤盐碱化。为了缓解状况，埃及启动了世界上最昂贵的排水工程，耗资1.8亿美元。

可持续发展的复杂生态系统正被各种形式的密集型农业所取代，从长远来看，后者大部分是不可持续发展的。"侵蚀造成的水土流失目前速度也许为每年25亿公吨，平均每个男人、女人和孩子半吨。"联合国环境规划署如是说。

河、湖、河口湾内维持生命的生态生长—分解循环被污染所阻断，没有人确切知道海洋的污染给其中的生物健康带来怎样的影响，有人提出近年渔业减产是污染加剧和过量捕捞的恶果。如果说人们对污染对自然产物的影响知之甚少，那么污染对生态系统服务的冲击就更是鲜为人知了。这些服务包括有机废物降解、太阳能的固定、大气成分平衡、营养物循环，它们的重要意义仅仅得到了初步的探查。举个例子，加利福尼亚州圣贝纳迪诺牧场上有条高速公路穿过，每1公顷公路上的机动车不仅会增加一氧化碳排放，而且由于侵占了天然

牧场，每年少清除掉440千克的一氧化碳。有人对美国东南部湿地作为三级废水处理装置和渔场的价值做过细致估算，得出的结论是每公顷湿地清理的废水量用现代污染控制设备清理要消耗20万美元。污染对于这些天然的功能抑制使社会承担了很大的损失。

可持续发展的最大威胁是战争和备战，用里夫金（Rifkin）的话说："最终，战争和备战是最具熵变性的人类活动，毕竟只有此二者才用得上导弹——要么用导弹来毁灭，要么把导弹存着直到老化而必须被拆毁。"1979年世界共存有50000枚核武器，1980年美国贮存核武的威力超过6000兆吨，假如将其中的200兆吨核武器投向苏联的200个大城市，可以杀死1/5的人口，毁掉2/3的工业。类似地，1/10苏联核武器如果瞄准美国的70个大都会区域，可以在30天内美国半数人口将致死，致伤千万余人，摧毁2/3工业活动和98%的关键行业，如能源和交通。很明显，美苏拥有的武器足以相互毁灭对方好几回。

战争消耗的人力、物力资源只要转移一小部分明智地用于维持生命，就能解决人类的许多问题。1980年年度军费开支达4千5百亿美元，也就是每分钟100万美元。半天的军费开支就足以支持世界卫生组织整个消除疟疾的计划，一架坦克的储存设施花费（100万美元）可以换来10万吨大米；同样的一笔数目可以给3万个孩子提供1000间教室；一架喷气式战斗机的花费（2000万美元）足够买4万个村庄使用的药品。军备竞赛没有简单的解决方案，也许国家政府和国际谈判的层面不足以解决这样的问题，虽然我们要鼓励这样的努力。只有全世界深层的态度转变才会带来大幅度军费开支削减，要按照本章和其后两章的思路来建构世界，必须在态度上做出转变，减少国家间的恐惧和猜疑，加大逐步裁军的可能性。沿着现存全球社会的趋势走下去，明显是选择了一条不可持续发展的道路。

现存的全球社会也不是正义的。有关不公平状况的数据我们已经熟悉到了近乎麻木的程度。但数据的确显示了对数亿受害人代表的不公不甚关心的现实。1979年美国、澳大利亚的人均国民生产总值（GNP）分别是8640美元、

7340美元，孟加拉国的人均GNP是90美元（美国人口资料局1979年数据表）。13亿人生活在人均GNP低于300美元的国家里，8亿人所在的国家人均GNP仅在300~2000美元，另外7亿人生活的国家人均GNP在2000美元以上（1975 figures）。发达国家的人均GNP是发展中国家的13倍，从工业化程度衡量，欧洲工业化完成的国家、苏联、北美、日本和澳大利亚的人口共占全部人口的30%，却控制着93%的工业产品、95%的出口产品、85%的军事用品和98%的科学研究活动。这些国家消耗全世界87%的出产能源，78%的化肥、94%的铝制品和94%的铜制品。

健康层面，1979年在美国新生儿的生命长度预期是73年，孟加拉国是46年；婴儿死亡率（每年每1000个婴儿中死亡的人数）1978年在美国是14人，孟加拉国是153人。世界粮食理事会报告指出，超过10亿人的食物摄入不足以满足让他们对于热量的需求量，据估计他们中的4.5亿遭受严重营养不良，其中60%生活在亚洲，主要是偏远地区。发展中国家每年有1500万儿童因营养不良或疾病而丧生，在发达国家这个数字只有50万。在最贫穷的国家，存活下来的儿童里有1/4~1/2遭受严重或中等蛋白质和能量营养不良，缺乏维生素A导致每年25万儿童眼盲。事实就是如此，如果世界上每年的食物产出能在人口中平均分配的话，大家就都能有足够的膳食，即都会有足够的热量和蛋白质摄入。这样可以满足每个人的需要，却满足不了每个人的贪婪。

资源在国内的分配同样有所偏倚，超级富有者的收入是赤贫者的几千倍。衡量社会正义的一个有用办法就是比较最富有的1/5人口和最穷的1/5人口的平均收入。在厄瓜多尔，比例是惊人的29:1，在美国、英国和澳大利亚，比例约是5:1，有些东欧国家甚至达到了3:1。

除了几个引人注目的例外（如斯里兰卡、喀拉拉邦等），发展计划并未消减世界上广泛存在的不公正。事实上，过去10年间鸿沟变宽了，穷人中的最穷者不仅相对比上一代人生存状态更糟，他们还有可能是在绝对意义上最贫困的人。

骇人听闻的不公正对世界是个威胁，令我们当代人蒙羞，也令古老的预言家蒙羞。用赫歇耳的话说：

这个世界是令人自豪的地方，充满美丽，但预言家们却震惊地怒吼，似乎世界是个贫民窟……在我们看来，一个不公正的举动（商业欺诈、剥削穷人）微不足道，对预言家来说，则是灾难，不公正；在我们看，伤害人民的福祉，对预言家来说，则是对人类存在的致命打击；在我们看，是一段插曲，对预言家来说，是一场劫难及对世界的威胁。

要在地球上取得生态可持续发展和社会正义，除了构建新的社会经济秩序外别无他途，联合国对于建立国际经济新秩序的呼吁中也体现了这一点，但寻求新秩序的导向还存有很多疑问。在纷繁复杂的争论中，我们可以理出两条基本方向：一条指向生态视角，这也是本书的角度，本观点看到了地球的有限性和生命维持系统的脆弱性，从生命演化存活的方式中得到生命将以何种方式更深远地发展的启示。这一方向引领发展基于这些考虑的经济社会体制，在这样的体制内，个人能够充分参与塑造自身命运的多种可能性；扭转长期攫取地球资源的状况，寻找到利用资源恰如其分的尺度使其能够可持续地无限延续；倾向使用太阳能之类的可再生资源、低能耗的技术手段和无限保持土壤肥力的方法。

还有一种关于未来的观点被欧立希（Ehrlich）称为丰饶论。这一观点统治着大部分人类和国家事务，它认为所有生态可持续发展能力的问题都可以通过技术来解决，通过无限制的增长，即否认极限，我们可以获得某种程度的正义。也宣扬这一论调的有纽约哈德逊研究所的《下一个200年：美国和世界的远景》，还有贝克曼（Beckerman）的《为富裕社会的两种声音而喝彩》。欧立希在对这两种观点所做的经典的分析中提到：

对于文明的展望哪种观点更精确是一个值得每一个人仔细审视的问题。不能够仅仅把哪边的"专家"人数多来作为哪种观点更可靠的凭据，而是应将所有论据细致考量：检视、分析、比较身边的证据。这是一项野心勃勃的任务，因为就里的事务包含物理、化学、生物、人口学、经济学、政治学、农学等等

学科的元素，置身其中的人必须努力攻克各种问题：增长计算问题、重要环境学进程的机制问题、矿物资源地质学问题、技术的潜力和局限问题和关于变化的社会学问题。很有必要思考现状以及提出的替代性手段的利弊，弄清在哪些部分应当投入心力去证明也很重要。

丰饶论和悲观论究竟哪一个更有可能盛行起来？如果它最终被证明是有问题的，那么哪一个的盛行将带给人类处于更大的风险中抑或是执中的某种立场才是正确的？还是连最悲观的论点实际上都过于乐观了？面临不确定性，究竟哪条才是最审慎的道路？

一种关于"无限增长"的意识形态

工业社会是用贮藏在化石燃料中的能量建造起来的：先是煤，再是石油，然后又回归到煤，前提是化石燃料还未耗尽。既然所有这些燃料类型都是能够被耗尽的，且正在被人类以与日俱增的速度消耗着，倚赖化石能源的经济增长不可能是无限制的。丰饶论者提出了其他的可能性，他们的远景里核裂变产生的廉价能源不断供应，裂变能源用光了还有核聚变能源（虽然利用聚变能源的手段尚未开发出来）；有了广泛的能源供应，大量蕴含在海水和普通岩石里、以低丰度存在的矿物让技术得以低价生产更多的各类产品，令穷人的生活红火起来，富人更加锦上添花；人口持续增长也不会影响这一远景的实现；把科技扩张的益处看得高于环境和社会成本，认为后者被严重夸大了。心怀普罗米修斯的创造精神，丰饶论者坚称目前的发展策略是正确的，我们只需要在量上取得进步，持续的经济增长便是我们通向技术黄金时代的领路人。

当然，能源和矿物不是工业社会的唯一需要。食物、木材、水也很重要。但只要有了足够能源，所有这一切都会过剩，即使没有过剩，也能找到合适替代品。随着耕地逐渐被工厂和城市湮没，化学制剂可以代替土壤；有足够能源，就可以无限量地生产化学制剂；木材用完了，新化学合成品可以扮演木材曾经的角色；有足够能源，废物处理和污染问题也可以解决。由此观之，丰饶

论者的观点就是核能与伟大的技术创造可以无止息地生产人类欲望想取得的一切。

但是，这样可能吗？暂时假设从核能可以得到足够燃料，核能仍然是一种危险的能量来源，原因有许多，按重要性顺序从小到大排列：①固体放射性废料处理尚无真正安全的方法，让存在放射性的废物上千年不产生危害。然而，这已经是相对比较好解决的问题了。②放射性废气的日常排放危害性在过去被大大低估了。③核电厂有可能发生的灾难性意外。④核电厂数量激增的一个后果是核武器扩张。

最后一个危害是招致反对的最大原因。有人争辩道可以在和平利用核能的同时限制核武器的发展，这个论点基于这一认识：从民用电厂材料里提取用来制造原子弹的武器级别的裂变物质困难重重，此理论认为，如果有国家或团体怀有制造核武器的企图，在研发的早期就能查出来并阻止。然而，现实好像并非如此。洛文斯与罗斯提出，一个日趋依赖核能的世界毫无办法防止军事扩张，"所有浓缩裂变物质都有爆炸的潜能"，而在裂变物质丰富的情况下，"原子弹制造和再加工会比较容易"，"不论对钚分离还是对用过的核燃料都不可能有及时的警告系统，所以理论上所有核裂变都是不安全的"。

但这并不意味着我们只好无可奈何地接受一个已经有数个国家拥有核武器的世界。核电站的蓬勃发展不意味着洛文斯等指出的一切都无法避免。核武器的经济吸引力比人们曾经想象的要低得多，民用核能的消失不能确保军用核能不再扩张，但增大了后者的希望。"毫不含糊地辨别原子弹的制造是对之进行所必需的检测和遏制前提，因此，对核能及其支持设备的识别是一个充分必要的条件"。

有一些支持核能的人士不愿承认裂变的局限性，转而指出聚变是最终解决方案。现在没人知道围绕聚变产生可用能源的诸多问题能否得到解决，但即使解决了，第一个聚变核电站很有可能因成本过高而不愿全部采纳必要的安全措施。此外，人们也会用反对核裂变理由来反对聚变电站：核武器扩张。

我们不妨先作以下假设：假设核聚变能成为一种取之不竭的能源，且业已提出的改良做法技术都能实现；假设（为了方便讨论）物理学意义上的生产量无限增长是可能的；假设我们能够成功实现从当代世界向核聚变世界的跨越。问题是：核聚变的世界是否就是一个生态可持续发展、社会正义得以实现的世界呢？人类的最佳希望就是核聚变吗？是否反对这一趋势的批评家就是人类事业毫无信仰的背叛者呢？或者，我们的社会现如今投入大量资源从事那方面研究是错误呢？如果说核聚变技术的社会才是唯一正义和可持续发展的社会，那我们当然应该摒除疑虑，面对困难，尽每一份努力以实现目标。然而，如果那样的社会与生俱来就是不受欢迎的，则这场关于核聚变社会建立可能性的无休止的辩论便毫无意义。我们的决定不是科学技术问题，而是伦理宗教问题。

那么，是否真的有可能建立一个基于核聚变技术可以使增长没有极限的社会？设计出这样的未来社会更大程度上只是最近几股潮流的一种延续，其中一股指向更大、更复杂的技术，它的理论认为如果人能够控制更多能源，个人生产能力就会得到提高，随着个人生产能力的提高，人类将变得愈加富有，因此新技术让能源代替人类劳动。有的经济学家甚至不愿意承认高科技是导致高失业率的原因之一。与高科技有关的麻烦不仅在此，英国科学技术理事会在1979年题为《超越星球技术》的报告里指出了技术带来的种种麻烦。

（1）系统越大，抗故障能力就越差。系统里的零部件越多，面对崩溃就更脆弱，修复的时间也越长。在通讯和控制工程领域（如安在阿波罗飞行器上的装置），系统有两个备份，这样一旦一个发生故障，另一个马上就能顶上来。但重型电极和机械系统就不能用多备份来自我保护了，假如蒸汽涡轮或发电机的部分转轴断裂，整台机器就注定要停工很长时间。既然零部件的的意外故障不能忽视，必须像核反应堆一样设计"防故障"系统，这就对想象力和技艺提出了极高要求。例如，发生在阿拉巴马州布朗渡口反应堆的事故表明了"意外的不可避免性"，工作人员用蜡烛来测试从反应堆中泄露出来的弥漫的在空气中的气体，结果蜡烛引燃了控制反应堆和其基本的安全系统的电缆。

（2）大型系统有危险的、往往具有蓄积性的副作用。任何技术都有危险。意识到了缓慢发生的副作用，就要采取费用高昂的遏制措施。可有时副作用直到造成损失才被发现，比如臭名昭著的日本水俣湾中毒事件：海湾的工业污染从1930年的氯乙烯生产开始，含汞的废气催化剂排入海湾，微生物将其转化为可溶的甲基汞，这种有毒化合物进入鱼类和贝类体内，人们食用有毒的海产品导致了灾难性后果。第一批废汞侵入海湾的15年后有了第一宗水俣病的报道，直到3年后才对该病形成明确诊断。有些情况下，虽然理论上，实验室可以检验出污染物的副作用，但是需要数量惊人的研究工作，比如检验低辐射的致癌作用，要使用数10亿只小白鼠！这还不算完。

（3）大型系统会产生有不良的社会影响。很多在生产线上工作的人生活质量乏味而单一，与小型企业参与性很强的创造力形成强烈对比。

（4）大型系统会发生灾难。英国的温兹凯尔军用堆事故、弗利克斯巴勒环己烷泄漏事故、若兰点公寓倒塌事故、意大利萨维索农药化工厂TCDD有毒蒸气泄漏事故、"托里坎荣"号泄油事故、美国三里岛事故等等，都成了我们熟悉的词汇。它们代表了主要的科技灾难，灾难引发关注，随后发起补救措施。但是，社会对没有大场面的灾难的逐渐积势反应就相当迟钝了，比如日益攀升的公路死亡数据——科技进步和人类会犯错误的本性相结合的直接结果。"如果要用制度性程序把超星技术（superstar technology）置于社会掌控之下，我们必须谨记人类现实是怎样的，而不是人类应当是怎样的。"英国科学技术理事会如是说。

超星科技往往是不妥当的科技，因为它不仅对人类施暴，而且对自然施暴。这点可以用一个故事阐明：相传古印度有一个国王，他抱怨地面太坚硬了，对人柔软的脚掌是一种折磨，要求让全国的土地都覆上兽皮，他手下有一个智者提出，用简单很多的办法可以达到相同的效果，只需割少许几张皮绑在脚下。这是人类适应自然，而不是强迫自然随人所愿的例证。不幸的是，增长型经济和超星科技强烈花巨大代价用暴力强迫自然适应人类，这在发达国家膨

胀的GNP里有所反映，发达国家没有给不发达国家提供发展的规范或楷模。福冈用现代例子说明日本面对超星科技和适当科技的选择：日本农业大量使用化肥，施在田里的化肥部分渗入溪水，溪水流入封闭的海域如内海，藻类成倍繁殖，引发赤潮。清理内海的一种方案是穿过四国岛修建一条管道，让太平洋的洁净海水灌进内海。福冈质问：使工厂的钢管能够运行输水的电力从何而来？泵水的电力如何获得？有人说那就建一个核电站发电，可这样一来便播下了二级、三级污染的种子，比原先问题还要难解决。福冈自己的模型方案是在田里铺稻草种苜蓿，这样，化肥的使用就可以有所减少。

偏爱适当科技的决定仍然是较为可行的选择。能源方面，如果我们进入核时代，那便是对于适当科技的选择的抛弃。适用于今天的超星技术水平的自然资源很快就会耗尽，到那一天，必须要采用让今日相形见绌的新技术。而幂指数曲线的增长会让这一天比预期更早到来。

有人视煤为向核子时代转型期间永不枯竭的代替能源，可以大规模开采，他们得细想以指数速度消失的煤供应会产生怎样的影响：按目前的消费速度，煤还够用5000年，如果以每年4%的速度递增，135年内煤就会消耗殆尽。另外，以这种速度燃烧的煤加速了二氧化碳排入大气，继而造成全球升温、气候类型移位。期间，全球消耗木材的速度远快于重新种植，巨大的需求很快会毁掉剩余的森林，迫使我们另谋它材。现今木头的替代品——塑料，是油性的，不能用于这一目的。要创造出全新的技术和工业来满足越来越快增长的需求。

超越星球的科技是一条不归路。一旦上路，即无法再回到一切食物来自土壤的时代。"什么星球系统都行"的养活世界的方法会飞速减低地球用自然方式生产食物的能力，而食物需求却会飞涨，那时候唯一的选择就是工厂生产和溶液培养食物了。

产生上述或另外所需的技术奇迹的可能性绝非清晰可见。问题是现存经济体制可以通过自身运作达到目标的想法是很值得怀疑的。

能源最终是有限的，并非由于人类寻找更多能源的能力有限，而是由于天

气因素和生命维持系统的延续。能够利用的能源必定是有限的，因为所有用掉的能量都转化为热能。当热量产生的速度低于散佚到外层空间的速度，地球不会升温；但一旦超过临界点，地球及其大气的温度便会升高。能量消耗以每年5%的速度持续递增的情况不出一个世纪，产生的热量将使地球温度上升11.5摄氏度，达到了令人无法忍受的地步。

持续升温的工业化进程给高层大气臭氧层带来的威胁是除热污染外的另一个严重后果。臭氧层保护地球生命不被过量紫外线灼伤，每一个社会都要有意识地回避超音速飞行、碳氟化合物气雾排放等破坏臭氧层的活动。人们有两个选择：要么开发充盈臭氧层至合适密度的新技术，要么找到保护人类不受日渐强烈紫外线侵袭的新技术。在这些条件下相信生态可持续发展的可能性，是因为我们怀有信念：人类的支配能力足以建立一个史无前例的稳定社会秩序。假设人类可以应对庞大的环境威胁，那么人类能建立一个正义社会吗？既然这个经济体制的核心是持续的指数级增长，这个目的的达成可以不惜一切代价。随着错误的代价越来越大，很有可能就不允许再发生错误了。避免错误需要前所未有的集权。经济力量和政治权力将进行融合。反对党派、公众异议、实验自由都与这种经济体制格格不入，而人类在工作中将进一步被异化。越是躁动，越要抑制躁动——必要时会导致暴力行为的发生。

出于集中权力、控制公民的需要，核电站的建设将进一步加强，不管依靠聚变还是裂变。经济的基础将采取一种可以酿成大规模破坏的能源形式，这些电站必须严加看守，防止敌方情报人员、颠覆分子、精神错乱者和马虎大意者的破坏。于是会产生一个管理者阶层，他们无疑处事冷静、忠于政府，核电站持续高度安保，防止闲杂人等入内，这套严密系统不是在一代人的时间里，而是在几千年里受严密保护、零失误地迅速扩张。成功的希望渺茫，但是即使成功了，这个系统也会变得可恶和充满不公正。

这样一种社会将强烈依赖化工产业。化工产业依靠能源技术源源不断地快速生产出旧材料的替代品，当然，不过会更加小心翼翼，否则化学毒素会吞噬

人类的生命。随着愈来愈多危险产品的产出，工厂要配备与核电站一样的准军事化安保系统，因为社会承担不起这样的风险。简而言之，世界会迅速充斥更多致命物质，所有人都要被保护以免中毒。可以预想，除了整个社会都要经受住巨大的精神压力，一般的人实在难以胜任如此重要的岗位。

另一个必要的设想是那时不会有战争。因为核技术遍地开花，任何核武器的使用都会造成深重的灾难性打击。起维和作用的是恐怖均势。不会诞生冒险家，不会有成功的革命。

核工业具有与生俱来的潜在的而根本性的风险，致力于经济巨人症和政治集权，是一个由技术统治的社会长期增长的动力，它让人类社群智慧的平衡体及其精神根基岌岌可危，因为社会的这种戏剧性的演化使之排斥并背叛原本立身的价值观。

一些无限制增长的倡导者意识到了某些核能问题的严重性，可能又转而鼓吹使用太阳能。这很具有讽刺意味，因为这批人曾轻视太阳能，认为太阳能不可能列位于主要的能源贡献者之列。但是，对于"超星太阳能科技"的发现使得超星科技狂热支持者间似乎在导向上产生了变化。比如说，有的人倡导建造外太空大型太阳能集电器，把原本不会射向地球的太阳能折射到地球上。

这种能量来源相较核能的优势在于危险性小，需要较少的警力保护。但另一方面，外太空收集到地球上的太阳能将和其他能源形式一样转化为热能，使地球大气升温。

如果为了避免上述情况，把能量利用仅仅局限在自然到达地球的太阳能范围内，以太阳能为基础的增长经济就必定比其他类型有了真正的优势。在地球表面大量区域铺设太阳能集电器仍旧有环境效应，但主要的反对因素是如果收集到的能源只是为了满足无限的工业增长，那么前面所提到的大量其他的问题就依然存在。以指数速度增长的经济为基础的社会，即使用覆盖地球表面的太阳能集电器提供能量，还是不可持续发展和非正义的。

就算可持续发展和正义是可能的，无限制经济增长从根本上来讲就是荒诞

的，没有几个人会相信无限制增长。要无限制增长，或者要求人口数量无限增长，或者要求个人消费能力无限增长，或者两个增长结合，任何一种都是荒谬的。

其他倡导增长的人承认，增长会停止于某一点，但他们相信那临界点还十分遥远，并争论说全球生产量至少还要翻几番才可以满足人类的合理欲望，要取得如此增长，核能不可或缺。在一个较温和的立场上，上述场景需要修正，但是根本性的冲击仍然广为存在。目前已经发展出的核能给世界带来的不可持续发展的和非正义的元素我们已经无力承担。防止核能投入破坏性使用的必要性延滞了进入更自由世界的脚步。关注量的增长，视之为全球头等需要，把我们引向歧途。

有些伪善的论辩声称反对增长就是反对穷国发展，即反对世界上众多的穷人摆脱贫困。贫穷世界的发展是必要的，但我们希望后发国家的路径与现在发达国家曾经的发展道路不同。经常的情况是，富裕国家在本国倡导全面经济增长，并希望后发国家欣然接受那些并不适合它们自己的技术，比如核能就不适于穷人使用，因为它需政治经济集权、剥夺大众公民权利，让发展中国家愈发依赖外界政治经济力量；此外，核能只提供电力，而不发达世界的首等需要是液体燃料。

我们并非反对所有形式的增长。世界大部分地区的生产量都应翻一番，甚至翻几番，但全球都要翻两三番则不合宜，业已工业化的国家根本不需要如此规模的增长。

莱斯特·布朗用以下例子说明许多情况下增长的无谓性：

贝克斯坦德（Backstrand）和英格尔斯德姆（Ingelstrom）用瑞典官方的经济增长预计研究了2000年的消费模式。预计增长率每年4%到6%，到那时整个产量就会是目前的4倍。国民生产总值的扩张包括金属工业7倍的增长和化工业10倍的增长，瑞典人口已接近稳定，作者质问既然现今消费水平已经如此满足人们的需要，这个国家将来生产这么多的钢铁、化工产品做什么呢？

认识到发展中国家经济增长的紧迫性，又认识到全球增长有限度的现实，就可得出一个显而易见而又革命性的推论——贫穷世界得以增长的唯一途径是抑制富裕世界的增长。只有当富裕世界的注意力由"怎样才能增长"转移到"如何最好地适应增长停滞"的问题，我们才能看到解决社会困境有前景的答案。

小结

对能敏锐地意识到生命体基本特征的人来说，增长的有限性是如此清晰明了以至于他们很难理解否认有限性的人是诚实有信念的。两种体验结构、两种信念，在此互相对抗。前者把人看成自然界的一部分，但又是卓越的一部分，所有生物体都具有的超越元素在人类身上最为显著，人类是最成功超越的物种，因为他们敏感地尊重所有生命的生存条件，更加高效力和高效用地使用有限资源，通过留意生命的策略，他们能领会什么是真正的增长，确立恰当目标，在达到目标的过程中得到深层的满足感。这是关于生命的宗教，是赋予生命以信仰。

后者认为人类处于自然之外，自然是人的物品、财产，供人类使用。他们看到的生物体之间的差异性不外乎人这种生命体和其他无生命物体间的差异，而这些都是人类管理、利用和消费的对象。人类欲望理所应当是无止境的，类似地，人类技艺也无界限。在他们的表述里，对人类智慧和科学技术充满信心就可以实现数量上和消费上的增长，想有多少就有多少。这一信念的持有者认为人类可以前进到"黄金时代"。危险在于，人类会畏缩不前，他们对理性缺乏信任，他们违背诺言，因为看不到对于困境立竿见影的解决方案。

从生命宗教的角度看，"困境"不是该被克服的挑战，而是该被尊重的极限。有人请求我们信仰技术理性，但技术理性很抽象、与生命分离、缺乏智慧；是割裂地把每一个情境当作单一的问题分析，抽掉了所有相互关联的因素；不去费力应对具体的现实，而偏爱数学公式的世界。是的，似乎技术理性更热衷于创造新问题而不是重构一个此类危险问题不会产生的新情境。生命宗

教的角度把这一信仰看作是错误导向了无生命的方向，是理性的游魂作了侍奉人类贪婪的奴仆。像许多人那样接受技术理性，就是选择死亡。

我们直截了当地对这一点进行了揭示。除了以上基于事实信息的理性的论述，人类有筛选出支持自己基本立场和顺应天生取向的信息，并且忽略其余的信息非凡本领。即使他们被迫要接受一些不太舒服的内容，也能稍稍调整后潜移默化地适应。人类用旧囊装新酒的能力是惊人的，但是这次，旧酒囊撑爆的时候到了，旧的范式在过度信息的压力下终于崩溃了，新的范式兴起，它重组一切信息，为新的有说服力的观点开道，用完整和清新的姿态导向生命。生命体的生态模型和与之相伴的生命宗教为这条道路服务，加快旧范式和技术理性宗教的消亡。

本章没有展开论述生命宗教具体要求的是什么，但讲到了它要求建立一个正义与可持续发展的世界，即是要求抛弃人口和消费无限增长的梦境（或说"噩梦"）。"增长"的意识形态为这一问题的探讨提供了规范。但若从生命宗教的角度进行审视，则很明显"增长"的意识形态是误解了增长的本质，而定下了会毁灭生命的畸形目标。

人类调整自身适应维持生命的自然，不是一个"是与否"的问题，而是一个"如何做到"的问题。不用问他们会否减少石油的消耗，因为必定要减少。不用问海洋捕鱼捕鲸是否会有限度，这限度是必然存在的。不必问现存制造业是否让道给其他产业，答案是一定会的。问题是让这个极限灾难般降临，还是通过人类努力设计出一个温和地过渡，意识到要建立一个正义和可持续发展的未来。第九、十章指出了可以达到这样过渡的方向。

政治经济学在亚当·史密斯去世（1790）后的第一个阶段内弊大于利的说法是值得商榷的。它把一套对现代思想有着毁灭性影响的抽象概念强加于人；它把工业非人化；它胶着于一组有限的抽象概念而无视其他，引发出点点滴滴的信息和理论都是与其所保有的观念相关的。如果这些抽象概念是明智的，这将是一个巨大的胜利。然而，不论是怎样的胜利，总是有局限的。对这些局限的忽视会导致灾难性的疏漏。

——怀海特

经济学家和政治哲学家们的观点，无论是正确或是错误的，都比通常所想象的要强大得多。确实，这世界就是被微小的"其他"所支配的。那些自认为心智不会受任何影响的人却往往就是某位过世的经济学家的信徒。

——凯恩斯

第九章｜从生态学角度看经济发展

在第八章中曾论述，公正和可持续性使我们必须接受经济增长的局限性。这种说法所做的暗示是很极端的，跟处支配地位的指导全球发展的经济理论模式是背道而驰的。正如凯恩斯在本章开篇的引文所指出的那样，经济学至关重要。本书的作者是经济学的外行，但我们相信我们能够辨识出已经消亡的经济学观点及其对现实性事件的影响。我们感到有责任对为经济思想奠基的

人类存在模式提出评论，也有责任指出如果采纳生态学模式可能出现的一番日月新天。而且，在经济思维中受到生态模式的暗示是不可避免的。经济学理论孜孜不倦地研究商品生产和消费持续无限的增长，这与人的基本特征有着密切关系——这也是本理论的基石。

从生态模式的角度看，经济学思想似乎有着和在生物学中至关重要的机械模式相似的局限性。经济学家杰奥尔杰斯库–勒根(Georgescu Roegen)写道：

机械主义的教条在物理学中霸权中落而转向哲学世界的多年之后，机械学派的创始人开始按照机械模式建立一门经济科学——照杰文斯（jevons）的话说，就是"功利和个人利益的机械论"——这是经济学思想发展史上的一件令人好奇的事。随着经济学的大步跃进，经济学思想就从未从标准经济学创始人的机械主义认识论偏离出去过。

在同一篇文章的后面，他批评了这个经济学上的"自以为是的机械主义类比物"，认为它忽视了物质环境和经济进展的相互影响。这正是第八章中我们讨论经济增长的自然局限性（physical limits）时所谈论过的。

接受了经济增长的自然的局限性并不意味着青睐一个一成不变的经济世界的蓝图，它的目的是设计一个这样的将来：人们可以有最大的可能来塑造和重新塑造他们的未来，而不是活在某种设想中。在过去的任何一个时间点规划将来对生活都会是灾难性的。刘易斯·托马斯（Lewis Thomas）就曾质疑，生物学家们如果是从另一个星球降临地球并开始创造生命，他们真可以达成像自然创造了DNA分子般的成就吗？

我们设想分子本来是完美的，这可能是一个致命的错误。我们以为只要有足够的时间，就可以摸索出如何制造分子、核苷、酶，以及其他从而制造出完美的、精密的复本。但我们从未想过，犯错也是分子的特征之一。DNA的奇妙正是在于它会犯无伤大局的错误，要是没有这种特殊的品质，我们可能还是厌氧细菌呢。

这是可持续发展和公平社会中的生命所具备的。模式是必要的，但这些模

式应该具备随着情况变化而被重塑的能力。

本章的第一部分提到的支配性的经济模式对于全球性的发展已经进行了大量的思考。正如真正务实的生物学家会得出更为恰切的生物学模式一样，经济学家们反思了追随支配性范式产生的后果，并已经从生态学角度对这种思想进行了改进。然而，这样的改进之所以还是不足够的，主要是因为基本的范式尚未被根本地反思过。

本章的第二部分从经济理论及实践的相关角度描述了生态学模式。这种相关性不是用术语阐释的，而是通过讨论发展政策中推导出的各不相同的暗示，尤其是在发展中国家，而得以阐释的。接受这种模式会促进正在执行中的思想和行动的改变，在很多情况下，还会让过去所认为支配发展的优先因素退而让贤。

一个经济体系的选择通常被规划为社会主义和市场经济间的抉择，或是共产主义和资本主义间的权衡。这些选项在本章第三部分会被一一分析。原来，我们所需要的最紧要的决定并非在这些体系之间，而是超越它们。它们均没有对人类进行生态学的考量和思索。

支配性模式

深刻影响西方公共政策的范式兼有政治和经济两方面的因素，该模式一方面青睐人权和民主，另一方面也重视市场经济。本章更注重后者，但却以包含政治因素在内的总体概论开篇。在奥肯（Arthur M. Okun）所著的《公平与效率：伟大的折衷》一书中，我们可以找到支持者对支配性模式的溢美之言。讨论完这一模式后，生态模式会被提出以堪对照。

在奥肯的书里，"公平"代表着政治目标，而"效率"则代表着经济目标。奥肯兼重两者，并敦促读者接受因并重两者所造成的压力。市场以牺牲公平为代价来鼓励效率。政府的职能便是保证所有公民都平等享有不可剥夺的权利，以及采取措施以减少由市场产生的不公平。奥肯认为个人财产所得税是在

不过度损害效率的情况下减少市场造成的不公平最重要也最有效的方式。他的结论是：市场需要空间，但市场也需要限制。

奥肯考虑到市场所追求的效率"暗示着多多益善；在这里，'多'包含着人们想要购买的东西"。他发现了一些"经济发展造成的更大量输出会掠夺地球资源从而造成未来生活水平降低的警告"。这一观点在第八章被予以肯定。但奥肯在没有论据的情况下宣布，他很确信这种针对效率的"多多益善"的批评是有必要被忽略的。确实，占支配地位的模式如此的固若金汤，以致于对经济无限增长的质疑完全不屑一顾——这着实令人震惊！

奥肯把对支配性模式的第二重批评看得更为重要。他写道：

在把消费者的判断看作他们的所需这一点上，我如其他的经济学家一样，认为人们的选择是为了使自己获益更多的一种理性表达。保险起见，从另一套不同的标准出发，发出以下的疑问也是适当的：人们真的通过更多的酒、更多的烟、更多的车而实现了更舒适的生活了吗（而社会也变得更有效率了吗）？这一发问又引出了更有趣更深入的问题。人们为什么需要他们所购置的东西？他们的选择又如何受到教育、广告之类的影响？是否有一个比观察人们的选择更为高级的标准来评价人们的受益程度呢？

然而，在列出支配性模式消费中的这些重大问题之后，他继续写道："简单地说，尽管这些因素很重要，我却不会去深究。而且我也不打算就此进行辩护或道歉。这仅仅反映了我的个人看法，希望人们能理性地接受。"

毫无疑问，在经济学家和政治思想家的圈子中，这些看法已被理性地接受了。而他们也是奥肯的书的主要受众；这些看法也是支配性模式的反映和基础。但从生态学模式来看就完全是另外一码事了。人们的生活是由他们所接受的教育、广告、他们自己的想法和所处的社会来塑造的，他们的决定均被支配性模式所影响；而且在被告知这种模式的错误以及可能引发的破坏性结果时，人们的表现并不理性。

在支配性模式中，就经济方面来说，人类被看成是有消费欲求的个体，他

们的目标是增加占有和消费的商品量；经济体系有责任组织国家资源以满足公民需求；经济体系决定生产体系的本质。在生态学模式中，这种关系却是反向的——由社区的基本需要来决定生产什么。经济体系通过生态体系的承载能力来命令生产体系配送所需的产品，同时保持其可持续性。在支配性模式中，经济体系的"良性"（即增长）是受监控的对象；而在生态学模式中，生态体系的"良性"（即可持续性）才是受监控的对象。

但哪怕是用支配性模式自己的标准，在此模式基础上的社会也毫无"良性"可言。现在的状况是：工商业的各种创造财富的行为耗费了如此巨大的社会成本，而工业、金融、政府、贸易商和公共服务体系又如此复杂地纠结在一起，以致于这一模式的运转已经逐渐减缓至停顿状态。美国经济学家汉德森（Hazel Henderson）把它描述为：

一个科技的复杂性和对该科技的依赖性已经达到了无法复制和难以掌控的程度的社会。它已经开始积压以前完全没有预见到的环境和社会成本——不仅仅是由现行的生产和消费模式所产生的污染、浪费和资源损耗，还包括照顾社会弱势群体和由莫明其妙的科技和组织造成的伤亡，以及政府的合作沟通和对后果冲突的瞻前顾后的消耗。

在支配性模式中，对污染的态度是治标不治本的。大部分的污染控制是非生态性的，因为它只是转移了环境压力而已。加高英国工厂的烟囱却造成了斯堪地纳维亚地区的酸雨！最好听的说法也无非是减少了污染，或在污染发生后进行了挽救。汽车加装了废气补燃器和其他装置以减少废气排放。而形成鲜明对比的是，生态学方法却是要减少汽车运输的需要，还要以无污染的引擎取代现行的内燃机。

支配性模式以生产效率为优先，而把生产者的生活质量和环境质量置于次要地位。影响生产和分配最大最优化的情感、信仰和社会生活通常被看作是迷信或感情用事的——这对于小农阶层对土地的情感以及农村的风俗和社会关系或许适用。为了"发展"，甚至不惜以家庭的破裂为代价。在支配性模式中，

需要根除这样的契约关系来达成合理的产业化；把这样的商业方法用于农业，从而成就规模经济。为了实现这一目标，高科技被转移到发展中国家，这样它们就被纳入了全球贸易的体系；而工业化的发达国家和少数资源丰富的发展中国家正是全球贸易的受益者。一旦发展中国家被纳入这个体系，它们的发展模式便成为："富国尽可能快的发展正符合穷国利益"。很遗憾，勃兰特（Brandt）关于发达国家和发展中国家未来的报告居然找不到比支配性经济模式更好的提议了。

与此形成鲜明对照的是，生态模式在维持和重建健康环境中的健康生活的同时，优先考虑满足人们各方面的需求。这个环境意指社会环境和自然环境。生产的增长固然称心，但也要在能保持持续性的和不断改进关系的情况下才行。通常来讲，帮助那些独立的社区达成它们的合理需求比让独立的社区转而依赖对它们没有帮助的国际经济体系要更为合理。确实，一旦发达国家经济发展中的负面影响被认可，把穷国的发展命脉系于富国的尝试必将尽失人心。值得庆幸的是，正如刘易斯所说，"长远地来讲，它们的发展并不依赖于富国的存在"。欠发达国家"自身具备发展所需的一切因素"。接下来，他又说道，"发展的引擎应该是科技进步而非贸易往来"。许多穷国可以在引进适当的科技成果以生态方法建设社区的同时，充分利用本地风俗和社会模式。

在支配性模式中，财富是以货品的占有量，尤其是以获取和生产货品的能力来衡量的。罗伯逊（Robertson）认为我们应该重新理解财富。针对"新财富"，他引用了汤姆·伯克（Tom Burke），伦敦"地球之友"的总监的话：

那些拥有必要设备来充分利用自然能源来取暖或烧水——满足个人的大量能源需求的人可以被认为是财富丰厚的人。这种财富的象征不会是新车、电视等等，尽管它们也同样可触可感；而是太阳能板、绝缘墙以及热力泵。

穷人会是那些仍然依赖中央能源分配系统的人，对于由罢工、故障和损毁引起的能源中断十分脆弱，对于由技术统治论者造成的关税上涨更是无能为力。新富们不会炫耀他们的电视多新，而是能用多久以及维修有多容易。

财富也会以土地的所有权，或者至少是享用权的形式来表现。它们能耕种自己所需的粮食；这足以减少对赚取更高收入以支付越来越贵的食物的压力。财富同样也可以表现为在轻松步行或骑自行车的范围内便可以寻求到大部分生活货物和社区服务，这就不需要我们花更多的时间挣更多的钱以支付交通费用了。高收入会成为贫穷而不是富有的征兆，因为它意味着要依赖另一份工作和单位的供给来赚取收入以及享受服务。财富会体现为对影响自身康乐的因素的控制能力，以及享有可操控的时间。

支配性模式的信徒们会公正地抗议，他们并没有把生态主义者的担忧置之脑后。支配性模式承认，除了生产增长的效率之外还有其他各种需求。奥肯就特别强调"公正"。支持支配性模式的人也可能对环境质量和可持续性问题有所考虑。它们被看作是"外在因素"，而认可支配性模式的经济学家会决定如何在损失效率最小的情况下达成这样的社会目标。

生态主义者通常把这些问题看成是支配性模式中固有的。他们关注公共政策中还未足够重视的外在因素，也参与提案研究如何才能让这些因素更受重视。在支配性模式框架下的这种参与是很重要的，因为如若不这样的话，生态学者们的看法会被当作是无关紧要的。但这种方法不可能全面展现生态模式的涵义。在支配性模式中作为"外在因素"出现的东西却是生态模式的中心和内核。

幸运的是，一些全球发展策略的领导者在20世纪60年代已经开始朝生态模式迈进。莫拉韦茨（Morawetz），在五六十年代，人均国民生产总值的增长是发展中一门心思追求的目标，"自70年代早期这一目标有了一个突兀的转变。与脱贫有关的因素也需要考虑到：改进收入分配，促进就业以及满足'基本需求'等"。世界银行的政策反映了这种转变：与以往投资于大型投机商业活动不同，对贫民窟的关注意在帮助小农场主的农村发展方案成为趋势。一份世界银行的职工刊物这样总结："经济发展对第三世界国家不断增长的人口似乎帮助甚微。经济的重点已开始偏离政策的终极目标。现在的要求是要把人和人的需要放在发展的中心位置。"于1974年在墨西哥的可可优克（Cocoyoc）城，

在联合国环境发展研讨会上，成员国通过了《可可优克宣言》，宣布"我们的首要任务是确定发展的总体目标。这一目标不应是发展事物，而是发展人。人类有着基本的需求：果腹的食物，避寒的住所，遮羞的衣服，健康的身体和适当的教育。任何不能满足这些需求的发展——甚至破坏这些需求的发展，都是对发展这一概念的扭曲。"

尽管经济学家刘易斯在1955年的《经济发展理论》一书中的开篇写道："首先要明确的是我们的主题是发展，而不是分配"，而这也奠定了全书的基调，但1965年刘易斯表达了对他未预见到的经济发展过程中伴随出现的不断增长的失业率的担心。再后来的1978年，刘易斯回顾这段时期，并认识到没有改进食品生产的发展模式是不成功的。他总结到："发展日程上最重要的一项是改造食品部门，创造农业结余以满足农村人口需要，从而形成工业和现代服务业的国家基础。如果我们能够完成这项国家变革，便会自动形成新的国际经济秩序。"

这场发生于20世纪五六十年代的对支配性模式下的政策的不充分性的逐渐认识并没有能够深入。许多问题要视情况而定，比如说，食品部门的目标是短期的生产增长还是对可持续性发展有着生态学的敏感度和责任心。从旧的模式到越来越多的外在性表达的逐渐过渡是不够的。我们需要一个全新的模式。

生态模式

与支配性模式形成鲜明对照的是，生物的生态模式与对极限的认识和接受是紧密相关的。第八章已详尽讨论了这一概念，这里就不再赘述了。另外，生态学不主张人们对未来乌托邦蓝图进行静态地描画（见第六章）。本章将对生态模式与未来的政策决定相关的其他6种特点进行——讨论。在进行公共决策时，这6种特点都曾被不同程度地考虑过，但以它们的相关性把它们集结在一起时，就指向了一个全新的方向。

第一个特点，在于对个体内在特性的强调——这是以经历的丰富性来衡量

的。只有在个体当中才能发现其内在价值，而所有不能丰富个体经验的政策都存在方向性的偏差。

第二个特点，在于对关联性的强调。个体由他与他人的关系构成。经验的丰富性也就是关系的丰富性，这取决于所经历事件的丰富性。它意味着个体存在于社群中，也由他所属的社群所构成。

第三个特点，在于对超越性的强调。尽管个体由同他人的关系构成，但也超越与他产生关联的人。没有人只是关系的产物，每个人都形成一个关系的综合体。关系的完整性和经验的丰富性都取决于新个体的创造自由度。

第四个特点，在于对超越的局限的强调。人类的境况由历史和利益决定，因此也受制于此，而科学思想和政治观点都是由人产生的。认识到超越的局限性同认识到它的存在同等重要。

第五个特点，在于对人类和人类之外的自然界的延续性的强调。内在价值并不只存在于人类身上。构成人类的关系并不只是与其他人的关系。人类的衰竭在于人类之外的自然界；进一步讲，自然界发生的事情对人类其实至关重要。正如梅哲利（Midgley）所说："人类不会是唯一被理解的，也不会是唯一被拯救的。"

第六个特点，在于对目标的互利之可能性的强调。按零和博弈的原则来组织社会是不必要的。可持续性的收益不需要以牺牲公平为代价。高就业率也不需要依赖于破坏性的经济增长。在支配性模式下的竞争性关系，在生态模式中可以变得相辅相成。

我们将从这六个特点的角度来一一比较生态模式和支配性模式的在内涵上的区别。

对个人内在价值的强调。两种模式都重视个人的内在价值，但支配性模式所注重的不是个人经验的丰富性，而是他们对商品和服务的占有和消费量。当然，在很多情况下，占有和消费同经验的丰富性是相关的。但我们同样应该意

识到的是它们经常也是不相关的。较之人均财富或消费，第八章中提到的"生活的物理质量"是更合理衡量人们生活状况的标准。但这个标准也是同样粗糙的。

支配性模式的捍卫者可以争辩说，既然经验的丰富性不能被量化，那就应该创造一个个人可以自由选择的环境，而自由市场正是把这种自由最大化的方法。但以这种个体模式及其对物质的渴望来指导政策的走向还是太过抽象。而且，当政策是基于这样的模式，就会引导人们注重生活中那些与之一致的方面。人们开始把自己看作是由个人物质欲求构成的个体，还会认为幸福蕴于对物质的占有。

希尔（Hill）举了一个这种模式中所谓发展"成功"的引人深思的例子：

在瑙鲁岛，当鸟粪制造的肥料造就了全球最高的人均收入，这个国家便一发不可收拾。岛上再也不产农作物；超市堆满了包装的食物，尤其是进口的糖。岛上的成年人人手一车，以便绕行这个20英里的环岛公路……一种慢性非流行性疾病开始迅速传播，而且，随着现代化的到来，在许多其他主要的太平洋岛国蔓延；肥胖、糖尿病、高血压和心脏病在瑙鲁、玻利尼西亚和美拉尼西亚等地快速增长。

人类应该反思自己既作为生产者也作为消费者的双重角色。对于这种角色，支配性模式把人的主体性最多也只理解为：人应该有权在认为最有利可图的时候提供自己的劳动。但该模式把注意力都指向了商品生产和服务客户过程中的劳动效率的最大化；而劳动者在创造性活动中的乐趣和成就感却被排在劳动效率之后。

现代"管理科学"之父弗雷德里克·泰勒（Frederick Taylor）用一种绝对的口吻描述了支配性模式的这种特点。科学管理涉及"对最细微因素以及员工在每个细微因素上的系统性进步的分析"。目的是最大程度地控制员工的活动，尽可能不需要员工做决定。"科学管理最重要的原则就是……分离思想与行动，观念与执行。管理层是头脑而员工则是身体。"

当然，让员工干预生产对于许多工商业企业而言都是一种无聊又陌生的概

念。而机器现在确实干着许多管理科学认为最好让像机器般的工人干的活。因此，我们已经开始远离工人们被异化的时代。

然而，支配性模式内部所能容忍的变化并没能全面展开。这只是一种让步，即承认如果对待工人时不顾及工人的情绪，他们就不会进行高效率的生产。需要明确的是，不论是作为生产者，还是作为消费者，人的经验的丰富性都是同等重要的。生态模式提倡另一种经济体系，在其中对生产方式的评价将取决于其对劳动者和消费者的快乐的贡献。这将最大限度地使工人参与到工作的管理决策中，甚至涉足商业和工业的所有权。瑞典和南斯拉夫都曾在这方面有所尝试并引领潮流。

对关联性的强调。本章中对个人内在价值的考量已经引发了关于关联性和一致性的讨论，这也是生态模式所强调的第二个重点。如生态模式一样，支配性模式也认可世界不只是由个体构成，其他不同层面上的社会组织也有责任。但这里也有差异。支配性模式认为目标和责任的设定是政治的任务，而最重要的政治单位就是国家。国家设定目标，经济学家只是辅佐政府实现目标而已。除了追求商品的增长，这些目标中通常还包括相对其他国家和被治理人民而言的权力的增长。在大部分国家，相当可观的国家预算都流向了军队和警察。

生态模式也不能回避这些问题。但生态模式可以依赖其他社会团体，鼓励在不同层面上的社会团体参与决策，并鼓励参与这一转变的各类政策。通常，家庭是最重要的社会团体，然后在世界上大部分国家，社会团体主要指村庄和部落——现存的行政界线往往破坏了这些社团。在世界各地，来自不同种族、语言、宗教和文化的团体都在疾呼超越行政界线的对于社会团体的更广泛的认可。从支配性模式的角度来看，这是破坏进步的非理性行为；但从生态模式来看，这是超越了人为界定的真正的社团的正当抗议。

当然，真正的社会团体之间可能相互敌对。保留更大的行政区域划分并进行集权化的一个重要借口是：可以阻止部落之间的战争。然而，生态模式摒弃

部落制度，同时也不赞成民族主义。我们的相互依赖并不止于部落或国家，甚至人类。生态模式提倡一个真正的包含各种社会团体的全球社团。

对社会团体的适当认可是一个更为复杂的问题。生态模式认为社团就是一群相互影响至深、生活交叠的人或其他物种。在早期的农业社会，这种亲密关系是建立在住所的临近和亲属关系的基础上的。在工业社会的阶级划分中，共同的经济和职业利益、自发参与的社会组织以及共有的社会理想会生成很多其他社团，它们相互交叠重合，错综复杂，同时具有毁灭性和建设性的两面。这些社团有的在国家内部，有时候一个国家也就是这样一个社团；其他的社团往往超越国界。需要了解这一点，是因为支配性模式对个体和政治单位的重视会导向抽象的理论思考。当这些抽象的思想用以指导真实世界的政策的时候，后果往往是灾难性的。

当个体无休止的物质欲望被作为先决条件进行考虑，而且人们也认识到绝大多数的物品并非用之不竭的时候，对稀缺资源的竞争就成了人类所面临的基本状况。从这个角度来看，有些人的要求满足得多，有些人的要求便满足得少了——这便是支配性模式。

与之相反，生态模式认为他人的福祉同时也会使自己受益。如果一位母亲的健康影响了整个家庭氛围，她的儿子虽然能多吃点食物，但全然无益。家财万贯但成员关系伤痕累累的家庭也没有什么真正的幸福可言。一个通过砍伐山林来满足眼前需要的村庄只会让子孙受苦受难。我们的个人幸福都是与他人相联的。而经济目标正是对社团原有生活水平的提升，这种提升是通过对所需的物资最合适最有效的使用来达到的。这使得社团在赢得自身福利的时候也容许其他社团达成自己的目标。

对超越性的强调。 生态学的第三个重点是对超越的强调。该模式认为，个体间的关联如此紧密，它们超越了世界。每个时刻都有新颖的东西出现的可能。没有人必须用他们被教导的方式方法来进行思考和行动。

支配性模式也认可创新、尤其是科技创新的重要性。人们对科技进步的期望在于，它可以在有限资源的基础上实现可消费商品的增长，在旧的资源完竭之时找到新的资源代替。人们对这种科技进步的无限可能性抱有信念，从而认为其他考量都不如科技的发展和提高来得重要。

生态模式并不未否认科技进步的重要性，但它却用另一种方法来衡量这种进步。最合适的科技应该在不影响自然环境和社会团体的自我循环的情况下使用，用尽可能少的资源来生产最需要的商品。这并不表明现有的人群以及其与自然的关系不应该被改变。相反，生态模式对克服人类相互间的毁灭行为和对环境的大肆破坏给予极大的关注。之所以要强调超越的紧迫性，正是为了敦促从现有模式到健康模式的转换。

区别在于：当人们认识到自己是由相互的关联以及与其他物种的关联所构成时，他们会竭尽所能去进行超越，运用想象力和执行力来改善这些关系。而这样的改善又是通过所有人的生存条件的提升来实现的。在这样的情况下，新科技变得非常重要。确实，我们不但需要新的科技产品，也需要新的视角来理解科技和社会生活之间的关系（见第十章）。

在支配性模式的指导下，农业科技的发展是以生产力的增长和利益的最大化为目的的。随着农业生产中新科技逐渐使用，农村生态环境和土壤质量已付出了代价。如果农业科技按照生态模式来发展的话，首先要考虑的便是健康的农村生态和土壤的更新和保持。第十章中会有例证说明。它们会充分说明我们所需的是创新，而非沿袭着现在的方向而继续行进下去。

正因为人们往往从各种关系中超越他们被赋予的东西，他们才愿意把显而易见的交易转换成满足各种需求的解决方法。通常人们假设，如果从环境出发而避免使用大量的化肥和杀虫剂，他们就必须接受大量减产的事实。但生命的力量却使人们可以超越这样非此即彼的选择（参见第六章）。我们需要设想一种新的农业，既能像以前那样多产，又不会破坏生命和土壤，也不会毒害其他生物和人类本身。在这方面的尽数努力已经使我们放心了——如果大规模地改

变能源的方式，剩下的问题就迎刃而解了。但这需要很大的想象空间。

由于强调个体的超越和自由，生态模式对政治圈也会产生影响。支配性模式也具有这方面的特征，但它们强调的内容各异。在支配性模式中所强调的自由是在提供的物质商品中选择的自由。个体应该自由选择喜欢的职业，应该按照自己的意愿消费所得，也应该自由选择政治上的统治者。

生态模式也支持选取政治代表的自由，在经济体系中的商品选择和择业自由，但关乎自由更重要的却不是在现有的商品中进行选择。首当其冲的是能够预想新的东西，并让它们在生活中出现然后一直持存下去。一个健康的社会应当鼓励成员们去超越已有的模式。既然社会不过就是各个成员构建的关系网，一个健康的社会总的来说应该是在不断超越自身的。

关于自由，对生态模式至关重要的第二个方面是如何超越当下所关注的问题的界线。人们总倾向于把世界区分为"我们"和"它们"（参见第四章）。通过其对亲密关系的强调可以看出，生态学模式似乎对这种倾向性是支持的，但事实并非如此。只要个体没能超越自我，只要个体的自由仍局限于自我欲望的表达，这种"我们"和"它们"的界限就会主宰他们的生活。而一旦我们的个体特性最终超越了我们的所有，这种把世界一分为二的力量也就被破除了。我们可关注的不仅只局限于对我们存在的延续至关重要的各种联系，而是整个人类以及其他哪怕对我们不甚重要的生物。简言之，我们的行为可以具有很强的道德性。虽然这并不在我们的道德关注之内，但在促进和强化族群的前提和背景下，生产力的适度提高是可以实现的。

在地方自治和全球化之间倾向于前者的作法并非摒弃全球化视野，相反却是对全球化的表达。对地方或种族利益最强势也最敌对的表达往往来自于那些没能获得机会把自己的族群发展成自治群体的人。反过来讲，健康的族群能够更好地认识到与其他族群之间的利益关联，在某种程度上当自身的利益与更大范围的族群利益相冲突的时候它能够超越自己的利益。这也正表达了单个族群的自由程度与族群之间关联的密切程度之间息息相关的观点。

对超越的局限性的强调。对超越的局限性的强调与强调其真实性和价值一样重要。有时候这些局限性是没有被充分认识的。有的人认为确实存在一个先验的领域，比如说，理性的领域；他们认为他们可以在这个脱离现实情境的领域里大行其道；他们甚至认为拥有政治权力的人可以在这种先验理性的基础上治国齐天下。他们可能认为科学的工作不会受科学家所处的社会、经济和政治环境的影响。这种认识政治和科学的思路面临着生态学模式的严峻挑战。科学不是，也从未曾存在于真空，它被所处的社会环境微妙地影响着。社会所追逐和实践的科学并非是客观世界晦暗的折射，而是其所在的社会现实的精确反映。牛顿学说对自然的理解是受历史和文化局限的。哪怕是最纯粹的科学，如量子物理，据保罗·福曼（Paul Forman）所言，也是一战后德国的魏玛文化的恶劣知识环境应运而生的产物。同样，生物学中的各种革命也可以被解释成对某种社会环境的反应。早在19世纪前期，门德尔松在他对细胞简化理论渊源的分析中就提出了这样的观点。而达尔文关于进化的革命性理论也是在深受迂腐的神学思想影响的沉闷的维多利亚文化中萌芽的。

支配性模式倾向于在两种观点间不断变换：其一是把个体看作彻底受个人利益和欲望驱使；其二，与其一正相反的是认为个体应客观无私地为全人类福祉劳心劳力。而他们的方针似乎是两者间的妥协。有的事项可以流入市井，让个体公民在自己利益的基础上操作；有的事项则由政府策划，以体现对个人利益的无私超越。这样的模式下出现问题是不足为奇的，问题之一就是针对该体系的日渐高涨的愤世嫉俗的情绪。

生态学既强调超越的普遍存在，也强调每一次超越都深植于其产生的具体情境中。我们不能在先验领域里进行科学研究或政治策划。人们进行科学的思考，并作为被他们的社会环境所塑造的独特个体而为社会的发展献计献策。通过对自身局限的认识从而对自己的观点和思维习惯进行反省，人们可以实现对自身的超越。但这种超越往往有限。人们永远不应该自认为自己的观点是无条件中立的，也永远不能指望任何其他人做到这一点。但人们也不应该愤世嫉俗

地假定有权的人就一定比赋予他权力的人们或者无权的人——那些社会、政治和经济体制的牺牲品，更加自私自利。超越的某些元素人所共存，应该予以鼓励；而绝不能贬低它们，也不能对它们过度寄予厚望。

据此，生态学模式表明了支配性模式基础上的政策模式为何行不通；也让人们更易接受政治、经济的所谓"理性"方法的局限性；它也帮助人们认识到，没有一种政治或经济是适用于全人类的；它还让人既不会对人类存在妄想，也不会对人类及其对社会和政治机构的能力冷嘲热讽。

对人类和除人类以外的自然界的延续性的强调。生态学模式中暗示的第五个特征是人类和自然界之间的延续性。这与支配性模式是大相径庭的。如果人类和自然界的其他部分存在延续性，那么这种根深蒂固的以人类的价值观衡量自然界的习惯便是大错特错的，而基于此的经济和政治理论也亟待改进。在生态学模式中，人与人之间都只是过客，人之于其他生物、甚至这个星球，都只是过客而已。

支配性模式把世界划分为做出选择决定的个体和这些个体竞相追逐、渴望拥有的事物。这一模式已显现出其倡导者未能预见的后果。他们把所有的人都视为可自主决定的个体，但现实的社会体制却对许多个体有严格限制。直到不久前，许多人类文明都还建立在奴隶制的基础上。纵观历史，女性也一直被视为父亲或丈夫的财产，而并不享有与男性相当的自由决定的权力。即使现在，我们也不难发现在实际的发展政策中仍然忽视女性，而仅仅把男性视为发展中有权进行抉择的个体。敏感的女性开始呼吁：从男性视角来看，女性和自然界一样被物化了。

同样的模式在统治阶级和被压迫者之间的关系中也可见端倪。人类的社会等级也被拿来与自然界作比，因为他们都是被统治阶级占有、管理和剥削的对象。把人类作为有内在价值的个体看待，但认为其他事物都只因其为人类服务才有价值——人们常常对这样的理论深信不疑，但这并不能使人们摆脱以对于

统治阶级的有用性为标准来衡量其自身价值的命运。

我们并不能保证摒弃这样的二元模式就能够终结有权者对无权者的剥削，但一定会有所裨益。生态学模式提议将我们主体的范畴扩大到其他生物，而不是将物体的范畴扩大到人类。人类所从属的族群也应包括其他生物，而它们的生存状况也关乎人类的福祉。

而在支配性模式中并没有要求农业服从工业，农村服从城市。但没有人会怀疑由支配性模式衍生出的政策给予生产制造业的关注会大大胜过其对农村生活的关注。看来似乎一旦人类从自然中隔离开来，注意力就会转移到脱离自然的人类特性上去。进步体现在利用人力改变自然，而这最大程度上是由工厂和城市实现的。农村太接近自然，也太跟随自然的步调，不配被看作人类世界真正的一部分。因而，国家的发展大计就集中于城市和工业。而农业的角色是为工业提供原料，为工人提供食品，并用之出口以换回机器和机器运转所需的机油。

认识到人类和其他生物间联系的人不会对生物族群的重要性置若罔闻。那些与其他事物联系最为紧密的人类活动，比如从土壤中获得食物，是不能被置于我们的思考之外的。

对目标的互利的可能性的强调。 我们在第五章就讨论过人类对其他生物的利益全然不顾，这种行为其实对人类自身也有着负面的影响。总而言之，如果人类政策把其他物种在其生栖地的繁殖兴盛的权利考虑在内，便也是期许了人类一个健康的未来。

这种广泛存在的共生关系在前面五个特征中已经被多方面强调过了。我们应该扩展到对人类目标最基础的思考。公平性和可持续性的目标非但不相互冲突，还共生共存，这是第八章阐述的命题。本章的第一部分，针对支配性模式的批评就假定：满足人类的合理要求不用耗费如此高昂的社会和环境成本实现。第十章更细致地提出了农业该如何发展才能做到既充分满足人类所需，又不用恶化环境、破坏现存的族群的建议。第十章也说明了对女性的公平如何能

够帮助解决人口增长产生的问题；还表明能源、交通和城市规划领域的政策可以驳斥零和心态，而在众多方面互利共生地解放生命。

支配性模式鼓励人们把他们的合理要求看作是相互竞争的态势——要解决通货膨胀就必须接受高利率、经济萧条和失业大军。同样的，如果一个族群减少对环境的破坏，他们就必须接受高涨的失业率和通货膨胀。在一个领域的所得必是由另一个领域的所失所致。这种交易的得失关系正是支配性模式的基础论调。基于人们对现今社会结构和经济实践的固有认识，很少会考虑在一个对生态负责任的社会里实现百分百就业的可能性。政治进程应该是各种冲突竞争妥协的竞技场。而我们也深知，一旦有任何的财政困难，最先松懈的一定是环境管制。

在生态学模式中，环境质量、就业率和通货膨胀的控制不是你死我活的关系。他们从一开始就应该以一种负责任的态度被集中考虑。这也正是既顾及环境保护，也兼顾就业率的现代视角。

当然，两种模式间的这种舍与得的关系并不是绝对的。支配性模式的执行者们也了解，有时候兼顾两者也是可能的，并不一定要打压一方才能抬高另一方。在奥肯的书中，他使用了"大折衷"这样的小标题，表明了他的论断：很多情况下，公平是用效率换来的；但他也思考了如何在提升公平机会的同时也提高效率的问题。

另一方面，生态学模式的执行者也深知，有时候折衷的方法未尝不适用。全球食物供应相对于人口数量如此紧缺，以致于某些人的温饱必须以另一些人的食不裹腹为代价——这样的情况很有可能发生。但当面对这种明显冲突的局面时，生态学模式首先考虑的是兼顾两者的可能性。就公平和效率而言，这可能涉及到通过改变衡量效率的标准而改变效率的概念。如果人们开始思考什么样的体系可以最大程度地丰富个人体验，并以此作为衡量效率的标准，那么他们就会发现，公平和效率相辅相成的程度较之以往，当效率只能通过所需商品和服务的数量来进行衡量时候，要大大高出了许多。按照这种对效率的理解，

除数量外，相对质量也将成为目标的一部分。

社会主义和市场经济

经济学的问题有时候体现为资本主义和社会主义之间的选择，或是自由市场和计划经济之间的选择。这种非此即彼的经济运营方式是有其优势的，而认识到这种优势也大有裨益。但这两种体系都不合适于当今世界的需求。

当中央集权的经济财富和权力被完全回避时，自由的企业系统或市场经济是鼓励个体能动性的发挥的。哪怕是在社会主义国家内部，农民在个体私有的小片土地上的生产效率也比集体体制下的高。当个人的能动性和创造性得到回馈时，他们更有可能主动发挥这些优势，从而使全社会能够受益。

自由市场经济也比计划管制经济更有可能有效地使用资源。比如，在美国，如果要求每个家庭为他们的实际花费买单，这种极度浪费能源的郊区生活方式会大为减少。正是政府政策造成了居住在城市里的居民补贴居住在城郊的居民。政策维持了现有能源种类的超低成本，因而鼓励了对已有能源的浪费，也遏制了对新能源的开发；然而一个真正自由的市场却应该奖励环境保护、效率提升和发明创造。如果自由市场能够理想化地进行运作，美国能够在六七十年代以最经济的方式满足能源需求，截止1978年，他们应该少消耗28％的石油，34％的煤炭和43％的电力。

然而，公认的是，自由市场体系对于很多社会需求却无能为力。自由市场不能遏制危害健康和毁坏环境的产品，也不能阻止平民滥用权利；而且，自由企业系统还默许（如果不是鼓励的话）大量的经济权力落入少数人手里——集中实际上使市场被操控，从而违反了市场经济的原则。最后，这一体系还不能解决贫困的问题。政治权力架构本应对这一问题进行干预和规范，但它却为那些有经济权力者所操纵。经济结构和政治结构都有增强中央集权、鼓励官僚主义、打压个体能动性的倾向。

社会主义告诉我们，经济结构的作用就是为人民服务。社会主义国家比其

他依赖自由经济的国家更成功地减小了贫富差距。而且，铲除一个拥有生产工具并为自己的利益而剥削他人劳动的阶级，就等于向更公正的社会迈出坚实的一步。社会主义体制下，我们可以制定保护稀有资源的长期计划，也可以及时制止不利健康或造成污染的产品的生产——尽管社会主义国家在发挥这些长处方面反应较慢。他们可以通过广泛呼吁的方式来避免不必要的"需求"。

但社会主义也存在着严峻的弊病。到目前为止，还没有一个彻底的社会主义国家能够长时间容忍异己观点和理论歧异，因此，其知识文化生活尚处于比较初级的阶段。比如，马克思主义思想的自由和完善发展并非是在那些社会主义国家，而是在资产阶级国家。南斯拉夫马克思主义哲学家马可维科（Mihailo Marcovic）在被逐出南斯拉夫后不久写道：

生产工具的私有制并未真正被全民所有制取代，但却被转换为国家或集体财产。劳动分工仍然广泛存在，而工作同资本主义制度下一样，还是漫长的、乏味的、麻木的、浪费的。市场不再只是唯一制约生产的因素；国家计划也成为补充因素之一。然而，后者却远远不是理性和民主的，还遏制了大量的利益动机。资产阶级国家并未被一个自我管制的机关体系取代，而是转化为一个官僚机构——在南斯拉夫表现为社会机构中更高程度的民主参与，而在俄国的参与度更低。党派（作为资产阶级国家的典型政治组织）似乎可以永存不朽。是的，社会阶层的组成和共产党的党员档案确实显示了工人阶级的转变，但组织变得更为独裁，意识形态的教化也更猛烈了。如果相比较于资本主义，社会主义除了拥有这样一个垄断政治权力的组织的事实以外，不再具有别的特征，那么它很难成为优于资产阶级多党制的理由。

在资本主义和社会主义之间进行非此即彼的选择从三个方面来讲都是错误的。首先，正如本章前面所论述的一样，自由企业系统和社会主义都是建立在对人类生存状态不恰当的理解之上的。人们内部相互关联，同其他物种也相互依赖。这使每个个体都独一无二，而又同时被各种关系网所界定。经典的自由经济学说从这样的现实中抽离出"经济人"的概念，并把"他"看作一个有无

限欲望的体系，而经济模式则有义务尽可能满足这些欲望。这些欲望定义了真正的需要，因而富人对奢侈品的欲望和穷人对食物的欲望被等而论之。确实，市场是由购买能力而非欲望决定的。马克思主义思想对于这些资本主义的邪恶面十分敏感，并自认为把人类个体看作社会动物是自己的美德。然而，"社会"在抽离个性之后很容易变成"集体"。人们被当作某个阶级的成员对待，或者是被当作生产者，而不是存在于各种关系之中的、实际的、复杂的、个性化的人。

社会主义政府有时候做好准备，要为后代的社会主义理想的达成牺牲一代群众的利益。而市场经济自认在这方面是更具道德感的，因为它防范这种权力的滥用而保护个人自由。从某种程度上来讲确实如此，但那些市场经济占更大比重的国家并没有致力于使用政治权力来保证公平性或使市场正常运作。市场维持并增长了极度不公正待遇带来的怨恨情绪，某些国家使用政治和军事权力来保障市场不受这些负面影响。在这些国家，一代人也被牺牲掉了。但说不清他们是为了后代的利益而被牺牲的，还是为了对自由市场如鱼得水的少数富人而被牺牲的，但至少这种道德选择与社会主义的独裁者如出一辙。

据贝格（Berger）的观点，巴西的经济"奇迹"实际是以对广大巴西人民的压迫为代价的。巴西财政部用以下言论进行辩解："没错，现在巴西人民是在受苦，但巴西政府的计划是将巴西在本世纪末提升至发达国家的行列。当这一目标达成后，苦难将会得以广泛且迅速地减轻。"换言之，这一代的隐忍是为了下一代的幸福。在人类的基本认识里，父母为子女的将来做出牺牲是理所当然的。不论这种被迫的牺牲是以资本主义的名义还是社会主义的名义，都是基于对生物的错误认识，也是对人类的冒犯。

南斯拉夫实践派的马克思主义者们（马可维科正是该学派的成员）表现了对人类存在的关联性和超越性罕见的理解。上面的引文继续道："只有当所有的垄断权力被废除，当独裁和等级结构，如国家或政党，在所有的社会层面上被自我管理的生产者和公民所超越和取代之后，转让政治权力这样的现象才能

真正被废止。"

从生态学模式的角度来看，这一观点是极其恰当的。而这一观点来自马克思主义者或许说明马克思主义更值得深挖。然而，这样的观点来自一个被最自由的社会主义国家驱逐出境的马克思主义者，这也是值得我们深思的。在某些国家，比如瑞典，私营企业主尝试让工人更多地参与生产的决策，似乎也不存在任何内在理由阻止市场经济朝工人拥有所有权的方向发展。奥肯对于这些可能性进行了精辟地概括，但他也提到了劳资双方对这一方向都缺乏热情。看起来无论在社会主义或资本主义社会内部，都无法朝这一方向进化之前，必须出现对形式的新的理解和新的权力结构。与过去二元化的发展不同，现在需要的是解构中央集权。从生态学视角看，发展这种参与型的经济比在资本主义和社会主义之间二选一更为重要。

在发展的过程中，还有另一个原因说明为什么在资本主义和社会主义之间的选择是错误的。这两个体系都是为工业经济而存在的，在许多发展中国家真正的选择却是在城市工业发展和农村的农业发展之间进行的。

行文至此，对于以上的选择容易造成极度不公和社会的不可持续性的事实已然是十分清楚的了。选择城市工业发展的道路将造成：一方面是城市化的、西化的社会精英依赖昂贵的进口产品生活，另一方面是为数众多的小农阶级和失业的无产阶级的贫困不堪；选择后者则将社会引向公平和可持续性的道路，城市工业可在此道路上循序渐进地发展。在幅员辽阔的国家，土地所有制改革对社会的公平性和充足的食物供给都是必不可少的。在那些忽视农村的国家，农村人口需要合适的科技和更负责任感的态度；他们也需要最基本的医疗和教育；还需要养老保障制度，这样才不用依赖子女；他们在家庭计划、植树造林和乡村工业发展方面也需要帮助。在这样的帮助下，他们才能建立坚实的政治和经济基础，而在此基础之上才可以建设城市生活；也才能消化更多的不断增长的人口，而不是流入城市并增加失业大军。

圣雄·甘地对农村是印度人生活的基础这一事实有深刻的理解。他选择家

用纺车作为印度独立运动的象征。在他去世之后，他的继任者认为他的经济思想太过感情用事。他们对城市工业大笔注资，却导致了农村建设的衰落和城市失业率的上升。1977年11月，执政的印度人民党（Janata Dal）决意拆除城市的纺织业、制鞋业和肥皂制造业而转向农村生产，从而维护了甘地的远见。

这样的社会相对而言是自己自足的，这并不阻止贸易的发生。但这意味着国家的基本政策和项目不应因为世界贸易的迫切需要而调整。而应该优先使本国的农业资源满足本国居民的食物需求，然后再考虑出口。国家应该尽量避免人们的基本需求依赖食品进口，也应该避免仅为了极少数人而进口产品。总而言之，他们应该尽力保持高度的自给自足水平。

马赫布普（Mahbub Ul Hap），五六十年代巴基斯坦的主要领导人之一，后来认识到了这种发展方向。他说："我们总被告知，要抓GNP，因为这可以使我们脱贫。但是，让我们颠倒一下，抓贫困问题，因为这样GNP才能上去。"

说明资本主义和社会主义之间的选择是错误的第三个理由是：从根源上来讲，并不以增长为目的的经济体制才会产生需求，而资本主义和社会主义都是致力于增长的经济体制。正如戴利（Daly）所言：

增长的吸引力在于：它是国家力量的基础，也是脱贫的选择。它为全民提供了发展前景却不牺牲任何人的利益……如果我们严肃对待扶贫问题，我们应该面对的是社会财富再分配的道德选择，而非隔靴搔痒。

他认为，人们已经对增长上瘾了，因为他们沉迷于收入和财富的分配不公而难以自拔。

也许一个由政府调控的经济体系比自由市场调控的国家经济更游刃有余。由于还没有社会主义政府把稳定的经济状态作为发展目标，这样的事实还不能成立。在任何情况下，稳定和可持续性的经济都超越了资本主义和社会主义之间的二选一。对这两种经济体制来讲，这都是挑战。

令人惊异的是，对实现健康的、非增长型的工业所需的必要条件，人们鲜

有重视。兰德斯（Randers）在斯堪地纳维亚的研究是个例外。他为斯堪地纳维亚地区已经快山穷水尽的木材工业建立了其他可选择的模式。以现在的伐木速度，要使该产业持续发展是不可能的。芬兰的一个森林产品工业是他的模式的一个很好的例证。在60年代中期该产业濒临资源穷尽的边缘时，他们成立了一个中心代理机构，用以监控各个公司的扩展计划以保证其所需不会超过可提供的木料供应数量。兰德斯认为，这大概是由于所有人都认识到，违反这一原则会对整个产业产生威胁。

意义重大的是，在这个方案执行了10多年之后，非增长型的芬兰森林产业不仅仍然存在而且发展兴旺。兰德斯建议，为了建立产业的平衡，某个产业内的有着远见卓识的企业家应当召集有共识的人并开始发展非增长型的合作企业。当局政府应当对这些有限扩展的产业逐渐给予津贴，支持其发展方向。而挑战在于，如何在一个物质非增长型的国家建立新的可行的机构来掌控经济和社会关系。这些机构的一个重要功能将是为就业受到威胁的人提供新的培训计划，并把他们纳入其他的有创造性的就业大潮中去。

在许多工业化国家，令人满意的稳定的非增长型经济条件下的消费量将比现在的经济模式下小得多。现在的工业产量早已超出了必要的衣食住行和基本的医疗和教育的所需。商品分配不公，社会组织把奢侈品变成必需品等问题在稳定的非增长型经济中都应被妥善处理。但主要的问题在于，无论产品需要与否，我们的整个经济都建立在不断增长的基础上。这鼓励了社会发展始终朝上，同时也穷尽了地球资源，还产生了垃圾，污染了环境。

这种增长型经济现在开始步履蹒跚了。70年代的增长率开始下滑，而失业率和通货膨胀则节节高升。许多国家开始减低对未来增长的期望，社会主义国家也如此。我们似乎进入了一个非增长型的时代。

经济学家们担心，如果没有增长，失业将不可避免。但他们也说道：

非增长型经济有两种表现形式：一种是增长型经济的失败，另一种是稳定型经济的成功。这两种情况天差地别。没有人否认，增长型经济不能再增长时

会带来失业问题和民生苦痛。我们正是为了避免增长型经济失败（我们深知增长不可能无穷无尽）带给人们的痛苦才倡导稳定型经济的。如果飞机想要保持在空中静止却坠落到地面，只能说明这飞机是必须朝前飞的，但这并不意味着直升机不能在空中保持静止。

增长型经济和稳定型经济的差别就如同普通飞机和直升机的差别。

增长型经济的一个特点尤其荒唐。它鼓励对新资源的滥用，而不是重复循环使用。美国政府仍然消费新材料和高出使用再生能源的货运成本给予补贴。显然，回收瓶子的有利提议仍面临着强大的反对，反对者认为这还不是当务之急。如果我们实行一套相反的政策，海斯（Hayes）认为："我们所浪费的物质资源中至少2/3可以被重新利用而不严重影响我们的生活方式。如果产品设计得经久耐用且易回收，工业世界的废物长河就会减少成涓涓细流。辅以理智的原料政策，被我们不可逆转地浪费掉的资源比例会逐渐减小到几乎为零。"而且，与开发新的矿藏相比，重复使用材料可以节省大量能源。节省的比例从玻璃容器的8％到铜制品的97％不等。

即使增长型经济是可持续的，我们仍需要质疑其公正性。美孚石油公司曾发布过这样的言论："增长是美国减少贫困的唯一途径……虽然穷人收入的相对比例似乎没有变化，但他们的收入是与经济发展同步的……就算考虑通货膨胀的因素，最底层的10％的人口的平均收入也自1950年增加了55％。"美孚的数据也许是确凿的，而这样的言论也很恰切地反映了人们对国内经济最广泛的看法。但这种看似正确的看问题的方法今天，却需要被人们重新认识。首先，人们不愿意接受，伴随发展中国家GNP高速增长的是穷人的悲惨下场。莫拉韦茨的观点是，"许多最贫穷国家中最贫穷的人的经济状况在过去的25年中改善甚微。尽管还存在争议，但他们中的许多人的绝对经济状况甚至变得更糟了。"其他一些人不从经济学角度，而以更具体也更私人的角度来看待形势，他们对经济发展伴随着的民生苦痛更是确信无疑。

然而，哪怕那些在经济发展中穷人因尾随富人而相应提高了经济状况的地

区和国家，贫困问题依然严峻。莫拉韦茨认识到"哪怕对最贫穷的人来说，不仅是绝对贫困，相对贫困也是十分重要的概念。"他进一步指出，在执行统治性发展政策的国家，"收入的不平等在发展初期拉开得很快。"他认为在国家更繁荣时这样的差距会逐渐减小，但是：

> 一个初期就存在收入分配不平等现象的社会其保持这种不平等甚至变得更不平等的机会是很大的；反之，一个始于微小的不平等问题的社会则可能能够避免趋势的扩大化……一旦增长实现、收入到手，通过税收、公共就业等方法来实现收入的再分配是很困难的……历史经验告诉我们，"先增长再分配"的道路很可能是行不通的。

最后，那些试图用穷人也在增长中获利的事实来支持该理论的人们，实际上忽略了伴随着经济增长生活水平的提高。穷人可能在1950年拥有55％以上的购买力，但社会结构可能使对于汽车的拥有权变成生活之必需，而在那时便宜的交通方式就足够了。在这种情况下，许多的收益便成为空谈。

在发达国家，非增长的稳定经济状态很可能导致GNP的缩水；而在发展中国家则会导致GNP的增高。现存的富国和穷国之间的鸿沟就会大大弥合。但是，公正并不意味着所有国家的GNP与人口的比例一样。确实，我们为实现彻底平等而选择的任何一条道路都不会把我们引向民生的疾苦和自由的丧失。

能够说明寻求这种平等是毫无意义的一个原因就是：GNP完全不能说明民生水平。我们已经看到斯里兰卡人民的日子比伊朗人民好过多了，尽管伊朗的人均收入是斯里兰卡的10倍！公正性的目的在于世界上的所有人都有机会追求好的生活。这也就意味着伊朗比斯里兰卡更需要改善。最理想的状况是，以尽可能少的生产和尽可能少的消费——而不是最大化的增长——让有品质的生活成为可能。关于如何在农业、女权、能源、交通和城市生活等表现生活改善的方面维持公正性和可持续性，而又不用增加消费量的问题，在第十章会有所阐述。

就算人们可以找到一个精确的标准，来衡量国家为人民过上有品质的生活而提供的机会，平等仍然只是理想状态下的模糊概念。健康的国际秩序应该鼓

励国家和地区自由的进行试验，吸取经验、接受教训。在我们所期望的世界中，文化多样性会发扬光大，而这种多样性与抽象的平等是相悖的。这种意义上的平等是理想化的，对平等的过度追求将不可避免地导致秩序的停滞，但这并不意味着，现存的各国国民生产总值的差异是合理的。

小结

  如果经济增长不能无限持续，那么那些着眼于增长的经济理论应该进行反省。传统经济学理解人类的方式与生态学模式是有冲突的。现行的经济理论在增长瓶颈面前不能再固步自封了。一种新的以人为本的生态经济学理论亟待出炉。在某些方面，经济学模式中的人就如同生物学机械模式中的一样，不同的是，在经济学模式中，人的需求更受重视。经济学探讨的正是这些需求的满足，从这个意义上来说，经济学考虑的终极对象是人。然而，怀揣着各自需求的个人本质上被看成了独立的单位，因而成了脱离与他人关系的抽象概念。这些关系被认为是与人的生活满意度无关紧要的东西。生态学模式倡导把生物，尤其是人，置于它们的相互关系之中看待——这样的提议对经济学和生物学都产生了根本的影响。

  人类现存的任何社会主义或自由经济都不是建立在生态学模式之上的。我们需要新的经济理论以解燃眉之急，而这理论的梗概不难窥见。尽管该理论尚未得到具体化，然而一些范例的转变已经产生了实践意义。

  经济学和政治学紧密相联。因此，本章诸多论述既关乎政治也关乎经济。然而，体系转换所必须面对的政治问题并不在本章论述之内。除此，还有一个令人担心的事实，那就是经济增长意味着政治权力、尤其是军事权力的提升，这也正是政治如此支持经济的增长的主要原因之一。

只要是提升信心、促进自治、刺激能动性、提高参与度、增进团结、迈向平等主义或使群众自我觉醒的行为都是意义非凡的；所有解构神秘化的行为也有重大意义。而一切强化群众被动性、使他们漠不关心、愤世嫉俗、以世俗等级论资排辈、相互疏离、对他人依赖而又被别人，甚至是那些口口声声代表他们利益的人操纵的行为，则要么无果，要么有害。

——保罗·卡丹

第十章  从生态角度看城乡发展

　　人类一直都生活在充满限制、压迫和腐败的社会中，只是程度不一罢了。对许多人来说，真正实现生命意义的希望很渺茫，这要归咎于他们身处的社会结构。甘地曾说："有的人如此贫困潦倒，以致于面包是他们唯一能感知神灵的形式。"因此，尽管我们眼前主要的任务是重塑人们的价值观、人生意义和目的，但社会结构不改变，对人们精神上的重新定位是无法完成的。如果实现生命价值的选择的可能性被抹杀，生命的解放就无从谈起。

发展的生态学模式对人们所抱有的意义和目的、以及这种意义和目的的实现所需要的社会结构的转化提出了挑战。它们是齐头并进的，没有先后之分。

战胜冷漠失望而赢得信心和信仰；战胜政治迫害而赢得自由和人权；战胜剥削者而赢得人类以外的生命的权利；战胜种族主义、民族主义、男权主义而赢得经济平等，在城乡发展的道路上赢得生态的持续性……在这一切的斗争中，生命才能得以解放。

本章主要关注城乡发展中的公正性和可持续性。在这样的情境中，妇女权益尤其需要得到关注。

对环境高度关注的人常常被斥为末日论者，也常被诟病对不公正现象漠不关心。他们中的很多人确实忧心忡忡，担心人性正步向悬崖；但从根本上来讲，生态学的视角对人类未来并非持悲观颓废的态度，它只是对从思想和行动上一如既往地遵循支配性模式的所产生的后果感到不乐观。生态学视角也并非对不公正漠不关心，相反，它呼吁富裕阶层停止对资源的滥用，使劳苦大众也能分得一杯羹。支配性发展模式的特性之一是由上及下的——发展政策是为国家的要求制定的，土地被视为国家经济发展的资源，个体被视为抽象地生产者和消费者，即他们的个体差别和需求是可以被忽略的。而生态学模式则从不能与环境分割的有机体出发，强调个体或少数族群的价值观的转化，而不是新兴的精英阶层的执政掌权。它把问题指向人类与土地的关系，以及人类和地球上生命有机体族群之间的关系——正是因为它们人类才得以维持生计。正如第八章中已经说明过的，现代社会所需的一切资源，除了石油以及相关产品和矿物以外，都来源于四个基本的生态体系——农田、牧区、森林和渔场。这四大生态体系在现今的开发模式下都已经不堪重负了。本章的第一部分将讨论这些体系现在的遭遇并重点讨论现代农业，同时将把话题导向一些充满希望的、公平和生态并重的农业模式。

第二部分，讨论公平和可持续性社会中的女性角色。正如萝丝玛莉·路瑟（Rosemary Ruether）在《新女性，新世界》一书中所写，男性对自然界的

统治性态度与对女性的统治性态度是息息相关的。阿特曼（Altman）也有过相似的论述。发展项目都是由男性计划和执行的；尽管女性所占人口比例超过总数的一半，但她们在经济中的角色还是被大大忽视了。这导致了女性的生存环境更为恶化，哪怕在一些自认为发展有所成效的地区也是如此。如果不把女性权益问题提上法律日程，所有致力于解决紧迫的人口过剩问题的努力都是白费。

第三部分，讨论生产和能源使用方面的公平和可持续性。在第八章，我们表达过希望核能在未来逐渐减少，而不是成为持续经济增长的无限动力的愿望；但就算人们接受了能源的有限性而朝稳定的非增长型经济努力，仍然需要大量的能源来维持世界工业的运转。与此同时，许多穷国已经面临了严峻的木材匮乏问题，这是他们最主要的能源来源之一。

第四部分，关注的是交通和城市生活环境。目前环境面临的主要压力之一来自于城市交通体系，尤其是私有汽车。在发展中国家，交通政策是以自行车为主，公共汽车为辅；这比为少数买得起车的人修高速公路要更为公平和长远。在发达国家，市政规划可以大大减少人们对私有汽车甚至公共汽车的依赖。这样的城市可以降低对于能源和其他资源的需求，这也将提供一个新的更优越的环境来解决现有城市中突出而严峻的社会问题。

没有人能在所有领域中都如鱼得水，但以新想法挑战权威是所有非权威人士的权力和义务。大部分专家，不论他们意识到与否，都深受他们所属学科近代历史的影响，并以既成的观点和模式来思考问题。现在的任务是让人们了解那些看待此问题的不同视角——他们的视角对生态学模式的目标大有帮助。这样的思考者的圈子正在扩大，但仍然在自成一派的边缘徘徊。尽管如此，通过他们，我们看到了一个未来的更适宜生活的图景，在这样的未来里，生命得到了前所未有的解放。

公平和可持续的农业

若没有持续性的食物来源，社会的持续性就无从谈起。在现在以及可预见的将来，农业和渔业仍是两大主要的食物来源。过度捕捞和环境污染是目前威胁可持续性渔业的两大元凶。全球的渔业产量在1970年达到巅峰，而恰在此时，一些主要鱼类储存量已经开始骤减——比如秘鲁的凤尾鱼和太平洋东北洋面的青鱼——都说明现今的模式是不可持续的。其中一个问题在于：渔业管理是基于对某一种鱼类的认识的，而所有海洋生物却并非相互隔离的。我们现在提倡的一种更为生态化的模式则把食物储量的丰富程度、它们的捕食者以及环境中可能影响其数量的其他因素全盘考虑在内。一个对渔业管理更现实的生态方案早就应该出炉了。

农业的某些形式是可持续的，另一些则不然。北欧适度的牧业管理和贫瘠的地中海地区的肆意牧耕就是可持续性和不可持续性的对照。在北欧，尽管森林已经被砍伐，草场和豆类植物作为森林的替代物，能够提供食物储备并保持水土；西欧本来的土壤，除了波河河谷和法国某些地区以外，则颇为贫瘠。但这些土地几百年以来一直产量甚高，直到如今。在贫瘠的欧洲地中海地区，大部分地区的植被由于过度放牧已遭到破坏，水土流失严重到植物和动物都无法生长的程度。甚至现在，这样的情形也还在恶化。比如，在经济合作与发展组织（OECD）的一篇报告里对意大利大范围内的土地废弃作了这样的描述："在过去十年里已有200万公顷的土地被废弃，这是一个公认的事实……毗连土地上的农耕方法导致了土壤质量的恶化，所以土地的的确确被消费了。"

有三个问题与现代农业的可持续性有关：土壤和土壤中矿物质的流失，农药的过度使用以及能量输入的方式。

水土和矿物质流失在各种气候条件下都有可能发生。在爪哇，由于人口过剩，山林被需要土地的农民大量砍伐和滥用。"对土地的侵蚀程度正以让人心惊的速度发生，比现行的意在修复土壤的重垦项目要快得多。" 在巴西和委内瑞拉这样的国家的潮湿地区也有类似的情况。在贫瘠或半贫瘠地区，牧区是受

"沙漠化"影响最大的地区。1977年，联合国在一个关于沙漠化的会议上指出，世界1/5的粮田已经退化，产量平均减少了25％。这常常是由过度放牧造成的，而过度放牧又是由于使用现代技术造成的，比如凿井。水源的增加导致了家畜的增长，而这又导致了过度放牧，尤其是在旱季。60年代和70年代在荒漠草原的(西非)国家便是这样。"随着土地贫瘠地区依赖草原和农田的人数增长，曾经可持续的社会模式和生产技术开始动摇生命赖以生存的生态系统的根本。"埃克霍尔姆和布朗估计有65万平方千米曾经适于农耕和放牧的土地在过去50年内被撒哈拉沙漠的南缘吞没。在苏丹，沙漠的边界在过去17年里向南扩张了平均90~100千米。沙漠化在撒哈拉北端的摩洛哥、阿尔及利亚、突尼斯和利比里亚也是很突出的问题。据估计，扩张农田到不适宜维持农耕的土地以及过度放牧每年致使超过10万公顷的土地沙漠化。而沙漠化的问题绝不仅仅只限于非洲，沙漠在亚洲和拉丁美洲也大有蔓延之势。而在澳大利亚和美国，土壤经营不善也造成了头层土壤的严重破坏和植被的大量流失。

水土流失在热带以外的高产农田也是一个主要问题。致力于短期内提高农田产量的技术导致了土壤的大量流失，比如在美国中西部长期种植玉米。一份来自世界最高产地区的报告指出："每年从爱荷华的玉米地损失的2亿吨土壤在我们、甚至我们子女的有生之年都无望恢复。"卡特总统在1979年8月给议会的环境保护项目的文件中写道："过去的半个世纪以来，我们已经为水土保持的问题投入了200亿联邦基金……然而与此同时，风和水的侵蚀夺去了近全国1/3可使用农田的肥沃头层土壤的一半。"

根据1977年加州水资源管制委员会的报告，该州9500万公顷的土地面临严峻的问题。年土壤流失为每公顷0.5~2.4吨。美国时任农业部长的鲍勃·伯格兰（Bob Bergland）做了如下解释：

当粮食价格像1973年和1974年那样上涨到如此之高的水平时，许多贫瘠的土地都被用于生产——保护农作物的防护林带被推土机毁掉，曾经被精心维护的农田被挖掘，而且这些坏习惯有的仍在延续。我们正在向自我毁灭……我们

的水资源将被耗尽，我们的土壤也被开采，事实上美国农田的水土流失率很可能正在创造记录。而这一切不应再继续。

许多农田都应得到保护以不受高强度使用的破坏，比如设置休耕期或与牧场交替种植农作物等。1973年，美国农业部废除了土壤银行——一个补贴农民让他们的部分农田不参与生产的项目；最贫瘠的土地在大部分时间里处于休耕状态，因而免受水土流失的破坏。土壤银行的废止使农民得以继续在他们的农田里大规模种植。随着对水土保持的忽视，水土流失的水平已经与30年代沙尘暴时期相当。除了土壤的流失，产量的减少，土壤的侵蚀还造成排水沟的污染和蓄水池的淤积。

只有在有充分的地下排水系统和有效的地表分流系统的协同作用下，灌溉系统才有可能成为是农业中可持续性发展的一种形式。在埃及，尼罗河谷外的洪水冲击平原常年存在盐分堆积的问题，谷内也有这个问题。一年一次的尼罗河洪水把土壤中积累的盐分冲刷掉，千百年以来，尼罗河谷一直是世界上最高产的地区之一。现在，阿斯旺水坝虽然排除了洪水的隐患，但同时也排除了自然去除盐分的可能性。如果农业要恢复以前的持续生产的话，在埃及新旧农田上的洪涝和盐碱问题亟待解决。

1977年的一份联合国报告显示，约有2100万公顷灌溉的土地有洪涝问题，这达到了总体灌溉土地的1/10。这些土地的产量下降了20％。估计有2000万公顷的土地受盐碱之害，也导致了同等程度的产量下跌。

但也不乏成功范例。以色列的内盖夫沙漠许多年以前深受过度放牧和乱砍滥伐之害的土地，现在却肥沃高产——这得益于创新的灌溉实践。该方法改进了旱地的农耕，控制了牧区的放牧。中国也终止了不断恶化的趋势，许多沙漠地区农产品的产量提高了。

对可持续性农业的第二个威胁是农药的过度使用，尤其是在进行农作物单一栽培的地区。这种以化学药品为基础控制病虫害的体系现在被广泛认为是一种生态灾难，而且它也不能够解决病虫害问题。害虫已经对农药免疫了，因此

农药的毒性越来越大，以至于现在都威胁到了人类健康。另外，一些害虫的天敌却被新的农药杀死，结果反而是得不偿失。除非新的控制病虫害的方法出台，否则从长远来看，胜利将属于害虫。关于美国的农药使用问题，范丹波士（Van Den Bosch）写道："30年前刚开始进入合成杀虫剂时代的时候，美国大概使用了5000万磅的杀虫剂，害虫毁坏了大约7％的庄稼。现在，我们使用60亿磅的杀虫剂，狂暴的害虫却仍要侵蚀13％的产量。"

所谓病虫害的整合控制，其基本原则是结合杀虫剂的有限使用和病虫天敌的利用以及农业生产中的一些生态改变，比如从单一栽培到混合栽培。印度尼西亚把玉米和水稻的种植相结合。结果显示，这种方式不但更抗击病虫害，而且对氮肥的使用更有效果。

对可持续性的第三个威胁是现代农业的能源输入。化肥的生产和农业机械的运转都需要大量的能源。除此以外，在发达国家，在处理、分配和准备食物的过程中还有巨大的能源损耗。能源消耗对依赖进口石油和外汇储备不足的穷国影响最大，比如孟加拉和印度。对这些国家来说，更适合的技术应该是劳动密集型，而非资本密集型；而肥料也应使用有机肥料，而非化学肥料。

从汽油的角度来说，在美国，种植1公顷的玉米需要使用728升汽油。每焦耳的能源投入取得的只有2.8焦耳的收益。在中国的稻田里，每焦耳的能源投入却有50焦耳的收益。从"原始"农业向现代农业的迈进是一个庞大的"能源补贴"工程。

在美国，全国5％的能源预算都用于农场生产，还有7％用于食品的处理、分配和准备。从世界平均来看，坎贝尔指出，农业生产的能源消耗占国有能源预算的3％～4％。

如果世界的食品系统都像美国一样使用如此大量的能源来生产、运输和处理，那么食品所占的总能源消耗量会占到1972年全球商用汽油的40％。以这样的能源消耗量，要实现农业的可持续性，希望非常渺茫。

面对这可持续农业的三大威胁，我们需要考虑的是发达国家和发展中国家

所面临的特殊问题，以及如何现实地面对这些问题。

在发展中国家，食物需求应主要靠国内的食物产量来满足，而不能依赖进口。食品和运输成本的提高使食品在长距离大范围内的流动受到抑制，紧急情况除外。现在，世界上只有4％的食物是跨越国界生产的。要大规模提高这一比例，交通的进步和能源的使用在所难免。最好是能在需要粮食的地区进行生产。比如，1吨的肥料在东南亚能生产的水稻或小麦数量是澳大利亚或北美的两倍；然而，直到发展中国家能够粮食自给以前，紧急粮食储备对国外补给的依赖就会一直存在。这个项目最主要的部分就是一个由跨国机构控制的国际"粮食银行"。粮食储备在干旱或其他紧急情况下就会充当粮食短缺的缓冲器。美国、澳大利亚和其他生产远超需求的国家将成为该银行的供应方。

人们曾对名为"绿色革命"的重要项目寄予厚望，该项目专门为发展中国家提供持续粮食供给。然而，"绿色革命"太过依赖高能源消耗的技术，而随着原油价格的上涨，这给成本带来了极大的压力。为了减少能源进口，发展中国家必须以人力取代机器、以有机肥取代化肥，还应采取能降低杀虫剂使用的方法，比如在一片农田里种植多种作物。"绿色革命"大都是由以大农场为形式的农业综合企业来经营的。除了这些方法的可持续问题外，发展中国家的农业综合企业在输送粮食到最需要的地方这方面做得尤其失败。有人甚至声称农业综合企业生产的粮食越多，就意味着越多的饥荒。食物都流向买得起的人，而不是最需要的人。这种现象的后果就是世界银行将其支持从农业综合企业转向了小的农场和农民，其目标是通过贷款和技术支持使农民首先变得自给自足，然后为更多的人提供粮食。

以资本密集型和能源密集型农耕方式替代传统农耕方式也许是一个快速提高农业产量的方法，但长远来讲却是灾难性的。尼日利亚国际热带农业研究所农耕项目的助理主管比德（Bede N. Ikigbo）在1976年的世界粮食大会上指出，发达国家的农业运作方式在发展中国家成千上万的小农身上完全行不通。他承认化肥的使用是难免的，但应该随着生物方法的推广而逐渐消失。同样，综合

的治理病虫害的方法应该提倡，而不能依赖化学杀虫剂的广泛使用。他总结道：

我们应该时刻谨记：①改良的农业技术只有在改良的农村发展项目中才能发挥最大功用，②所有致力于增加粮食产量的努力都只是拖延时间，直到各种其他手段，如教育和世界农村人口福利的普遍提高，能够使人口和粮食供应问题得以简化和解决。所有政府和个人资源都应以此为己任。

为世界的大部分人实现一个公平和可持续社会的关键也正在于此，而并不在于更招摇和更受吹捧的工业。

比德自己也致力于热带农业的一些激进变革。他使用的是森林教给他的知识。他用落叶覆盖物的积累以及树荫和阳光的变化保持了"每亩开垦土地都有40~60种不同植物"。森林教会了我们多样化种植、对土壤长期覆盖和可持续性。他正是依靠把这些知识付诸实践从而实现了对病虫害的自然控制和对杀虫剂的完全弃用——他以极少甚至零耕作的方式做到了这一点。这似乎就是热带非洲的可持续性农业了。

日本正在进行一项很重要的免耕实验。许多世纪以来，日本有着水稻生产的持续性系统。但第二次世界大战以后，日本农民被说服采用了美国的农耕方式——结果是土壤质量的不断恶化。为了表明逆转这一趋势的可能性，福冈正信（Masanobu Fukuoka）接手因滥用而荒芜的土地，并以深受传统东方哲学影响的农业耕作方式取得了实验的成功。在不灌溉、不耕作、不使用机械和化肥或杀虫剂的条件下，他的"不作为"方法与自然合作互惠，使土地肥沃如初，其产量堪比日本最好的农田。他的方法被莱瑞·科恩（Larry Kohn）介绍福冈的书时总结为：

秋天，福冈先生在同一片土地上播种水稻、白三叶草和冬麦的种子，并把它们用一层厚厚的稻草盖起来。大麦、黑麦和三叶草马上就发芽了；稻米种子则冬眠直至春天……大麦和黑麦在5月进入收获期，它们被摊开在田野里，经7~10天晒干；然后打谷、扬谷；最后装进口袋储藏。稻草则散播在田野里作为覆盖物。6月的季雨产生的水分便被保存在农田里，水分削弱了三叶草和野草

的力量，从而使稻米有机会从地表中发芽。一旦水分丧失，三叶草就会恢复元气并在稻米下面疯长。

对于"把现有的科学知识应用于欠发达国家"的号召，肯尼亚奈洛比国际昆虫生理生态中心的托马斯·奥西亚姆博（Thomas Odhiambo）指出，最近对这一论调存在着广泛的排斥。某些情况下，传统农业方法比长年在温带进行开发的人介绍的方法更具持续性。比如，瓦卡洛（Wakara）不能改变其农业模式，因为在他们的岛上土地有限，每两公顷的可耕种土地必须养活一个人。他们设计了一个成功的可持续解决模式，该方法比其他地区所谓的科学提议要好得多。奥西亚姆博（Odhiambo）是如此描述这个体系的：

瓦卡洛（Wakara）设计了一个三班倒的体系。在第一班，芦苇粟在农田施肥后马上播种。等它们发芽生长之后，一种生长缓慢的豆类植物作为绿色肥料与其间作种植，使稷米在豆科绿肥种下前就得以收获。豆科植物在第二年年初种下，使得第二轮作物（稷米与落花生间作）得以播种。第三年，稷米又在农田被施肥后下种，与高粱和木薯间作种植。

关于热带非洲可持续农业的另一个建议是，从家养动物到野生动物的转化，比如鹿。家养牲畜的放牧和饮水习惯对半贫瘠的非洲植被和土壤是极具破坏力的，而本地野生哺乳动物在这片土地上以大数量存在却没有造成负面影响。这方面的努力已经进行了至少15年。但却甚少得到农业专家、经济学家和政府领导的支持。绝大多数研发的投入仍持续在家养牲畜上。对野生动物比家养牲畜优越的说法有以下论证：

对这一观点有两个相互矛盾的评论。首先，这是一个理论上严谨且极其合理的预见。第二，过去15年试图证明其正确性的尝试都失败了。这样的悖论让人百思不得其解。一方面,这一理论与现代生物学概念很吻合；另一方面，我从没听说保持野生动物的数量比保护家畜数量更要紧。有的项目赔了钱，有的勉强收支平衡，还有的乍一看是证实这一理论的，但细看之下就会发现，只是由于减少资本而获得了短期利润，并非是由持续的产量获得的。非洲野生动物养

殖的失败有多方面的因素，最可能的原因是尝试的时间过短。诚然，15年对于实现土地的最优化实在太短——农民们不断在尝试和失败的怪圈中周旋已经数千年了。

考勒（Caughley）总结道，从经济上来讲，野生动物养殖相比家畜养殖是不能独立存在的。然而，我们真正想知道的是，从长远来讲这是不是可持续的。考勒对此持怀疑态度，因为家养动物在非洲已经存在数千年。但我们确实知道，许多非洲灌木已经由于过度放牧而退化了。我们可以想象，随着野生动物的补给加强、市场拓展，野生动物饲养者的收益会大有改进。在这个领域存在许多值得努力的发展方向。

大卫·哈伯克夫（David Hopcraft）就追随了其中的一些发展方向。他在康奈尔大学所著的论文名为《关于东非瞪羚的饲养》。在他家乡那片半贫瘠的牧场上，年降雨量只有18~36厘米，但最近，哈伯克夫却实现了比最好的牧牛场每亩高出3倍的瞪羚肉产量。而且瞪羚还没有肥肉。更重要的是，没有任何环境受到破坏的迹象。瞪羚不像牛群那样追随水源，它们放牧的方式能保护本土植物的多样性。在一个迎合牛肉生产的经济体系中，国家和国际领导人对这一问题制造的更多的是阻力而非帮助，因此问题得不到解决。但一个可持续社会解决需要这样的问题，而不是因为某种提议不适合以往的体系便抛在一边。

地球上一半的人口居住在发展中国家的农村，但许多发展中国家的政府都把资源集中在城市发展上，而且维持殖民时期的政策，长期剥削农业来补助出口，其结果便是大部分国家广泛的农村贫困和食物匮乏问题的大量出现。1978年的联合国粮食与农业组织/世界卫生组织（FAO/WHO）调查显示，73%的沙捞越（马来西亚的一邦）和婆罗洲（一半属马来西亚，一半印度尼西亚）人口有严重的营养不良问题。当地农业是围绕以出口橡胶和胡椒为支柱的，农民的收入不足以购买必须进口的粮食。沙捞越的农业调查总以增加出口产品为结果而告终，而那些出口企业还是19世纪英国殖民的产物。

国际自然与自然资源保护联合会在论及世界资源保护策略的时候，把农村的欠发展列为发展中国家面临的最严重的资源保护问题。在争取食物和汽油的过程中，越来越多的陷入绝境的穷人无可选择，只能剥去大面积的植被，直到土壤被浪费或流失。为达成一个公平和可持续性的社会，发展中国家所做出的战略决策中必备的一点是，帮助成千上万的农民大众更有效地使用资源，实现自给自足。

　　在发达国家，农业同样面临可持续性发展的问题，前面已经阐述了绝大部分，但有两点还未触及。在发达国家，每年大约有300平方千米的原始农业用地被城市扩展所侵蚀，只有一种全新的城市生活方式可以阻止这种对农业的威胁。第二，有的人认为农业综合企业取代家庭式农业生产，从长远来讲，是造成农业不可持续性的一个重要原因。布朗认为："到目前为止，最成功的农业体系是以家庭式农业生产为核心的。"第二次世界大战以前，美国曾是家庭农场主的世界；第二次世界大战以后，由于农业工业化造成的经济压力，农场主的数量减半。随着农场的日益机械化，大部分农场工人流入城市，常常造成失业人口的增长。然而，尽管机械化程度大大提高，能源利用也更为集约化，但农场收入却大体跟不上个人收入增长的步伐——大量的资金花费和肥料成本制约了预期的收益增长。

　　从小规模的家庭式农业生产到农业工业化耕作的转变对社会有负面作用，这早已是不争的事实。盖洛德在他对加州三个城镇的经典的研究中对社会成本进行了记录。但与莱斯特·布朗的论断相对立的是，人们早就约定俗成地认为，要实现效率的最大化就必须实现农业工业化。尽管政府政策鼓励农业工业化，这一看法现在却面临质疑。甚至是其倡导者有时也不得不承认其经济局限性。比如，当1976年田纳西煤气公司天纳克（TENNECO）决定撤出农业领域，其《农业报告》中写道："农业是一个高风险产业，即使有利润也很微薄，尤其是大的农业企业……没有什么能取代中小型独立生产者，他们生活在自己的农田上，与他们耕作的成果有着深厚的私人感情。"

背离家庭型农业的发展方向在美国有放缓的希望。虽然这是一个久被忽视的立法案，但如果把联邦政府灌溉的用水权局限于家庭农场，这样的做法将对家庭农业的回归有很大的推动作用的。如同资本一样，机器和能源也变得越来越贵，农业综合企业将会面临越来越多的困难。而家庭农场主可以雇佣更多的帮手处理农场杂务，这对失业率的降低大有好处。农业学校和政府机关或许应该把他们的关注从如何让农业综合企业更有利可图，转到如何让家庭农场更具持续性和盈利空间。

但这还不够。尽管家庭农场不像农业综合企业那样滥用土地，但他们中的大多数也不得不变得更依赖能源和农药。从可持续性角度出发，我们期待农业发展降低对石油和化学产品的依赖，争取实现最大化地利用太阳能、豆类的固氮能力以及生态肥料的新兴农耕方法。另一种可能是种植只需少量甚至不需耕耘的农作物，以及从一年生作物转为多年生作物。我们需要农业科学研究早期的那种激进的试验和前瞻的思想。

公平和可持续性的女性角色

在一个公平和可持续发展的社会中，男性和女性角色与在对性别有着指派性角色的社会中是不一样的。几乎在所有社会中，女性都是从属于男性的，也从未被给予平等的机遇、工作和公共权力。尽管在世界的大部分地区，女性不但是妻子，母亲和家庭的管理者，同时也是为家庭提供食物的农妇，但这一事实仍是无可争议的。女性的从属地位暗示了男性的统治地位，而其后果便是：在许多社会中，男性角色都是充满侵略性、统治感、缺乏人性的温柔的。男性和女性一样需要被解放。罗鲁思（Ruether）将男性至上主义诊断为"建立在被盗用的二元论基础上。人类存在的辩证：思想与身体，圣洁与淫荡，存在与转化，真实与表象，生命与死亡……这些二元论都被看作并通过社会折射为男性和女性的'特征'。"她进一步提出了更有趣的看法：在西方文明的传统中通常把女性和自然视为一体，而自然早已被视为被男性征服的对象。"把自然

环境视为统治对象反映了男性对女性统治的态度，这似乎是不辨自明的真理"。如另一位女性主义作家一样，她也看到了女性解放与自然世界的可持续性之间的紧密关系。没有新女性，就没有新世界。

性别歧视的程度随社会和社会形态不同而各异。布维妮可（Buvinic）认为："女性在简单而稳定的狩猎和采集型社会、以及园艺和早期农业社会中经历所遭遇的性别不平等是最少的；而在更为发达的农业社会中则有更多类似的遭遇。"

人们常认为，欧洲文明对其他地区农业社会的影响导致了女性地位的改善。这种改善在有的地方确实存在；但大致来说，女性的境况却因殖民主义而恶化了，后殖民政策也持续动摇家庭生活和女性地位，比如女性在受教育方面所受到的严重歧视。因为男性被假定为公共世界的领导者，而教育正是为这样的领导能力而应运而生的，绝大部分的教育资源当然都归男性所用。哪怕是现在，男女在受教育的数量以及受教育时间长短等方面，大量的不平等仍然持续存在着。这里，差别显示为赚钱能力的差别。

廷克（Tinker）写道，发展观的提倡者指出："建构一个现代的基础结构，经济就会腾飞，从而为每个人创造更好的生活条件……然而，几乎在所有的社会和阶级中，与男性相较，女性都丧失了自己的立场；随着两性之间收入差别的扩大，发展与其说给女性带来的是帮助，倒不如说是反作用"。女性生存环境的恶化始于殖民时期。部落制度给予女性农耕者地权，而殖民政权用土地私有化取代了公共土地使用权。于是男性开始控制土地；而女性，虽然仍从事农耕劳动，却开始变得依赖男性了。而且，当殖民政权引入了经济作物，他们雇佣男性种植；而农业的发展却忽略了主要由女性所从事的基础农业，因为出口的作物都是由男性种植的。

为了让人们到种植园工作，或是自己种植经济作物，殖民政府引入了税收概念——这是仅存在于现代货币经济体系中的概念。只有男性才可以离家并找到有收入的工作。由于男性控制了金钱，女性就不得不更加依赖男性了。

哪怕是现在这个问题仍然持续存在。约翰·罗克特（John D. Rockether）曾说过：

在大多数发展中国家，女性对家庭经济的影响都是很关键的，因为她们种植农作物，她们通过家庭手工补贴家用，她们常常是家庭的首脑。但不幸的是，女性在受教育程度和就业方面受到严重歧视，或者根本就被这样的机会隔离在外。而且，太多例证说明，女性在经济发展的计划和进行过程中是完全被忽略的。

这种忽略与对家庭消耗的农业产品和食物加工的忽略是紧密相联的。在发展中国家，致力于减轻女性工作重负的资源和战略少之又少。比如在塞内加尔，女性仍需每天花上4个小时把5公斤小麦磨成粗麦粉以供家人食用，而一个简单的研磨机只要几分钟就可以完成这一工作。这种忽略也在一位肯尼亚女性的言辞中有所反映：

在反殖民的斗争中，有人告诉我们发展就会有更好的生活条件。几年过去了，我们只看到从首都来的人写关于我们的事。对我来说，我的生活还是只能指望祖辈用过的锄头和水源。当我在地里干活，去河边打水，我才知道我吃得上饭。但你们说的那套发展什么的在我们的村庄还没看出来。

世界银行注意到了在发展过程中忽略女性的事实，他们现在正在系统地审核他们的项目，争取保证每个项目都会对女性有所帮助。

不仅是女性所从事的用以喂饱家人的农耕和食物加工活动在发展的支配性模式中被几乎全盘忽略，而且"机械化剥夺了很多可怜女性赖以生存的额外工作机会"。这种发展的形式还没有创造出新工作来填补已经流失的工作，而且新工作还得允许女性在工作的同时兼顾抚养孩子和农业耕作；因此，女性的经济条件和社会地位都退化了。

在很多情况下，问题不仅限于女性所遭遇的经济剥削和地位丧失，而且还表现在家庭生活的瓦解。男性常常离家去城市挣钱——对南非黑人劳力的剥削就是一个极端的例证。在南非，经济政策剥夺了人们谋生的手段，他们只能成

为工厂劳工；而女性甚至不能跟随他们的男人进入他们驻扎的板房；哪怕她们的动机是完全正常的经济目的的时候，情况仍很严重。在大部分第三世界国家，发展政策并非是有助于创造一个公平和可持续的家庭的，而是在忽略女性的同时破坏了家庭。从服务于国际市场的生产到基本的家庭消耗，逆转这样的本末倒置才能实现一种全新的发展模式，这种模式着重于改善小细节——比如更好的农耕工具、手推车、更优良的种子——来减轻女性耕作者的负担，提高她们的生产力。长远来讲，其结果便是为女性重新赢得公平，同时也可减轻饥饿和营养不良等问题，最终实现社会的可持续性。

如果要实现这样的公平性，就必须大力改变一些根深蒂固的态度，尤其是男性方面的态度。现实存在的态度扭曲了真实情况，也因此导致了某些毁灭性的政策。比如，廷克就曾引用美国劳工部发表的言论，"在非洲，只有5%的妇女工作——这显然是荒谬的言论。在非洲，妇女从事田间地头60%~80%的工作，在耕种季节更是每天工作16个小时之久"。

廷克也指出了西方对农民性别的成见是如何导致农业生产改善的失败的。她给出了1974年利比亚鼓励水稻生产的例子。一队台湾农民前来对利比亚人进行指导，政府花钱请人来学习耕种。结果很多男性来了，因为他们闲来无事；可是女性，作为真正的耕作者，却仍然在田间地头忙碌着。

即使第一世界国家对现实的扭曲态度可能有所改进，发展中国家男性群体的偏见却仍然稳如泰山。在许多社会中，男性都很抗拒对女性有益的政策。根据一份坦桑尼亚的报告：

在传授新技巧的时候不要把女性排斥在外，这是很重要的；但同时也可能创造出一种似乎是在给她们透露某种独一无二的奥秘的印象。以农村地区过去的经验来看，丈夫们常常怀疑妻子会或多或少接触到女性解放一类的可怕思想，而他们传统的男性权威会因此动摇。

对女性的不公甚至不止于此，在家庭食物匮乏的时候女性常常成为牺牲品。印度医疗研究会所做的调查指出，女孩比男孩所遭受的营养不良程度要严

重得多，尤其是恶性营养不良；然而尽管如此，与女孩相比却有更多的男孩能得到医疗救治。

或许人类最基本的权利是人身的权利，可是女性的这一权利却被广为剥夺。对于她们的女性角色受到社会期望体系的支配，很多女性甚至无力对这种社会角色产生质疑。里沃和罗德科瓦斯基（Leghorn & Roodkowsky）引用了一位埃塞俄比亚妇女的话："一个女人根本没什么选择。她有9~11个孩子——大家都觉得天经地义，轮不到她有别的想法。"哪怕是那些态度不是那么听天由命的地方，繁衍后代的压力仍是重如泰山的。里沃和罗德科瓦斯基又引用了一位玻利维亚妇女的话："只生几个孩子的女人是被人瞧不起的。如果只生一两个，人们会嚼舌头。我儿子没有兄弟姐妹，为这个我丈夫简直想杀了我。"在某些文化中，没有生育的女人或是没有子嗣的女人会因此，仅仅因此而被丈夫抛弃。

这种对女性人身权利的剥夺所产生的不公正也是导致世界人口的脆弱性的的主要诱因。当然，也不是说如果女性有决定自己的生育自由就可以保证世界人口的稳定，但有很多迹象表明，两性公平将对人口问题的解决产生巨大的帮助。比如，在泰国的一个女性研究报告称："当女性被问及最理想的孩子数量时，每一个案例都倾向于孩子少一点"。随着女性赢得受教育权利，结果是值得期待的。布朗认为"生育数量的降低与女性教育联系颇为紧密，尤其是达到读写水平的教育"。

随着地球支撑人口无限增长的不可能性越来越明显，世界各国的政府都在采取政策鼓励减小家庭规模。中国利用中央政府的权力把人口增长比例降低到将近1%，而且还将继续降低。中国的人口控制政策似乎要致力于创建一个独生子女家庭占压倒性数量的国家。中国人把男女都视为生产单位的观念在减少人口数量的过程中起到了顺水推舟的作用。人口增长的放缓更大程度上是通过改变女性角色完成的，直接反对过度生育的压力倒在其次。在一些专制色彩稍淡的国家更是如此。在人口已经稳定的欧洲7个国家中，政府的人口政策完全不

是导致成功的因素（其中一些国家，比如民主德国，政府鼓励生育，结果完全失败）。在欧洲国家，"生育率的下降是重大社会变革的结果，比如更便捷的家庭规划服务，堕胎法案的自由化，教育水平的提高，以及女性就业机会的增长"。正是这些变化给女性带来了更大的公义。

假使对女性正义问题早有做出应有的承诺或保证，那么人口稳定的问题早应不治而愈了。不幸的是，大多数对人口问题的讨论都是从宏观经济和全球规模出发的，其结论常常是女性应该做什么。本章提议采取生态模式自下而上地寻求公平和稳定。

公平和稳定相生相依。除非人口稳定得以实现，否则世界的可持续性无从谈起。除非女性能够真正控制自己的身体，受到更良好的教育，得到更优厚的就业机会，否则公平不会光顾占世界人口53%的女性人口。以上谈到的这些社会变革，加上对两性高龄人口的社会保障，会带来人口出生率的下降。除此以外，没有任何方法可以公平和可持续地来降低人口增长。

我们在谈到这个问题的时候，总是把火力集中在发展中国家，这可能误导读者形成了发达国家已经解决了家庭问题和两性公平问题的印象——事实并非如此。尽管在大多数发达国家，对女性有利的社会变革已经终止了人口增长势头，但仍有许多不公正存在。在工业化国家和发展中社会，女性仍被排斥在社会公共体系之外，至少鲜占领导者的职位。近期风起云涌的女性运动唤起了我们对此的注意，一些改变也正是因为受此影响。然而，在美国，缩小两性收入差距的步调缓之又缓，照此速度，大约直到公元2500年女性工资才得以与男性比肩。

同时，这种不公正的形式为全球的可持续性发展带来了负面影响。给环境造成压力的不仅是人群的聚集，人均的消费也是诱因。在发展中国家，女性被看成是生育的机器；而在工业化国家，女性则被看作是性的对象。她们被作为消费社会的一部分来对待——社会鼓励女性致力于消费来贡献社会，而不是参与制定公共政策。随着作为家长和主妇角色的弱化，加之对其经济效益和职业

成就的公平机会的剥夺，依照被严格操纵的规范来装扮自己、装修住宅成为女性所致力的事业。男性同样被误导，把开豪车、买奢侈品来吸引女性作为雄性特征的表达。随着男性和女性越来越单个的个体而相互关联，支撑我们身处的这个消费社会的重要支柱将毁于一旦。

尽管消费主义是工业化社会所特有的罪恶，它也被强加于发展中国家；而且，女性再一次成为直接的牺牲品。一个臭名昭著的例证是哺乳婴儿的母乳替代品的成功推销。"在肯尼亚，由于非母乳喂养所造成的经济损失高达1150万美元，是年均卫生保健预算的2/3"。虽然母乳替代品的配方确实挽救了一些母亲母乳分泌不足的婴儿的生命，但他们的健康状况却不如那些母乳喂养的婴儿。由于不了解恰当的使用方法，尤其是对沸水的使用不当，母乳替代品造成了许多婴儿的死亡。但它们的销售依旧成功，因为它们看上去很"现代"。

比起将女性的精力排除于公共生活之外，对女性的影响更严重的是公共生活自身的损失。女性构成了全球人口的一半多，规划者对女性的忽视正好证明了男性的眼光看不到全景。女性对该现象的关注已经开始被唤起了；但是对如何扩大影响，以及如何取得回应，女性应该掌握主动权。从最大程度上来讲，女性仍然被迫只能在被社会操控的组织外围提出抗议。尽管有一些男性对女性事务开始进行研究，但对女性的关注仍被处于边缘化的状态，除非领导阶层的构成中女性的比例大为提高。只有当女性获得公平的决策权，对女性的决策才会公平。

女性的领导角色是必需的，但不仅仅是因为只有这样女性才能为自己的需要发出呼声。我们需要女性的领导角色，因为本章所提议的各种变革，于公平和可持续发展的社会所必需的变革，更可能出自女性之手，而非男性。男性长期以来将女性和自然都看作是其攻克和控制的对象——结果是灾难性的。尽管男性作为个体可以在意识水平上保持开明，他们仍很难完全脱离这样的非建设性的态度。从整体上来说，女性对等级专制、人治权力、环境毁坏和战争创伤所带来的破坏更为敏感。她们不易激进，也不易在荣耀和权力的神坛前牺牲人

性。她们对人类生命同自然的关联更为了解。总之，女性同生命的原始动力有着更心有灵犀的接触。如果要扭转灾难性的"发展"而转而追求公平和可持续性，她们的敏感正是社会所需要的。

有人反对说，有女性掌权的地方并没有发生翻天覆地的变化——这完全正确。许多社会允许一些女性作为少数例外占据某些权力的位置，但为了获得这些位置，女性必须养成这个男权社会中的思考和行为习惯。有的女性甚至在这场男性主宰的游戏中大获成功。但现在社会公平和可持续性要求的却是迥然不同的东西；它们需要一个女性能按照自己的原则，而非依从男权主义的标准来全身投入到社会的领导阶层中。只有这样，女性才能在创造新世界的过程中贡献自己由特殊历史和经历所形成的感性和智慧。

女性与男性一起在公共生活中的全力投入会让男性与女性一起参与家庭生活变成可能。这需要对雇佣关系和社会地位有一个全新的理解，这可能会终结所谓朝九晚五的有偿工作劳动。社会区分了有偿工作和无偿劳动，女性成为了这一现象的牺牲品；而在这种可能性中，女性将能够实现社会分工的一种新安排，这种安排让两性以一种公平合理的方式来完成必要的有成效的工作。女性将能够在一个自由的社会中作为自由人在一段自由的婚姻关系中引领方向。在这样的世界里，我们有机会在地球的承载能力之内实现稳定的人口和适量的消费。

这一部分的讨论深受女性解放文学的启发——最为急迫的需求就是公平。两性如若公平，稳定自会实现。这不但是因为对女性的公平会对过激的人口增长产生重要的影响，也因为女性能帮助形成对非人类世界的新的态度。生态模式所强调的6个要点（第九章）表达了女性的内在价值，超验主义的重要性，也表达了人类与自然之间的连续性，以及多种目标之间象征性的关系；但对构建个体存在的关系的重要性，以及随之产生的社区的重要性都未进行过多的讨论。

对社区的强调常常将女性对男性的从属关系合理化。为了社区的发展，女

性不得不扮演主要围着家庭和孩子转的角色。因此，在讨论女性角色的时候，女性解放是讨论人际关联和社会区域的前提。当然，人际关联和社区也同样重要——事实上，许多女性会率先强调在这样的前提下来谈论对女性的理解。

最基本的社区是家庭。正是在这个特殊的社区里，个体获得了他们的身份。也许家庭单位将会消失，而孩子将会在非传统家庭式的另类社区里长大。但现在困扰家庭的是出现了一些新的模式，一些自由的个体与家庭若即若离，但这样的模式似乎也可以是公平和可持续的。正因为女性遭遇了不平等的婚姻安排，她们对公平婚姻的要求尤其敏感，因此在这一领域中女性的领导地位尤为重要。

公平和可持续性的能源

发展中国家的人民面临一个严峻的能源危机——木柴的短缺。为获得木柴所需行走的距离越来越远，木柴的成本也越来越高。过去被用作肥料的动物粪便现在也作为燃料使用了；有的地区村民甚至无法做饭。

能源危机与人口增长有着直接的联系。在人口还完全在地球所能承受的范围之内的时候，人类形成了采集和储存木柴的习惯；但这一习惯致使日渐增长的人口逐渐耗尽了越来越大的区域内可使用的木柴。乱砍滥伐导致了水土流失和洪水泛滥。这样的能源危机并非在30年或50年之后，而是就在眼前！

显而易见，大规模的植树造林至关重要。但除了极端专制的国家，植树造林的计划成效甚微。现在就需要木柴的村来来不及花20年等树木成材。成千上万的村民所需要的是如保罗·弗莱雷（Paulo Freire）在被巴西军管政府驱逐出境以前在巴西农民中所提倡的"良心发现"之旅。在学习读写的过程中，巴西农民也充分认识了他们身处的现实。他们不再只是简单的牺牲品，而开始意识到自己的需要并开始着手解决自己的需要。重点正是公平。但如若不能重组和维持生命赖以生存的资源，公平就无从谈起。公平与可持续性是不可分割的。

一个综合的村寨发展项目由于可以帮助村民们把握自己的未来，从而收到

卓著效果。简单的器械就可以使木柴煮食的效率提高达70％以上。哪怕这样的改善只有50％的效率，10公顷的林木也可以为印度农村的1000户农户提供燃料了。

发展中国家的农业也因石油成本高企而遭受着能源短缺带来的压力。这一危机是源于以石油为基础化肥和机械化设备被引进热带农业。针对这一问题的解决方法，就是转而依赖免费和可再生的太阳能的耕种方法的推广和作物的种植。保持和催肥水土的种植方法正是那些不依赖进口能源的方法。

以植物原料制成的沼气是使用太阳能最实际的方式。据称，在中国的四川省，28万户家庭安装了小型沼气设备，以供家庭和耕种之用。从植物中萃取液体燃料以供汽车之用也不是不可能的。

以燃烧植物的形式来使用太阳能，可以在很大程度上帮助发展中国家应付其能源危机，但它并非万能灵药。限制地球承载极限的因素之一便是其吸收燃烧煤炭和植物所产生的二氧化碳的能力。所幸，有其他一些太阳能的使用方法不会触及这样的限制。它可以用可持续的方式对空间和水进行加热；在热带地区，这样的热能要求可以很轻易地完全由太阳能满足。风能是一种可持续的太阳能能源形式，很多地区建造了风车来完成泵水或其他一些工作。在欧洲的早期历史上，水流作为一种太阳能也发挥了重大作用。

电能是能源中效率最低的一种。璀璨的古代人类文明中并无电能的存在。减少对电能的依赖是我们对发展中国家的忠告。然而，对许多现代设施而言，电能是最便捷舒适的能源。山村里的风车可以生产一些电能；虽然水力发电毁坏环境，也不是永久可持续的，但是在发展中国家却被广泛采用，它也是将太阳能转换成稳定形态的简易方法。现在，新科技也提供了将太阳能转化为电能的可能性，这对发展中国家和发达国家都颇为适用。

大部分发展中国家以前几乎完全依赖太阳能，这一情况直到最近才有所改变。不幸的是，工业化国家的发展需求迫使能源的使用从太阳能转化为不可再生的能源形式。这些形式常与中央全局管制和国外进口依赖联系在一起。由此

衍生的结果既不公平，也不可持续。我们要倡导的理想形式并非只是回归早期的情形——我们需要更多的能源来享受更为丰富的生活，参与全球性的文化交流。理想的模式是通过改善我们所拥有的可再生能源的使用效率而拥有新能源，这样才能使可持续的生活方式早日实现。改善太阳能使用效率的科技已经存在，我们可以在地域性的范围内付诸使用。这样的能源政策能帮助发展中国家摆脱外来政治势力的控制和经济的干涉，同时也鼓励自由、自我管制和自我尊重，从而引导我们进入一个公平和可持续性发展的社会。

工业化社会的能源危机则是另一番局面。社会经济各界对石油的大肆消耗已经上瘾。石油虽然大量存在但绝非用之不竭；煤炭不能取代石油，即使能够取代也不能保证不会给环境带来更大的危害。工业化国家的政经问题是由于对进口的依赖和对能源供应的大幅提高而造成的。现阶段危机的表现方式是加油站前的长队，而不是做饭找不到燃料。不管怎样，危机是确实存在的。

我们常预测未来对于能源的需求，这似乎并不是我们控制范围之内的事情。戴利曾指出，实际上，这些预测成为了暧昧的计划，但我们不一定需要恪守。对掌控能力之外的事情，人们对之进行预测；而对自己掌控能力之内的事情，人们则需要展开计划。趋势并不代表命运。直到近期为止，对工业化国家能源需求的预测仍是建立在指数式发展的基础上的。也就是说，这一预测假定，我们对能源的需求只有以每年某个百分点的速度增长，才能支撑不断发展的经济。正如所有对指数式增长的设想一样，这种设想是基于对能源需求每10~15年就会翻番的预测。尤其考虑到提高能源产量需要投入大量的能源和资金，在这样的情况下，哪怕是对环境问题的后果毫无顾忌，要提出一个能达成这样激进增长的方案也几乎是不可能的。然而，环境主义者提出以既有的能源消耗量来实现经济增长的建议之所以被广为嘲笑是因为，就好像是要劝导人们重回黑暗的中世纪一般（欧洲史上为公元476—1000年）。

70年代和80年代能源消耗的轨迹却与计划者的预料大相径庭——每年的能源增长率不增反减。能源零增长的说法不再是痴人说梦。确实，国际环境与发

展研究中心预测在21世纪，英国会出现能源使用下降的局面。

需要重点指出的是，对稳定或渐缓的能源使用的预测并未与稳定或渐缓的经济产量的增长相关联。相反，对经济持续增长的预测从未停止。研究指出在英国：

如果国民生产总值在2025年能够实现总体翻两番……一系列简便的、已广为人知的技术就能保持能源（和电力）需求与现在基本持平。如果国民生产总值翻一番，石油消耗可大致减少一半，煤炭产量可保持不变，核能源产量从1990年可开始稳定下降，主要能源消耗可在2000年减低7%，在2025年减低20%~25%。

哈佛大学进行的一项研究同样鼓励在美国能源消耗效能提高的可能性。

美国可避免30%到40%的现有能源消耗，而美国人在生活方式上不必为此做任何的牺牲——可节省上亿美元，可减轻环境压力，可减少空气污染，可减缓美元压力，可减轻对欧佩克不断增长的依赖。西方社会内在和国际压力带来的压迫都会减轻。

这些研究似乎表明，发达国家面临的选择是：经济增长速度不变而能源消耗保持原有水平，或者保持现有经济增长速度，但大幅缩减能源消耗。其中的任何一个选择都大量减轻了能源危机的压力，而两者均未给核能的推广和石油煤矿的继续开采提供托辞。两者均未能对可持续性发展的问题基于足够的重视，但两者都认为随着石油的消耗殆尽，太阳能作为可持续性能源仍有发展的时间与空间。更不用说除了能源以外，还存在着很多其他制约，因而，对工业化世界来说，正确的选择是减少能源消耗，从而逐渐进入一个稳定的经济状态。

当新建昂贵的能源生产设施的各种理由被一一驳斥，刺激就业成了常用的借口。埃默里·罗文斯指出了这一托辞的荒谬：

事实上，每年成千上万焦耳的原始能源被发电厂所消耗掉，造成美国至少71000个工作岗位的损失。因为发电厂每美元提供的就业机会低于几乎经济体系中的其他任何投资——不论直接还是间接。是投资于避免浪费、太阳能、环境保护和其他相应的社会项目的资金带来每美元最多的能源、工作和金融回报，

而不是炼油厂和核反应堆。确实，避免能源浪费和社会项目的投资可创造从上万个到百万个不等的就业机会，而且是长久的、需要普遍技能和个人能动性以及责任感的工作，而并非过渡性的、需要罕见技能的工作。

选择一个高能耗的未来就意味着选择了硬能源科技。而选择低能耗则开启了软能源科技的可能性。罗文斯给出了软能源科技的五大特征：

①软能源科技依赖不会耗尽的可再生能源，比如太阳能、风能、植物等；依赖能源收入而非能源资本。

②软能源科技是多元化的，因此，一个国家的软能源科技是各种具体情况下效率最大化的整合。

③软能源科技是灵活的，而且相对而言科技含量偏低，不需要高深的技能要求。

④软能源科技应用的规模和地理分布应该有对应关系。

⑤其应用与质量也是相对应的。

举例说明最后一项。比如，当有天然气或太阳能可用的时候，使用电能就是不恰当的。

确实，如果在美国电能的使用被限制在恰当的范围，应该只占能耗构成的5％，而非现在的13％。"因此，美国现在的水力发电水平和80年代中末期的工业废热发电就可以满足这些需求。"软性能源会大量使用太阳能，但并不等同于太阳能。"花费了ERDA太阳能研究的大部分预算的方案并不符合我们的标准——比如在沙漠中设置大型采集装置发电，或利用海洋的温度差发电，或用太空中形似布鲁克林大桥的卫星发电。"确实，通过这些花俏的幻想，人类的创造力可能把这一安全的能源变成一大环境灾难！

公平和可持续性的交通与城市

软性能源的发展之路会改变全国乃至全球的民生，而不只是可发展性的问题。它会让人们重拾克己的美德和建设本地社区的主观能动性。如果对软性能

源的发展之路能伴随着其他领域的一些措施，将会使这条道路更容易也更成功——交通领域便是其中之一。

对以增长为核心的经济模式而言，现代交通有着相当的重要性。在发展中国家，公路体系是将出口物资从内陆运往口岸的必需；车队和铁路也是运输物资的必需。这种运输方式主要是由巨大的油罐支撑的，它们是海洋和海岸线的丧钟。成本的不断增长，使预算收支平衡越发的困难。同时，越来越多的人期望拥有汽车作为交通工具。发展中国家庞大的城市正被出租车和私有汽车堵塞着，而经济能力有限的农民也对此垂涎三尺。汽车将其所有者和非所有者之间的鸿沟进一步扩大了——有汽车的人可以使用公共财富修建的公路；而没有汽车的人则不能，而且离这些公共设施越来越远，越来越被边缘化了。世界上17％的人口拥有88％的汽车。这个建立在日益昂贵而且日益匮乏的进口石油之上的体系，既不公平也不具可持续性。

尽管问题多多，还是有少数人认真严肃地考虑了其他可能性。许多人认为这样的发展趋势意味着不断增长的私有汽车和为了消化这样的增长而不断修建的公路。他们希望能采用石油以外的替代能源，却没有触及问题的根本。一些人意识到，至少在城市中私有汽车不是解决交通问题的答案，他们尝试发展公共交通，公共汽车和轻轨铁路之类，同时也在城市的某些地区不鼓励人们使用汽车。然而，纵观全球，私有汽车的数目仍在激增。汽车产业是全球最大的制造工业，大概每天有10万辆汽车从生产线上投入使用。

伊里奇（Ivan Illich）是为数不多的从最基本的能源政策的角度深入思考了交通问题的人之一。他看到了国家，尤其是发展中国家的三条出路。前两种被大众热议：分别是能源消耗的最大化和能源使用效率的最大化；第三种是"社会中的权势阶层使用尽可能少的机械能源"，可是第三种出路却鲜有人关注。尽管人们开始意识到供每个人生存的能源是有生态上限的，可是却还没意识到把使用尽可能少的能源作为社会规则其实是很现代而且可取的想法。设置能源使用的上限可以有助于形成高度平等的社会关系。这一现在被忽视的选择

将成为是所有国家唯一的选择。

广为人接受的看法是：交通运输科技的目标是以尽可能快的速度把人员或物资运送到另一个地点。正是基于这一看法，协和式客机被捧为航空的伟大成就。它将从巴黎到纽约的飞行时间缩短了数小时。然而这一成就是伴随着巨大代价的——哪怕对乘客征收了20％的附加费，协和式客机的运营仍是入不敷出，只能依赖政府的补助。简单地说，少数精英人群节省的那几个小时是靠普罗大众的经济支持才实现的。这是一个穷人为富人的奢侈买单的体系；同时，珍贵的能源被低效率地消耗，而且给环境带来不必要的污染负担。这既不公平，也不具可持续性。

协和式客机仅仅是现代交通运输体系大趋势的一个极端案例，更为普遍的是机动车辆——尽管在大多数国家仅有少数人使用，它们却给社会带来了极其沉重的负担。国家资源被消耗于街道和高速公路，以及石油和汽车进口。汽车的存在堵塞了街道，污染了空气，变相剥夺了没有汽车的人的权利。然而，有汽车的人越多，每个人拥有的便利就越少。汽车成为了不可"民主化"的奢侈品。

相反，自行车是交通出行十分适合的工具，尤其是在发展中国家。根据伊里奇的观察：

自行车不但从热力学的角度来讲相当高效能，而且便宜。尽管工资水平低很多，中国人却能以工资中很小的比例置办一辆经久耐用的自行车；美国人买一辆老破车也得花费收入中更大的比例。而建设自行车出行需要的公共设施与建设为高速机动车服务的基础设施之间的比例差异更是大过了这两种交通工具价格的比例差异。一个典型的美国人大约用1600小时完成7500英里的路程：每小时不到5英里。在没有运输工业的国家，人们用脚同样做到了；而且他们只花了3％到8％的社会时间用于交通，而不是我们所耗的28％的时间。

在美国，最重要的事项除了房子就是交通。美国人拥有太多他们本不需要的汽车，但哪怕一个典型的只有一份收入的美国家庭也需要两辆汽车：否则丈夫没法去工作，或者主妇没法做家务，更勿谈参与社区活动了。如果丈夫税后

的收入是12000美元，那么使用1/4的收入用于支付买车的贷款，汽车的养护，以及其他直接或间接的与车有关的花销是很常见的。要是他也同时在现在的市场上买了房子，照现在的利息支付房贷，他将会被压得喘不过气来！他更可能不得不找其他周末或晚间的兼职工作，或让他的妻子去工作。难怪65％的美国家庭都有双份收入呢！

在家庭支出中占相当大比重的汽车对城市而言也很昂贵。据估计，洛杉矶80％的市中心区域贡献给了汽车，随之产生的城市的蔓延扩张大幅增加了公共设施和服务的成本。它使人群按年龄分化，鼓励了对老弱人群的制度化分化；而郊区占据了大量曾经是主要农耕良田的地区。汽车在美国经济中同样是毁灭性的角色——它是人们入不敷出的主要原因，并让全球的资金市场波动不安。

常被论及的解决办法是改善公共交通。不幸的是，成效不会如人民预期的明显。公共交通只在人口密集的地区才有效。以高成本闻名的旧金山湾区交通体系只服务了该地区人口的5％。美国城郊地区正是在私有汽车的基础上建立并发展的。大多数美国人仍需要驱车前往汽车站或火车站。由于他们的目的地也十分分散，许多人需要转车和步行一段距离才能最终到达。对许多人来说，如果选择公共交通的话，驱车30分钟的行程会耗时90分钟。

对于贫穷到用不起车的人群来说，生活在以车为中心的城市是困难重重的。他们被隔离在城市中最为人唾弃的地区，无法享受许多城市的公共设施，也因出行的限制而无法获得工作机会。更富裕的群体对他们视而不见，只把他们看作是福利施舍的对象和税收高企的始因。总之，在不断蔓延的城市中，不同社会阶层不同经济条件的人群间完全没有社区可言。

如果城市设计之初，将家庭住址、工作地点、学校商店和其他休闲娱乐设施都建在可步行到达的距离之内，汽车便会成为可有可无的奢侈品。一些现代建筑显示了这一潮流，出现了一些将生活空间和工作空间融合在一起的大型建筑。这一潮流需要大力推广，它可以引导大众重建社区，让便宜舒适的生活方式成为可能，也可以让人们有可支配的时间做自己想做的事。

只要这种规划的社区以城郊居住区或者市区楼房的形式建成，问题就解决了一半。但这些社区建得过大、自成一城的可能性也是存在的。依靠三维的优势以及人行道、电梯、道路的替代品，它们可以大大缩减一个城市的所占用地，而又不用过度拥挤。社群隔离在这样的城市里无以立足。这些城市将被建设在毗邻农业用地、本不会被有效使用的土地上；而这些城市的居民将同时享受到城市的便利和户外的自由。

　　保罗·索列里（Paolo Soleri）已经为未来城市设计出了美丽轮廓，也就是他所谓的"生态建筑"。他所展望的生态建筑能够最大效率地利用太阳能；城市温室环绕，这些温室不但供给食物，它们倾斜的顶篷还可以为城市收集热空气；工厂设在地下，工厂的废热为城市供暖。总而言之，这种城市的能源所需只是现有城市能量消耗的冰山一隅，而这部分能源完全可倚靠太阳能提供。这样的城市使公平与可持续性成为可能。

　　人们会辩驳说，哪怕发达国家也负担不起这样的城市的建设费用，但保罗·索列里相信建设一个他所展望的城市只需耗费建设传统城市一半的成本。而新型城市不但节省大量空间，而且可大幅度降低可再生和不可再生能源的消耗。这种城市的居民比传统城市中的居民生活花销要小得多，也更乐于与城市中其他愿意工作的人分享工作机会。这样的城市结构会催生社区的形成。

　　生态城市对于发达国家来说，有着不言而喻的指导意义：它可以逆转现有消费习惯，消除由时间、失业、隔离、冷漠等造成的亟待解决的社会压力；而这都是由以汽车为中心的现有城市一手造成的。那么对于发展中国家呢？对城市问题也需要采取新的解决方案吗？还是集中精力在农业基础建设上就足够了呢？

　　按照现在的趋势，联合国预计在21世纪初始农村人口将会翻番，超过30亿。将近15亿新增人口必须得到安置，这些人口中的大部分将出现在发展中国家。以传统方法为数量如此庞大的人群提供城市设施的成本将是个天文数字。除非现有的趋势得以逆转，否则我们只会继续目睹城市周边贫困人群的挣扎和贫民窟的扩张。贫困人口的绝大多数都是无业者。

就整个发展中世界而言，国际劳工组织估计在20世纪70年代有24.7%的劳力要么失业，要么半失业；80年代该数目预计为30%；从20世纪70年代到20世纪末，国际劳工组织计划将欠发达国家的劳动力就业水平扩展到91%，而这需要令人叹为观止的九亿两千万工作岗位。

这样的情况既不公平，也不具可持续性。

逆转现有的潮流才是解决问题之道，可这些项目却是随波逐流的。如果发展中国家集中精力发展农村，注重家庭生活，女性权益，减少对国际贸易的依赖，人口增长之势自会减缓。村寨可养活更多的人口，而城市发展的脚步会比预期更慢。其次，应竭尽全力建设多个小城镇而非少数几个大都会。每个地区内的城镇与农业基地都有着良好的关系。建设一个小城镇所需的技术和设备均可有其居民提供，这样的城镇所发展的工业对当地资源和需求而言都是恰到好处的。通过发展劳动密集型产业，这样的城镇能消化更多的劳动力。但这些努力都不能完全排除发展中国家面临困扰发达国家的城市人口问题。在这种情况下，索列里的生态建筑学对发展中国家也是适用的。

小结

本章从生态理解的角度讨论了全球局势、存在的问题以及解决的可能性。这种理解问题的方式将关注的重点引向存在于社区中的个人以及他们与外界的种种关联；将人们的兴趣引向农业和从事农耕的人群；鼓励从一种自下而上，而非自上而下的角度来看待全球性问题。在全球经济格局中，仅从短期内实现产值最大化的角度来看待农业是不应该的，而应从植物、动物和人类的共处以及如何和谐繁盛的角度来慎重地看待。应该得到重视的是丈夫、妻子和孩子的家庭生活及其如何得以丰富，并如何进一步去丰富社区生活；能源和交通如何能够真正为大众的需求服务，从而让大众掌控自身命运。城市将成为建筑的生态学以及与相关环境相关的有机社区。

这种对生命的理解方式以及赋予个体更大自由的世界，对个体的生命存在

着某种暗示。有良知的人们应该认真反省他们现有的生活方式，尤其是中产阶级的生活方式对其他人以及生存环境有着怎样的影响。可是人们能做什么呢？他们可以从一定程度上退出现有的体系，以更节俭的方式生活；在有意识地避免对现有体制的滥用的同时，尝试新的、更为社会化的生活方式；尽更多的父母义务，并支持现有的妇女解放运动和少数民族权益主张；使用风能或太阳能，进行有机种植，少开车甚至不开车；支持民众运动，不为在现有体制中赚取金钱和赢得地位而浪费时间。这些生活方式的改变对全球问题而言，直接的影响或许是微不足道的；可是这些改变可以创造一种新潮流，在这种潮流中，人们会建设性地面对未来的危机，而不只是充满愤怒和防卫。这些生活方式的改变也会帮助人们管理他们的金融资源，支持本国的甚至世界的社会变革，从而带来更为直接和积极的影响。这些生活方式的改变可以内在地帮助人们摆脱不公平不可持续的体制，尽管他们所接受的教育让他们对该体制长期依赖并倍加珍惜。简言之，人们会感到更有活力，也更有能力去迎接生命的惊喜。

改变现行基本范式，以新的角度看待现实并循之而动，为时不晚。我们要做的无非是用心生活，发现生活的其他可能性。现有的范式未能恰切地表达生命——那些范式甚至尝试从无生命的角度来阐释生命。将人们对生命的理解从这种无生命的形式中解放出来，能帮助全世界的人们从现有的死气沉沉的政策中求得新生。这也正是为何此书名为《生命的解放》的缘由。本书并未盲目乐观，因为不论是在经济、农业、民生、能源、交通以及城市化等各个领域，成见的力量不可低估。全球对核能的热衷，以及随之产生的核武器扩散便可能给世界造成数目巨大的死伤。我们探求聪明的解决之道，却无从知晓这一选择的结局——这样的纠结中，不难理解人们为何在如此艰巨的政治、经济挑战面前倍感沮丧。

但是，生命的策略还未穷尽，因此希望永存。信任生命表现为对生命的可能性高度敏感；对曾经抗拒的生命所赋予我们的价值全盘接受；对怜悯和温情敞开心扉；对直觉和本能潜心追随。对生命的信任将释放出人类的能量，并让

释放生命潜能成为延续生命的目的。对生命循环重生的能力的盲信揭露了人类对生命的无情剥削和不公对待。我们需要革命的决心。挣扎中是不会产生解放的，除非解放与人们的挣扎比肩前行。否则，解放运动也只会是重蹈其对手的覆辙——哪怕最终成功，也将带来新的压迫和异化。

世上最强大的力量便是对生命的信仰，以及这种信仰给予我们的思想。批判性的思想正是当下所需；新的冲动和热忱也要应运而生。"世事起伏如潮起潮落，趁着高潮应勇往直前。"（莎士比亚《凯撒大帝》，第四幕，第三场）不论是西方发达国家，还是发展中国家，甚至是沉沉的铁幕之后，都存有一个共同的意愿。要实现这一意愿，并不是非得通过发现新能源、发动新战争或发起新一轮的经济增长，而是要悄无声息地改变普通男人女人们对生命的理解。"伟大的思想是由和平鸽带给世界的"，加缪说，"要是我们悉心倾听，便能从国家和政权的强音之中分辨出生命和希望的低语。"

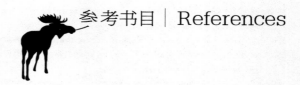 参考书目 | References

1-Abbott, J.C.(1972).The efficient use of world protein supplies. *FAO Monthly Bulletin of Agricultural Economics & Statistics*. vol. 21, no.6.

2-Abrecht, P. (ed.) (1979). *Faith, Science and the Future*. Geneva: World Council of Churches.

3-AIRAC (Australian Ionising Radiation Advisory Council) (1979). *Radioactive Waste Management*. AIRAC no. 6. Canberra: Australian Government Publishing Service.

4-Alland, A. (1972). *The Human Imperative*. New York: Columbia University Press.

5-Allee, W.C., Emerson, A.E., Park,O.,Park,T.& Schmidt, K.P.(1949).*Principles of Animal Ecology*. Philadelphia: W.B.Saunders & Co.

6-Altman, D.(1980). *Rehearsals for Change: Politics and culture in Australia*. Meblourne: Fontana/Collins.

7-Andrewarthea, H.G.& Birth, L.C. (1954). *The Distribution and Abundance of Animals*. University of Chicago Press.

8-Ardrey, R. (1961). *African Genesis: A personal investigation into the animal origins and nature of man*. London: Collins.

9-Ardrey, R. (1967). *The Territorial Imperative: A personal inquiry into the animal origins of property and nations*.London:Collins.

10-Ardrey, R. (1970). *The Social Contract: A personal inquiry into the evolutionary sources of order and disorder*. London:Collins.

11-Ardrey, R. (1976). *The Hunting Hypothesis*. London:Collins.

12-Armstrong, E.A.(1969). Aspects of the evolution of man's appreciation of bird song. *In Bird Vocalizations: Their relations to current problem in biology and psychology* (ed. R.A.Hinde), pp. 343-65. Cambridge University Press.

13-Ayala, F.J.& Dobzhansky, Th. (1974). *Studies in the Philosophy of Biology: Reduction and related problems*. London: Macmillan.

14-Brash, D.P. (1977). *Sociobiologh and Behaviour*. New York:Elsevier.

15-Beckerman, W. (1975). *Two Cheers for the Affluent Society: A spirited defense of economic growth*. New York: St Martin's Press.

16-Berger, P.L.(1977). *Pyamids of Sacrifice: Political ethics and social change*. Harmondsworth, Middlesex:Penguin Books.

17-Bergson, H. (1911). *Creative Evolution*. New York: Henry Holt & Co.

18-Best, H.B. & Rubenstein, I. (1962). Environmental familiarity and feeding in a planarian. *Science* 135, 916-18.

19-Birch, C. (1975a), *Confronting the Future: Austrlia and the world the next 100 years*. Australia: Penguin Books.

20-Birch, C. (1975b), Genetics and moral responsibility. *In Genetics and the Quality of Life*(ed. C. Birch & P. Abrecht), pp. 6-20. Australia: Penguin Press.

21-Bohm, D.(1969). Some remarks on the notion of order. In *Towards a Theoretical Biologh. 2. Sketches*(ed. C.H. Waddington), pp. 18-40. University of Edinburgh Press.

22-Bohm, D. (1973). Quantum theory as an indication of a new order in physics. *Foundations of Physics* 111, 139-68

23-Bohm, D. (1977). The implicate or enfolded order- a new order for physics. In *Mind in Nature*(ed.)J.B. Cobb & D.R. Griffin), pp. 37-42. Washington,DC: University Press of America.

24-Bohm, D. (1978). The implicate order: A new order for physics. *Press Studies* 8, 73-102.

25-Boserup, E. (1970). *Woman's Role in Economic Development*. New York: St Martin's Press.

26-Boulding, K. (1971). The economics of the coming spaceship earth. In *Global Ecology*(ed. J.H. Holdren & P.R. Ehrlich), pp. 180-7. New York: Harcourt Brace.

27-Brandt, W. (1980). *North-South: A programme for survival*. London: Pan Books.

28-Braverman, H. (1974). *Labor and Monopoly Capitalism*. New York: Monthly Review Press.

29-Brewer, T.H. (1971). A physician on disease and social class. In *The Social Responsibility of the Scientist*(ed. M. Brown), pp. 149-62. New York: Free Press.

30-British Council for Science & Society. (1976). *Superstar Technologies*. Report of Working Party for Science and Society. London: Barry Rose(Publishers)Ltd.

31-Brown, L.R.(1974).*By Bread Alone*. New York: Praegeer Publications.

32-Brown, L.R.(1978a).*The Twenty-ninth Day: Accommondating human needs and numbers to the earth's resources*.New York: W. W. Norton & Co. Inc.

33-Brown, L.R.(1978b). *The Worldwide Loss of Cropland*. Worldwatch Paper 24.

34-Brown, L.R.(1979). *Resource Trends and Population Policy: A time for reassessment*. Worldwatch Paper 29. Washington, DC: Worldwatch Institute.

35-Brown, L.R., Flavin, C. & Norman, C.(1980). Running on Empty: *The future of the automobile in an oil short world*. New York: W. W. Norton & Co. Inc.

36-Burnet, F.M. (1978). *Endurance of Life: The implications fo genetics for human life*. Melbourne University Press.

37-Bush, G.L. (1974). The mechanism of sympatric host race formation in the true fruit flies(Tephritidae). In *Genetic Mechanisms of Speciation in Insects*(ed.M.J.D. White), pp. 3-23. Artarmon, Australia:Australia and New Zealand Book Co. Pty. Ltd.

38-Buvinic, M. (1976). A critical review of some research concepts and concerns. In *women and World Development*(ed.I. Tinker, M.B. Bramsen and M. Buvinic),pp. 224-43. New York: Praeger Press.

39-Calow, P. (1976). *Biological Machines: A cybernetic approach to life*. London: Edward Arnold.

40-Campbell, K.O. (1979). *Food for the Future*. University of Nebraska Press, Lincoln.

41-Camus, A. (1954). L'artiste et son temps. A speech given to the Association Culturale Italiana in its 1954/55 season. Quoted by H. Cleveland and T.W. Wilson(1979)in *Human Growth. An essay on growth and the quality of life*. Princeton: Aspen Institute of Humanistic Studies.

42-Capra, F.(1975). *The Tao of Physics*. London: Wildwood House.

43-Cardan, P. (1974). *Modern Capitalism and Revolution*. London: Solidarity.

44-Caughley, G. (1976). Wildlife management and the dynamics of ungulate populations. In *Applied Biology*, vol. I(ed. T.H. Coaker),pp.183-246. London: Academic Press.

45-Chatwin, B. (1979). *Variations on an idee fixe*. New York Review of Books 26(19), 8-9.

46-Clark, S. R.L. (1977). *The Moral Status of Animals*. Oxford: Clarendon Press.

47-Clark, C.A.(1969). Problems raised by developments in genetics. In *Biology and Ethics*(ed. T.J. Ebling), p. 93. London: Academic Press.

48-Cleveland, H. & Wilson, T.W. (1979). *Human Growth: An essay on growth and the quality of life*. Princeton: Aspen Institute of Humanistic Studies.

49-Cobb, J.B.(1972). *Is it Too Late? A theologh of ecology*. Beverly Hills, California: Bruce.

50-Cocoyoc Declaration. (1974). Development dialogue. *Journal of International Development* 2, 88-96.

51-Commoner, B. (1976). *The poverty of Power*. New York: Alfred A. Knopf Inc.

52-Corning, W.C., Dyal, J.A. & Willows, A.O.D.(1973). *Invertebrate learning*, vols, 1-3. New York: Plenum Press.

53-Council on Environmental Quality(1979). *Environmental Quality: Tenth auunal report of the Council*. US Government Printing Office.

54-Cox, H. (1977). Eastern cults and western culture. *Psychology Today*, July 1977, pp. 36-42.

55-Crosnier, J. (1974). From artificial kidney to transplant, *South African Outlook*, July 1974,pp. 107-8.

56-Daly, H.E.(1973). *Towards a Steady State Economy*. San Francisco.W.H.Freeman.

57-Daly, H.E.(1977). *Steady State Economics: The economices of biophysical equilibria and moral growth*. San Francisco. W.H.Freeman.

58-Daly, H.E.(1978).On thinking about energy-the future. *Natural Resources Forum* 3, 9-16.

59-Daly, H.E.(ed.)(1980).*Economics, Ecology,Ethics: Essays toward a steady-state economy*. San Francisco. W.H.Freeman.

60-Darwin,C.(1859). *On the Origin of Species by Means of Natural Selection*. John Murray, London,ist edn. A facsimile of the First Edition with an introduction by Ernst Mayr. Cambridge, Mass: Harvard University Press(1964).

61-Darwin,C.(1871).The Descent of Man and Selection in Relation to Sex. In : *The Origin of Species and the Descent of Man*. New York: The Mondern Library.

62-Delgado, J.M.R.(1969).*Physical Control of the Mind:Toward a psychocivilized society*. New York: Harper & Row.

63-Dobzhansky,Th.(1956).*The Biological Basis of Human Freedom*. New York: Columbia University Press.

64-Dobzhansky,Th.(1967).*The Biology of Ultimate Concern*. New York: New American Library.

65-Easlea, B. (1973).*Liberation and the Aims of Science: An essay on obstacles to the building of a beautiful world*. London; Chatto & Windus.

66-Easlea, B. (1974). Who needs the liberation of nature? *Science Studies* 4, 89.

67-Eccles, J.C.(1979). *The Human Mystery*. The Gifford Lectures, University of Edinburgh, 1977-78. Berlin: Springer International.

68-Eckholm, E.(1976).*Losing Ground: Environmental stress and world food prospects*.Washington, DC: Worldwatch Institute.

69-Eckholm, E.(1977). *The Picture of Health: Environmental sources of disease*. New York: W.W.Norton & Co. Inc.

70-Eckholm, E.(1978).*Disappearing Species: The social challenge*. Worldwatch Paper 22. Washington, DC: Worldwatch Institute.

71-Eckholm, E. & Brown, L.R. (1977). *Spreading Deserts-The Hand of Man*. Worldwatch Paper 13. Washington, DC: Worldwatch Institute.

72-Egerton, F.N. (1972). Changing concepts of the balance of nature. *Quarterly Review of Biology* 48, 322-50.

73-Ehrlich, P.R., Ehrlish, A.H. & Holdren, J.P.(1977).*Ecoscience: Population, resources and environment*. San Francisco: W.H.Freeman.

74-Ehrlich, P.R., & Ehrlish, A.H. (1981). *On the Extinction of Species*. New York: Random House.

75-Elaseer, W.M. (1966).*Atom and Organism: A new approach to theoretical biology*. New Jersey: Princeton University Press.

76-Elton, C.(1930).*Animal Ecology and Evolution*. Oxford University Press.

77-Epstein, S.S.(1978).*The politics of Cancer*. New York: Sierra Club, Ballantine Books.

78-Flannery, R.(1979). Treating soil like dirt. *Not Man Apart* 9(7), 19.

79-Forman, P.(1971).Weimar culture, causality and quantum theory, 1918-1927:Adaptation by German physicists and mathematicians to a hostile intellectural environment. *Historical Studies in the Physical Sciences* 3, 1-114.

80-Frankl,V.E.(1964).*Man's Search for meaning: An introduction to logotherapy*. London: Hodder & Stoughton.

81-Frith, H.J.(1973).*Wildlife Conservation*. Sydney: Augus & Robertson.

82-Fukuoka, Masanobu.(1978). *The one Straw Revolution: An introduction to natural farming*. Emmaus, Pennsylvania: Rodale Press.

83-Gause, G.F.(1934).*The Struggle for Existence*. Baltimore: Williams & Wilkins Co.

84-Gaylord, W. (1947). *As You Sow: Three studies in the social consequences of agribusiness*. Glencoe, Illinois: The Free Press.

85-Geertz,C.(1965). The impact of the concept of culture on the concept of man. In *New Views of the Nature of Man*(ed. J.R.Platt), pp. 93-118. University of Chicago Press.

86-Georgescu-Roegen, N. (1980). Entropy law and the economic problem. In *Economics, Ecology,Ethics: Essays toward a steady-state economy*(ed. H.E.Daly),pp.49-81. San Francisco: W.H.Freeman.

87-Ghiselin, M.T.(1974).*The Economy of Nature anad the Evolution of Sex*. Berkeley: Univeristy of California Press.

88-Godfrey-Smith, W. (1979).The value of wilderness. *Enviromental Ethics* 1, 309-19.

89-Godlovitch,R.(1971).Animals and morals. In *Animals, Men and Morals*(ed.R. Godlovitch,S. Godlovitch & J. Harris), pp. 156-72. London: Victor Gollancz.

90-Goodall, J.van Lawick.(1971). *In the shadow of Man*. Boston: Houghton Mifflin Co.

91-Goodfield,J.(1977).*Playing God: Genetic engineering and the manipulation of life*. New York: Random House.

92-Gorz, A.(1980).*Ecology as Politics*. Boston: South End Press.

93-Gould, S.J. & Lewontin, R.C.(1979). The spandrels of San Marco and the Panglossian paradigm: a critique of the adaptationist programme. *Proceedings of the Royal Society of London*, B 205, 581-98.

94-Grant, J.P.(1977).The world can and msut afford it. *Development Forum* 5(3), 1-2.

95-Grant, J.P.(1979). *Meeting essential human needs in a sustainable world by the year* 2000. Private paper circulated by the American Association of the Club of Rome.

96-Gray, E.Dodson.(1979).*Why the Green Nigger? Re-mything Genesis*. Wellesley, Mass: Roundtable Press.

97-Griffin, D. (1976). *The Question of Animal Awareness: Evolutionary continuity fo mental experience*. New York: The Rockefeller University Press.

98-Grobstein, C. (1964). *The Strategy of Life*. San Francisco: W.H.Freeman.

99-Gulland, J.A.(1976). Production and catches of fish in the sea. In *the Ecology the Seas*(ed. D.H.Cushing and J.J.Walsh), pp. 283-314. Oxford: Blackwell Scientific Publications.

100-Haeckel, E.(1870).Ueber Entwickelungsgang u. Aufgabe der Zoologie. *Fenaische Zeitschrift* 5, 353-70.

101-Hardy, A.C.(1965). *The Living Stream: A restatement of evolution theory and its relation to the spirit of man. Gifford*

Lectures(1963-65),part I.London: William Collins.

102-Hardy, A.C.(1966). *The Divine Flame: An essay towards a natural history of religion. Gifford Lectures*(1963-65),part II.London: William Collins.

103-Hardy, A.C.(1975). *The Biology of God: A scientist's study of man, the religious animal.* London: Jonathan Cape.

104-Harris, M.(ed.)(1972).*Ethical Problems in Human Genetics: Early diagnosis of genetic defects.* Washington, DC: Fogarty International Center Publication Proceedings no. 6.

105-Harrison, R.(1964).*Animal Machines.* London: Stuart.

106-Hartshorne,C.(1962).*The Logic of Perfection: and other essays in neoclassical metaphysics.* La Salle, Illinois: Open Court.

107-Hartshorne,C.(1967).*A Natural Theology for Our Time.* La Salle, Illinois: Open Court.

108-Hartshorne,C.(1973).*Born to Sing: An interpretation and world survey of bird song.*Bloomington: Indiana University Press.

109-Hartshorne,C.(1977). Physics and Psychics: The place of mind in nature. In *Mind in Nature*(ed.J.B.Cobb & D.R. Griffin), pp.89-100. Washington,DC: University Press of America.

110-Hayes,D.(1978).*Repairs, Reuse, Recycling-First steps towards a sustainable society.* Worldwatch Paper 23. Washington DC: Worldwatch Institute.

111-Hayes,D.(1979).*Pollution:The neglected dimension.* Worldwatch Paper 27. Washington DC: Worldwatch Institute.

112-Henderson, H. (1976). *Citizen power in the overdeveloped countries.* World Issues 1(2),9-12

113-Henderson, H. (1978).*Creating Alternative Future: The end of economics.*New York: Berkeley Publishing Corporation.

114-Heschel, A.J.(1962).*The Prophets.* New York: Harper & Row.

115-Hetzel, B.S.(1974).*Health and the Australian Society.* Australia: Penguin Books.

116-Higginson, J.(1969).Present trends in cancer epidemiology. *Proceedings of the Canadian Cancer Conference* 8, 40-75.

117-Higginson, J.(1979).Cancer and environment: Higginson speaks out. *Science* 205,1363-66.

118-Hill,S.(1979).Who knows best? *UNESCO Review* (Australia)1,23-7.

119-Huxley,T.H.& Huxley, J. (1947).*Touchstone for Ethics.* New York: Alfred A. Knopf Inc.

120-Illich, I.D.(1974).*Energy and Equity.* New York: Harper & Row.

121-IUCN(1980). *World Conservation Strategy: Living resources conserved for sustainable development.* International Union for the Conservation of Nature, Documentation Publication, Nairobi,Kenya.

122-Jackson, W. (1978). Toward a sustainable agriculture. *Not Man Apart* 8,4-6.

123-Jennings, H.S.(1906).*Behavior of the Lower Organisms.* New York: Columbia University Press.

124-Johnson, W.R.(1975).Should the poor buy no growth? In *The No Growth Society*(ed.M.Olson & H.H.L andsberg),pp.165-89.New York: W.W.Norton & Co.

125-Judson, H.F. (1979). *The Eighth Day of Creation: The makers of the revolution in biology.* London: Jonathan Cape.

126-Kahn, H.,Brown,W.& Martel, L.(1976). *The Next 200 Years:A scenario for America and the world.* New York:William Morrow & Co.

127-Kass, L.R.(1971).The new biology: what price relieving man's estate? *Science* 174, 779-88.

128-Kawai, M.(1965).Newly acquired pre-cultural behavior of the natural troop of Japanese monkeys on Koshima Island. *Primates* 6, 1-30.

129-Keynes, J.M. (1936).*The General Theory of Employment, Interest and Money.* New York: Harcourt Brace & Co.

130-King, J. (1980).New genetic technologies: Prospects and hazards. In *Faith and Science in an Unjust World*. Vol. 1(ed. R.L.Shinn), pp. 264-72. Geneva: World Council of Churcehs.

131-Knox, R.(1980).Nuclear war: what if? *Science* 80 1(4),32-4.

132-Koestler,A.(1967). *The Ghost in the Machine*. London: Hutchinson.

133-Koestler,A.(1971). *The Call Girls: A tragi-comedy with prologue and epilogue*. London: Hutchinson.

134-Krebs, C.J. (1978). *Ecology: The experimental analysisi of distribution and abundance*(2nd edn).New York: Harper & Row.

135-Kuenzler, E.J. (1961). Phosohorus budget of a mussle population. *Limnology & Oceanography* 6, 400-15.

136-Kuhr,M.D.(1975). Doubtful benefits of Tay-Sachs screening. *New England Journal of Medicine* 292,371.

137-Lappe, F.M. & Collins, J. (1976). More food means more hunger. *Development Forum* 4,1-2.

138-Leach, G.(1979). Do we need nuclear energy at all? *Anticipation* 26,68-70.

139-Leghorn, L. & Roodkowsky, M. (1977). *Who Really Starves: Women and world hunger*. New York: Friendship Press.

140-Leakey, R.E. & Lewin, R. (1977). *Origins: What new discoveries reveal about the emergence of our species and its possible future*. London: Macdonald & Jane's.

141-Leopold, A. (1933). The conservation ethci. *Journal of Forestry* 31, 634-43.

142-Levine,C.(1977). Ethics, justice and international health. *The Hastiongs Center Preport* 7(2), 5-7.

143-Lewis, J.& Tower, B. (1969). *Naked Ape or Homo sapiens?* London: Garnstone Press.

144-Lewis, K.N. (1979). The prompt and delayed effects of nuclear war. *Scientific American* 241(1),27-39.

145-Lewis, W.A.(1955). *The Theory of Economic Growth*. Homewood, Illinois: Richard D. Irwin.

146-Lewis, W.A.(1965). A review of economic development. *Manchester School* 55(2),1-16.

147-Lewis, W.A.(1978). *The Evolution of the International Economic Order*. New Jersey: Princeton University Press.

148-Lewontin, R.C. (1979).Adaptaion. In *Evolution*.(Scientific American Book), pp. 114-25. San Francisco: W.H. Freeman.

149-Lillie, R.S.(1937). Directive action and life. *Philosophy of Science* 4, 202-26.

150-Lillie, R.S.(1945). *General Biology and Philosophy of Organism*. University of Chicago Press.

151-Linzey, A. (1976). *Animal Rights: A Christian assessment of man's treatment of animals*. London: SCM Press.

152-Lockeretz, W. (1978). The lessons of the dust bowl. *American Scientist* 66, 560-70.

153-Loechler, E. McLennan, T., Park, R., Shore, D., Thacher, S. & Youderian, P. (1978).Social and political issues in genetic engineering. In *Genetic Engineering*(ed. A.M.Chakrabarty),pp. 165-84. West Palm Beach, Florida: CRC Press Inc.

154-Lorenz, K. (1943). Die angeborenen Formen moglicher erfahrung. *Zeitschrift fur Tierpsychologie* 5(2), 235-409.

155-Lovins, A.B. (1977). *Soft Energy Paths: Toward a durable peace*. Harmondsworth, Middlesex: Penguin Books.

156-Lovins, A.B. ,Lovins, L. & Ross, L.(1980). Nuclear power and nuclear bombs. *Forgeign Affairs* 58(5), 1137-77.

157-Maglen, L.R.(1977). Non-renewable resources and the limits to growth: another look.*Search* 8, 158-66.

158-Maher, M. (1980). Women at the top. *Development Forum* 8(5), 3.

159-Marais, E. (1969). *The soul of the Ape*. New York: Athenuem.

160-Marcovic, M. (1976). Marxist philosophy in Yugoslavia: The Praxis group. In *Marxism and Religin in Eastern Europe*(ed. R.T. De George & J.P. Scanlan),pp. 63-89. Dordrecht, Holland/Boston: D. Reidel Pub. Co.

161-Martin, P.S. (1967). Pleistocene overkill. *Natural History* 76(10)32-8.

162-Maslow, A.H. (1970). *Religious Values and Peak Experiences*. New York: Viking Press.

163-Maslow, A.H. (1970). *The Father Reaches of Human Nature*. New York: Viking Press.

164-Meadows, D.H. , Meadows, D.L., Randers,W.W.(1972).*The Limits to growth*. A Report for the Club of Rome's project on the predicament of mankind. New York: New American Library.

165-Medawar, P.B.(1957). *The Uniqueness of the Individual*. London: Methuen.

166-Medawar, P.B. & Medawar, J.S.(1977). *The Life Science: Current ideas of biology*. London: Wildwood House.

167-Medvedev, Z.A. & Medvedev, R.A. (1974). *A Question of Madness*. Harmondsworth, Middlesex: Penguin Books.

168-Mendelsohn, E. (1977). The social construction of scientific knowledge. *Society and the Sciences* 1, 3-26.

169-Midgley, M.(1978). *Beast and Man: The roots of human nature*. Ithaca, New York: Cornell University Press.

170-Mill, J.S.(1857). *Principles of Political Economy*,vol. 2. London: J.W.Parker.

171-Mink, P.T. (1980). Help for Third World women.*Ada World*(American for democartic action, Washington, DC)35(3),3-4.

172-Moltmann, J. (1979).*The Future of Creation*. London: SCM Press.

173-Monod,J.(1974). *Chance and Necessity: An essay on the natural philosophy of modern biology*. London: Fontana/ Collins.

174-Morawetz, D. (1977). *Twenty-five Years of Economic Development* 1950-1975. Washington, DC: The World Bank.

175-Morgan, C.L.(1923). *Emergent Evolution*. The Gifford Lectures 1922. London: Williams & Norgate.

176-Morris D. (1967). *The naked Ape*. London: Jonathan Cape.

177-Morris, R. & Fox, M. W. (eds)(1978). *On the Fifth Day*. Washington, DC: Acropolis Books.

178-Narveson, J. (1977). *Animal rights. Canadian Journal of Philosophy* 7, 161-78.

179-National Academy of Sciences. (1977). *Energy and Climate*. Washington, DC.

180-Newland,K. (1979). Women's health. *Environment* 21, 14-20, 35-37.

181-Newsome, A.E. (1980). The eco-mythology of the red kangaroo in cenrtral Austraila. *Mankind* 12(4)(In Press).

182-Niebuhr, R. (1941). *The Nature and Destiny of Man*. New York: Charles Scribner's Sons, New York.

183-Norman, C. (1978). *Soft Tchenologies, Hard Choices*. Worldwatch Paper 21. Washington, DC.:Worldwacth Institute.

184-Odhimabo, T.R. (1980).Perspectives in developing countries-An African perspective. In *Faith and Science in an Unjust World*, vol, I(ed. R.L.Shinn), pp. 159-66. Geneva: World Council of Churches.

185-Oelhaf, R.C.(1979). *Organic Agriculture: Economic and ecological comparisons with conventional methods*. Montclair. New Jersey: Allandheld, Osmun & Co. Inc.

186-Okun, A.M.(1975). *Equality and Efficiency: The big tradeoff*. Washington, DC.:Brookings Institution.

187-Omo-Fadaka, J. (1977). What can be done about third world poverty? *PHP*, November 1977, 21-32.

188-Pala, A.A.(1977).Definitions of women and development: An African perspective. *Signs: Journal of Women in Culture & Society* 3,9-13.

189-Papanek,H.(1977). Development planning for women. *Signs: Journal of Women in Culture & Society 3*,14-21.

190-Parmar, S.L. (1975). *Some thoughts on human development*. World Council of Churches 5th Assembly document, SV1-2, PP. 1-5.

191-Passmore, J.(1974). *Man's Responsibility for Nature*. London: Duckworth & Co.

192-Passmore, J.(1975). The treatment of animals. *Journal of the History of Ideas* 36, 195-218.

193-Perelman, M. (1977). *Farming for Profit in a Hungry World*. Montclair, New Hersey: Allanheld, Osmun & Co. Inc.

194-Pflug, F. (1978). Practical paths to plant power. *Ceres* 3(5), 19-25.

195-Podrabinek, A. (1980). *Punitive Medicine*. Ann Arbor: Karoma.

196-Popper, K.R. (1972). *Objuctive Knowledge: An evolutionary approach*. Oxford: Clarendon Press.

197-Popper, K.R. & Eccles, J.C. (1977). *The Self and Its Brain*. Berlin: Springer-Verlag International.

198-Proceddings (1977). *The world Food Conference of 1976*. Ames, Iowa: Iowa State Unversity Press.

199-Pulliam, H.R. and Dunford, C. (1980). *Programmed to Learn: An essay on the evolution of culture*. New York: Columbia University Press.

200-Ramey, J.W. (1976). *Intimate Friendships*. Englewood Cliffs, New Jersey: Prentice Hall Inc.

201-Randers, J. (1977). *How to Stop Individual Growth with Minimal Pain*. Paper presented to Alternatives to Growth*77 Conference. Houston, Texas.

202-Ravetz, J. (1971). *Scientific Knowledge and its Social Problems*. Oxford: Clarendon Press.

203-Rawls, H. (1972). *A Theory of Justice*. Cambridge, Mass: Harvard University Press.

204-Regan, T. (1976). Do animals have a right to life? In *Animal Rights and Human Obiligations*(ed. T. Regan & P. Singer), pp. 197-204. Englewood Cliffs, New Jersey: Prentice Hall Inc.

205-Rifkin, J. (1980). *Entropy: A new world view*. New York: The Viking Press.

206-Risser, J. (1978). Soil Erosion Creates a Problem Down on the Farm. *Conservation Foundation Letter*. Washington, DC: Conservation Foundation.

207-Robertson, J. (1978). *The Sane Alternative: Signposts to a self-fulfilling future*. London: Villiers Publications.

208-Robinson, M.A. (1980). World fisheries to 2000-supply, demand and management. *Marine Policy* 4(1),19-32.

209-Rockefeller, J.D.(1978). Population growth: The role of the developed world. *Population and Development Review* 4, 509-16.

210-Rogers,M.(1977). *Biobazard*. New York: Alfred A. knopf Inc.

211-Rose, S. (1976). *The Conscious Brain*. Harmondsworth, Middlesex: Penguin Books.

212-Rossel, J. (1980). The social risks fo large scale nuclear energy programmers. In *Faith and Science in an Unjust World*, vol. I(ed. R.L.Shinn), pp. 253-60. Geneva: World Council of Churches.

213-Roszak, T. (1975). Where the wasteland edns. In *notes for the future: An alternatiove history of the past decade*(ed. R. Clarke),pp. 225-30. London: Thames and Hudson.

214-Ruether, R. (1975). *New Women-New Earth: Sexist ideologies and human liberation*. New York: Seabury Press.

215-Ruse, M. (1979). *Sociobiology: Sense or nonsense?* Dordrencht, Holland: D. Reidel Pub. Co.

216-Russell, E.S.(1945). *The Directiveness of Organic Activities*. Cambridge University Press.

217-Ryder, R. D. (1975). *Vicitms of Science: The use of animal in research*. London: DavisPoynter.

218-Safa, H.I. (1977). Changing modes of production. *Signs: Journal of Women in Culture & Society* 3, 22-100.

219-Sagan, C. (1978). *The Dragons of Eden: Speculations on the evolution of human intelligence*. London: Hodder & Stoughton.

220-Sahlins, M. (1977). *The use and Abuse of Biology: An anthropological critique of sociobiology*. London: Tavistock Publications.

221-Sant, M.(1979). *The Least-cost Energy Strategy*. Publication of the Energy Pruductivity Centre of the Carnegie Mellon Institute, Arlington, Va.

222-SCEP(1970). Man's Impact on the Global Environment. *Report of the Study of Critical Environment Problems(SCEP)*. Cambridge, Massachusetts: MIT Press.

223-Schopenhauer, A. (1890). *Religion: A dialogue, and other essays*(2nd edn). London: Swan Sonnenschein & Co.

224-Shrodigner, E. (1962). *What is Life? The physical aspects of the living cell*. Cambridge University Press.

225-Schweitzer, A. (1933).*Out of my Life and Thought*. London: Allen & Unwin.

226-Schweitzer, A.(1949). *Civilization and Ethics*. London: Adam & Charles Black.

227-Shepard,P.S.(1959). Reverence for life at Lambarene. *Landscape* 8, 26-9.

228-Shepard,P.S.(1973).*The Tender Carnivore and the Sacred Game*. New York: Charles Scribner's, Sons.

229-Shepard,P.S.(1978).*Thinking Animals: Animals and the development of human intelligence*. New York: The Viking Press.

230-Shore, M.F. (1975). Psychological issues in counselling the genetically handicapped. In *genetics and the Quality of Life*(ed. C.Birch & P. Abrecht), pp. 161-72. Australia: Pergamon Press.

231-Simpson, G.G. (1952). How many species? Evolution 6, 342-3.

232-Singer, P.(1973). Review of Animals, Men and Morals(ed. S. Godlovitch,R.Godlovitch & J. Harris). New York Review of Books 20(5), 17-21.

233-Singer, P. (1976). Animal Liberation: A new ethics for our treatment of animals. London: Jonathan Cape.

234-Sinnott, E.W. (1950). Cell and Psyche: The biology of purpose. Chapel Hill, North Carolina: University of North Carolina Press.

235-Skolimowski, H. (1981). Eco-philosophy: Designing new tactics for living. London: Marion Boyers.

236-Sociobiology Study Group of Science for the people(1976). Sociobiology-another biological determinism. *BioScience* 26, 182-85.

237-Soderlund, R. & Svensson, B.H.(1976). The global nitrogen cycle. In *Nitrogen, Phosphorus and Sulphur-Global Cycles*(ed. B.H. Svensson & R. Soderlund),pp.23-74. Stockholm: Scope Report 7, Ecological Bulletin.

238-Somer, A.R. (1976). Violence, television and the health of American youth. *New England Journal of Medicine* 294, 811-17.

239-Sperry, R.W. (1977). Absolute Values: Problems of the ultimate frame of reference. In *The Search for Absolute Values: Harmony among the sciences*. Proceedings of the Fifth International Conference on the Unity of the Sciences(vol. II), pp. 689-94. New York: The International Cultural Foundation Press.

240-Steiner, G. (1971). *In Bluebeard's Castle: Some notes towards the redefinition fo culture*. New Haven: Yale University Press.

241-Stobaugh, R. & Yergin, D. (1979). *Energy Future*. New York: Random House.

242-Storr, A.(1966).*The Integrity of Personality*. Harmondsworth, Middlesex: Penguin Books.

243-St Vincent Millay, E. & Ellis, N.M. (1967). From Sonnet CXXXVII *Collected Poems*. New York: Harper & Row.

244-Szent-Gyorgyi, A. (1972). *The Living State: With observations on cancer*. New York: Academic Press.

245-Teihard de Chardin, P. (1959). *The phenomenon of Man*. London: Collins.

246-Thielicke, H.(1970). The doctors as judge of who shall live and who shall die. In *Who Shall Live?* (ed. K.Vaux), pp. 146-94. Philadelphia: Fortree Press.

247-Thomas, L. (1974). *The Lives of a Cell: Notes of a biology watcher*. New York: Viking Press.

248-Thomas, L. (1979). *The Medusa and the Snail: More notes of a biology watcher*. New York: Viking Press.

249-Thorpe, W.H.(1961).*Bird-Song: The biology of vocal communication and expression in birds*. Cambridge University Press.

250-Thorpe, W.H.(1974). *Animal Nature and Human Nature*. London: Methuen & Co.

251-Thorpe, W.H.(1977).the frontiers of biology:does process thought help? In *Mind in Nature*(ed J.B.Cobb & D.R.Griffin), pp. 1-12. Washington, DC: University Press of America.

252-Thorpe, W.H.(1978).*Purpose in a World of Chance: A biologist's view.* Oxford University Press.

253-Tillich, P. (1949). The depth of existence. In *The Shaking of the Foundations*, P. Tillich, pp. 52-63. London: SCM Press.

254-Tillich, P. (1955). *The New Being.* New York: Charles Scribner's Sons.

255-Tinker, I.(1976). The adverse impact fo development on women.In *Women and World Development*(ed. I. Tinker, M.B. Bramsen & M. Buvinic), pp. 22-34. New York: Praeger Publications.

256-Train, R. (1978).Reverence for life. *Frontiers* 42,38-9.

257-UNEP(United Nations Environment Programme)(1977). The state of the environment: selected topics-1977. Fifth session, Governing Council, Nairobi. UNEP/GC/88:PP.1-33.

258-Van den Bosch, R. (1978). *The Pesticide Conspiracy.* New York: Doubleday.

259-Van den Bosch, R. (1979). The pesticide problem. *Environment* 21(4)13-42.

260-Waddington, C.H.(1957).*The Strategy of the Genes: A discussion of some aspects fo theoretical biology.* London: Allen & Unwin.

261-Waddington, C.H.(1960).*The Ethical Animal.* London: Allen & Unwin.

262-Waddington, C.H.(1975).*The Evolution of an Evolutionist.* Edinburgh University Press.

263-Wade, N. (1977). *The Ultimate Experiment.* New York: Walkker & Co.

264-Wade, N. (1978). New caccine may bring man and chimpanzee into tragic conflict. *Science* 200, 1027-30.

265-Wallace, A.R. (1869).*The Malay Archipelago: The land of the orang-utan, and the bird of paradise, Paradisea regia.* New York:Harper.

266-Ward, B. (1979). *Progress for a Small Planet.* Harmondsworth, Middlesex: Penguin Books.

267-Watts, A.(1976). *Nature, Man and Woman.* London: Abacus Press.

268-Weinberg, S. (1978). *The First Three Minutes: A modern view of the origin of the universe.* New York: Basic Books Inc.

269-Weitz, R. (1971).*From Peasant to Farmer.* New York: Columbia Unversity Press.

270-Westman, W.E. (1977).How much are nature's services worth? *Science* 197,960-64.

271-White, Lynn T. (1975). Christians and Nature. *Pacific Theological Review* 7,6-11.

272-White, R.B. (1969). Translator of Victor Hugo, The Relationship between Man and Animal. *The Ark* (Magazine of the Catholic Study Circle for Animal Welfare)32(2), 116.

273-Whitehead, A.N.(1911). *An Introduction to Mathematics.* Oxford University Press.

274-Whitehead, A.N.(1926a). *Science and the Modern World.* New York: Macmillan.

275-Whitehead, A.N.(1926b). *Religin in the Making.* New York: Macmillan.

276-Whitehead, A.N.(1929a). *The Aims of Education.* New York: Macmillan.

277-Whitehead, A.N.(1929b). *The Function of Reason.*Princeton University Press.

278-Whitehead, A.N.(1933).*Adventures of Ideas.* New York: Macmillan.

279-Whitehead, A.N.(1978). *Process and Reality*(corrected edition, ed. D.R. Griffin & D.W.Sherburne). New York: Free Press(original edition, 1929, London & New York: Macmillan.)

280-Wieman, H.N.(1929). *Methods of Private Religious Living.* New York: Macmillan.

281-Wieman, H.N.(1946). *The Source of Human Good.* University of Chicago Press.

282-Wilson, E.O.(1975a). *Sociobiology: The new synthesis.* Cambridge, Massachusetts: The Belknap Press of Harvard University Press.

283-Wilson, E.O.(1975b).*The origins of humansocial behaviour.* Harvard Magazine 77, 21-6.

284-Wilson, E.O.(1976). Academic vigilantism and the political significance of sociobiology. *BioScience* 26, 187-90.

285-Wilson, E.O.(1978). *On Human Nature.* Cambridge, Massachusetts: Harvard University Press.

286-Woodger, J.H.(1929). *Biological Principles: A critical study.* London: Routledge & Kegan Paul.

287-Woodwell, G.M. (1971).Toxic substances and ecological cycles. *In Man and the Ecosphere*(ed. P.R.Ehrlish, J.P.Holdren & R.W. Holm),pp.127-35. San Francisco:W.H.Freeman.

288-Woodwell, G.M. (1971).The carbon dioxide question. *Scientific American* 238(1), 34-43.

289-World Council of Churches (1974). Science and Technology for Human Development. Report of 1974 World Conference in Bucharest. *Anticipation* 19, 1-43.

290-Wursig, B. (1979). Dolphins. *Scientific American* 240(3)108-19.

291-Wynder, E.L. & Gori, G.B. (1977). Contrubutions of the environment to cancer incidence: an epidemiologic exercise. *Journal of the National Cancer Institute* 58, 825-32.

292-Young, J. Z. (1978). *Programmes of the Brain.* Gifford Lectures 1975-7. Oxford University Press.

译者后记

　　这部著作早该出版中译本的。不过，面对生态环境的持续恶化，面对诸如雾霾、空气污染，食品安全等艰难且日常性的话题与难题，如此深度讨论生命问题的著述来得总不会晚。趁着写译者后记的机会，略谈一点体会。

　　这是一部较为系统地阐述有机体哲学或过程哲学有关生命意义的综合性理论著述，其基本思想资源即怀特海。怀特海的有机体哲学或过程哲学，坚决反对近代笛卡尔以来的心物二元论，而诸多观念的或文化中的二元论，如生命与非生命、有机与无机、人类社会与自然乃至于人文科学与自然科学，等等，均或由此被确定，或更加拓展其现代对立形式，这些对立，在本书中得到了较为充分的和专业化的讨论。在本书作者伯奇和柯布先生看来，上述二元论是在启蒙时代即流行、并在19世纪达到高峰的机械主义生命中逐渐巩固下来，成为根深蒂固的现代性意识形态。著作题名为《生命的解放》，显然包含着克服机械主义生命观的意图。

　　过程哲学特别强调自然主义的生命观。在这里，生命的含义即指自然的生命或生命的自然性，所谓自然主义的生命观即主张生命的自然多样性与丰富性。值得指出的是，这样的生命观并非针对宗教神学话语中的生命超验性，也不只是要迎合某种美学意味的感性体验，而只是强调的过程及其事件性。这样

一种区分非常重要。前一方面使得过程哲学与排斥宗教的逻辑实在主义或分析哲学区分开来，事实上，强调宗教在生命解释中的传统性质及其阐释的整体性，越来越成为过程哲学的一项优势，只是过程哲学更多地诉诸于新教神学及其生命体验。后一方面使得过程哲学与各种存在主义化的生命体验划清了界限，并在强调多元世界的个体参与方面始终保持着一种建设性，整体性始终是过程哲学的一个特征，并由此使得过程哲学与现代日益复杂的科学学科保持对话与沟通。因而，在现当代思想世界中，过程哲学始终保有开放性与生长性。

过程哲学与生命科学的对话也显示出一定的批判性。超越机械主义的生命观，对于科学界来说并不容易。虽然医学界提出从传统生物医学模式（Biomedical Model）转变为生物–心理–社会医学模式（Biopsychosocial Model）已有经年，近年来还提出了转化医学。但直至今日，生物学界及生命科学界的主导的生命模式，其实还是机械主义生命观。就此而言，本书作者之一的伯奇，其在过程哲学意义上的生命理解，其实超越了他所在的生物学，伯奇本人就是一位蜚声国际的著名生物学家。当然，这本身也见证了怀特海有机体哲学及过程哲学的强大影响。

本书的内容十分丰富。两位作者从生命及其进化过程阐释生命意义，界分生命的机械模式、生机论模式、突发进化模式与生态模式，论述了生命整体性思想，论证并阐释了事件思维，批判了实体主义及其人类中心主义伦理学，揭示了生命的内在神圣性，而对技术时代生命伦理学问题的讨论，对可持续发展观的哲学解读，对可持续世界里农业、女性、能源、交通以及城市化问题的探讨，以及对社会主义有关生命质量及其担当的探讨，也都十分精彩。特别值得指出的是，作者依循怀特海的基本主张，特别贯彻和强调过程哲学同东方哲学传统的关联，读来亲切感人。中国经济目前仍然处于高速增长时期，而本著作所直面的20世纪70年代美国以及日本等发达国家的现实分析，对于今日中国还是具有很强的借鉴意义的。

讲清楚生态哲学及其伦理观，看起来并不需要太高深的理论思辨。然而，一个看起来并不难讲通并弄通的道理，却往往行不通，这里面其实主要是因为欲望及利益在作祟。看来重要的还是要行动起来，在行动中约束欲望、调节利益。而且，生态环保同时也是今日人类的基本的文明素养与教养，经历了现代化粗放模式之后，当下中国理应形成这样基本的现代文明素养。如果发展终归是人的内在要求，是人的内在性质的解放和价值实现，并且也是同中国传统价值相契合，那么，确立相应的生态意识，也必然是中国道路的题中应有之义。中国梦与"美丽中国"，无疑包含着这方面的涵义。

译事还是10年前即2003年赴加州克莱蒙过程思想研究中心访学时，经同本书作者著名过程思想家柯布先生以及王治河先生商量后接受下来的。回国后约华东理工大学英文系麻晓晴老师一起合作翻译，近年来晓晴移居美国，辛苦而忙碌，我手边也是事情多多，致使整个译事工作时断时续。其间幸得王治河先生多次督促，于今终于完成译稿，亦算了却一桩心事。译事分工，麻晓晴译前言、第一、二、三、四、九及十章，我译第五、六、七、八章（其中复旦大学外国语学院李想还试译过第八章）。最后由阎婧博士统稿并统校。

感谢科学普及出版社杨虚杰作为本书的策划编辑，使本书得以顺利出版，感谢责任编辑赵慧娟和责任校对刘洪岩。

是为译事记。

邹诗鹏　2013年3月24日于复旦园

图书在版编目（CIP）数据

生命的解放 /（澳）伯奇（Birch, C.），（美）柯布（Cobb, J.B.）著；邹诗鹏，麻晓晴译.
—— 北京：中国科学技术出版社，2015.7

书名原文：*The Liberation of Life*

ISBN 978-7-5046-6926-1

Ⅰ.①生… Ⅱ.①伯… ②库… ③邹… ④麻… Ⅲ.①生态学 – 哲学 – 研究 Ⅳ.①Q14–02

中国版本图书馆CIP数据核字(2015)第106007号

著作权合同登记号：01-2015-3199

版权所有 侵权必究

策划编辑　杨虚杰
责任编辑　胡　怡　赵慧娟
装帧创意　林海波
设计制作　林海波
特邀编辑　阎　婧
责任校对　刘洪岩
责任印制　马宇晨

出版发行　科学普及出版社
地　　址　北京市中关村南大街16号
邮　　编　100080
电　　话　010-62173865
传　　真　010-62179148
投稿电话　010-62176522
网　　址　http://www.cspbooks.com.cn

开　　本　880mm×1230mm　1/32
字　　数　350千字
印　　张　11.25
版　　次　2015年7月第1版
印　　次　2015年7月第1次印刷
印　　刷　北京凯德印刷有限责任公司
纸　　商　北京蓝碧源纸业有限公司

书　　号　ISBN 978-7-5046-6926-1/Q·186
定　　价　68.00元

（凡购买本社图书，如有缺页、倒页、脱页者，本社发行部负责调换）